程序员的AI书
从代码开始

张力柯 潘晖 编著

内 容 简 介

随着 AI 技术的普及,如何快速理解、掌握并应用 AI 技术,成为绝大多数程序员亟需解决的问题。本书基于 Keras 框架并以代码实现为核心,详细解答程序员学习 AI 算法时的常见问题,对机器学习、深度神经网络等概念在实际项目中的应用建立清晰的逻辑体系。

本书分为上下两篇,上篇(第 1~4 章)可帮助读者理解并独立开发较简单的机器学习应用,下篇(第 5~9 章)则聚焦于 AI 技术的三大热点领域:推荐系统、自然语言处理(NLP)及图像处理。其中,第 1 章通过具体实例对 Keras 的机器学习实现进行快速介绍并给出整体概念;第 2 章从简单的神经元开始,以实际问题和代码实现为引导,逐步过渡到多层神经网络的具体实现上,从代码层面讲解神经网络的工作模式;第 3 章讲解 Keras 的核心概念和使用方法,帮助读者快速入门 Keras;第 4 章讲解机器学习中的常见概念、定义及算法;第 5 章介绍推荐系统的常见方案,包括协同过滤的不同实现及 Wide&Deep 模型等;第 6 章讲解循环神经网络(RNN)的原理及 Seq2Seq、Attention 等技术在自然语言处理中的应用;第 7~8 章针对图像处理的分类及目标识别进行深度讨论,从代码层面分析 Faster RCNN 及 YOLO v3 这两种典型识别算法;第 9 章针对 AI 模型的工程部署问题,引入 TensorFlow Serving 并进行介绍。

本书主要面向希望学习 AI 开发或者转型算法的程序员,也可以作为 Keras 教材,帮助读者学习 Keras 在不同领域的具体应用。

未经许可,不得以任何方式复制或抄袭本书之部分或全部内容。
版权所有,侵权必究。

图书在版编目(CIP)数据

程序员的 AI 书:从代码开始 / 张力柯,潘晖编著. —北京:电子工业出版社,2020.2
ISBN 978-7-121-38270-3

Ⅰ. ①程… Ⅱ. ①张… ②潘… Ⅲ. ①人工智能—程序设计 Ⅳ. ①TP18

中国版本图书馆 CIP 数据核字(2020)第 014136 号

责任编辑:张国霞　　　特约编辑:顾慧芳
印　　刷:三河市君旺印务有限公司
装　　订:三河市君旺印务有限公司
出版发行:电子工业出版社
　　　　　北京市海淀区万寿路 173 信箱　　邮编 100036
开　　本:787×980　1/16　印张:20　字数:430 千字
版　　次:2020 年 2 月第 1 版
印　　次:2020 年 2 月第 1 次印刷
印　　数:5000 册　定价:109.00 元

凡所购买电子工业出版社图书有缺损问题,请向购买书店调换。若书店售缺,请与本社发行部联系,联系及邮购电话:(010)88254888,88258888。
质量投诉请发邮件至 zlts@phei.com.cn,盗版侵权举报请发邮件至 dbqq@phei.com.cn。
本书咨询联系方式:010-51260888-819,faq@phei.com.cn。

推荐序一

认识力柯兄多年,一直认为他是一员虎将——能用代码说话,便绝不打无谓的嘴仗;能用技术与产品直接证明,便绝不空谈"形式"和"主义"。这次,通过力柯兄写的这本书,一如既往地看到他"心有猛虎"的一面:直截了当、大开大合。

在机器学习或者说工业界 AI 火起来的这几年,程序员这一受众群体一直缺少优秀的教程。有些教程过于浅显,很难称其为"入门教程",只能称其为科普书;有些教程则过于贴近理论推导,对夯实读者的数理基础大有裨益,也能给研究生提供参考,但对程序员来说,则理论有余而实践不足,常常令注重工程实践的他们一头雾水:毕竟不是每个程序员都有耐心、有必要一门一门地捡回微积分、概率统计、偏微分方程、线性代数和数值计算等基础学科的知识,再真正实现一个属于自己的模型。如何在数学理论和工程实践之间找到一个平衡点,让具有工程背景的广大读者从中获得实际的价值,而非进行简单的脑力或数学训练,这一直是我评价机器学习教程时最为看重的要素。现在,我有幸从力柯兄的成书中找到了这些要素,实乃幸事!

这是一本写给程序员看的机器学习指南。它有针对性地从程序员的视角切入(而非像市面上的大多数机器学习教程一样,从数学的角度切入),介绍了工业界流行的若干模型及应用场景,同时涵盖了神经网络的原理和基础实现、Keras 库的使用方法和 TensorFlow 的部署方案,可谓有的放矢。另外,本书章节不多,却简短有力。这不是一本科普读物,不存在浅尝辄止;也不是一本百科全书,不存在天书符号。这是一本有代码的书,是一本谈工程实现的书。我认为,这正是机器学习领域所缺少的那一类教程。

本书的上篇,让我不由得想起多年前力柯兄刚从硅谷回国高就时,与我围绕"怎样的面试题对于机器学习程序员是合适的"这一话题展开的讨论。那时 AI 正在升温,无数有着各种背景、能力和水平的人都在尝试接触 AI 方面的内容,但对于人才的选拔和录用,却似乎没有一个行业内的公认标准和规范。力柯兄的面试题十分简单粗暴,要求面试者仅使用一些基础的 Python 库去实现一个深度神经网络。这听起来有点让人匪夷所思,但事后细想,却是大道至简。这可以让人抛去繁杂的模型,回归神经网络最本质的前向传播和反向传播,将一切都落实在代码层面。虽然需要运用的数学知识不过是一点高等数学的皮毛，却可以同时从工程和数学两个角度考察候选人的基本功。这几年间，机器学习和深度学习教程及相关公开课越来越多，我阅课无数，竟发现很少有一门课能够沉下心来，仔仔细细地告诉读者和学员，搭建和实现这些神经网络的基础元素从何而来，又为何如此。而本书的上篇，尤其是在第 2 章中，一丝不苟地介绍了神经元、激活函数和损失函数，从偏微分方程层面严谨地推导反向传播，又从代码层面给出了那道面试题的答案。这都让我不由得敬佩力柯兄在工程上的执着。本书的下篇，则是标准的深度学习入门。

  至此，我不再"剧透"，因为当你从实战角度阅读这些章节时，会有一种不断发现珍宝的惊喜感，而我更愿意把这些"珍宝"留给本书的读者。

周竟舸，Pinterest 机器学习平台技术负责人

2019 年 12 月

推荐序二

近十余年,计算机领域中令人瞩目的亮点就是以深度学习为代表的一系列突破。无论是人脸检测还是图像识别,抑或文本翻译或无人驾驶,这些在过去几十年里让计算机科学家苦苦思索却不能解的种种难题,在深度学习的帮助下,竟被一一攻克,这不能不说是人类科技史上一颗耀眼的明星。

AI 技术的突飞猛进,却使传统程序员产生不少困惑:过去常用的数据结构、排序搜索、链表数组等,现在变成了模型、卷积、权重和激活函数……无论是要开发 AI 应用,还是和算法研究人员共同工作,他们都存在同一个问题:如何学习 AI 技术?如何理解 AI 算法人员常用的名词和概念?更重要的是,如何把 AI 相关的代码和自己的软件开发经验联系起来?

现在市面上已经有很多深度学习和机器学习教程了,其中也不乏从实例入手、以代码实现为重点的书籍,但并没有一本书真正地从程序员的视角来看待深度学习技术。或者,我们也可以这么说,大部分相关书籍的重点是讲解深度学习理论,所用的实例是解释深度学习理论的实际应用。尽管有不少书籍在讲解理论和代码时详尽而深入,却没有涉及核心问题:要解决这个问题,为什么非用深度学习或机器学习不可?没有这些方法就不能做吗?用深度学习处理该问题的优势是什么?是十全十美,还是存在问题?

打开本书,我惊喜地发现它并非像市面上的其他书籍那样,直接把各种新鲜概念放到读者面前并强迫他们接受。它一开始就没有在机器学习概念上过多纠缠,而是先快速展示了简短的 AI 实现代码的结构和流程,然后带出一些常常让初学者疑惑的问题,针对这些问题再带出新的内容。我们可以看到,本书每一章都用到了类似的形式:阐述一个领域中的实际问题,提出不同的解决方法,简要探讨不同的方法,找到人们难以解决的问题,然后解释机器学习或深度学习处理这些问题的原理。读者了解到的并非单纯的机器学习理论,而是不同领域的具体技术挑战和相关算法的解决方案,从而理解机器学习的真正意义。

必须要说的是,作者在美国工作多年,养成了求真务实和独立思考的习惯,我们从书中能感受到他独特的风格,并有愉悦的阅读体验。本书在理论讲解方面也没有概念堆砌的枯燥无味,作者常常加入一些对技术的调侃和个人见解,以供读者思考。在代码解析阶段,作者着眼于整体框架与流程,把重点放在理论中的网络结构如何在实际代码中实现,而不会浪费篇幅在代码的语言细节上。

阅读本书,不但是对不同领域 AI 开发的学习,也是一次以资深程序员的视角去审视相关代码实现的体验。本书无论是对于应用开发程序员,还是对于算法研究人员,都相当有价值,非常值得阅读。

喻杰博士,华为智能车云首席技术官

2019 年 12 月

推荐序三

随着 AlphaGo 在人机大战中一举成名，关于机器学习的研究开始备受人们关注。机器学习和神经网络已经被广泛应用于互联网的各个方面，例如搜索、广告、无人驾驶、智能家居，等等。AI 井喷式发展的主要动力如下。

其一，数据的积累。各大 IT 公司都拥有了自己的数据平台，数据积累的速度越来越快。各大高校针对不同的机器学习任务，积累了多样化的数据集。

其二，计算机性能指数级的增长。从当初的 CPU 到 GPU，再从 GPU 到专门为 AI 设计的芯片，都提供了强大而高效的并行计算能力，大大推动了 AI 算法的进步。

其三，AI 理论及模型的突破，例如卷积网络、长短期记忆等。

其四，深度学习开源框架日趋完善。TensorFlow 是当前领先的深度学习开源框架，越来越多的人在使用它从事计算机视觉、自然语言处理、语音识别和一般性的预测分析工作。TensorFlow 集成的 Keras 是为人类而非机器设计的 API，易于学习和使用。

这是一本非常适合程序员入门和实践深度学习的书，理论和实践并重，使用 Keras 作为机器学习框架，侧重于 AI 算法实现。

本书以从代码出发，再回归 AI 相关原理为宗旨，深入浅出、循序渐进地讲解了 Keras 及常见的深度学习网络，还讲解了深度学习在不同领域的应用及模型的部署与服务。读者在一步步探索 AI 算法奥秘的同时，也在享受解决问题的喜悦和成就感，并开启深度学习之旅。

衷心地希望有志于 AI 学习的读者抓住机会，早做准备，成为 AI 时代的弄潮儿。

王昀绩，Google AI 高级研究员

2019 年 12 月

目 录

上篇

第 1 章 机器学习的 Hello World 2
1.1 机器学习简介 2
1.2 机器学习应用的核心开发流程 3
1.3 从代码开始 6
    1.3.1 搭建环境 6
    1.3.2 一段简单的代码 7
1.4 本章小结 9
1.5 本章参考文献 9

第 2 章 手工实现神经网络 10
2.1 感知器 10
    2.1.1 从神经元到感知器 10
    2.1.2 实现简单的感知器 12
2.2 线性回归、梯度下降及实现 15
    2.2.1 分类的原理 15
    2.2.2 损失函数与梯度下降 16
    2.2.3 神经元的线性回归实现 18
2.3 随机梯度下降及实现 21
2.4 单层神经网络的 Python 实现 23
    2.4.1 从神经元到神经网络 23
    2.4.2 单层神经网络：初始化 25
    2.4.3 单层神经网络：核心概念 27
    2.4.4 单层神经网络：前向传播 28

2.4.5 单层神经网络：反向传播 29
　　2.4.6 网络训练及调整 34
2.5 本章小结 38
2.6 本章参考文献 38

第3章 上手Keras 39
3.1 Keras简介 39
3.2 Keras开发入门 40
　　3.2.1 构建模型 40
　　3.2.2 训练与测试 42
3.3 Keras的概念说明 44
　　3.3.1 Model 44
　　3.3.2 Layer 48
　　3.3.3 Loss 65
3.4 再次代码实战 70
　　3.4.1 XOR运算 70
　　3.4.2 房屋价格预测 73
3.5 本章小结 75
3.6 本章参考文献 76

第4章 预测与分类：简单的机器学习应用 77
4.1 机器学习框架之sklearn简介 77
　　4.1.1 安装sklearn 78
　　4.1.2 sklearn中的常用模块 78
　　4.1.3 对算法和模型的选择 79
　　4.1.4 对数据集的划分 80
4.2 初识分类算法 80
　　4.2.1 分类算法的性能度量指标 81
　　4.2.2 朴素贝叶斯分类及案例实现 86
4.3 决策树 90
　　4.3.1 算法介绍 90
　　4.3.2 决策树的原理 91

		4.3.3	实例演练 96
		4.3.4	决策树优化 99
	4.4	线性回归 101
		4.4.1	算法介绍 101
		4.4.2	实例演练 101
	4.5	逻辑回归 102
		4.5.1	算法介绍 102
		4.5.2	多分类问题与实例演练 107
	4.6	神经网络 108
		4.6.1	神经网络的历史 108
		4.6.2	实例演练 114
		4.6.3	深度学习中的一些算法细节 117
	4.7	本章小结 120
	4.8	本章参考文献 120

下篇

第 5 章 推荐系统基础 122

- 5.1 推荐系统简介 122
- 5.2 相似度计算 124
- 5.3 协同过滤 125
  - 5.3.1 基于用户的协同过滤 126
  - 5.3.2 基于物品的协同过滤 128
  - 5.3.3 算法实现与案例演练 129
- 5.4 LR 模型在推荐场景下的应用 131
- 5.5 多模型融合推荐模型：Wide&Deep 模型 135
  - 5.5.1 探索-利用困境的问题 135
  - 5.5.2 Wide&Deep 模型 137
  - 5.5.3 交叉特征 137
- 5.6 本章小结 145
- 5.7 本章参考文献 145

第6章 项目实战：聊天机器人 146

- 6.1 聊天机器人的发展历史 146
- 6.2 循环神经网络 148
  - 6.2.1 Slot Filling 148
  - 6.2.2 NLP 中的单词处理 150
  - 6.2.3 循环神经网络简介 153
  - 6.2.4 LSTM 网络简介 154
- 6.3 Seq2Seq 原理介绍及实现 157
  - 6.3.1 Seq2Seq 原理介绍 157
  - 6.3.2 用 Keras 实现 Seq2Seq 算法 158
- 6.4 Attention 173
  - 6.4.1 Seq2Seq 的问题 174
  - 6.4.2 Attention 的工作原理 175
  - 6.4.3 Attention 在 Keras 中的实现 178
  - 6.4.4 Attention 示例 180
- 6.5 本章小结 185
- 6.6 本章参考文献 185

第7章 图像分类实战 187

- 7.1 图像分类与卷积神经网络 187
  - 7.1.1 卷积神经网络的历史 187
  - 7.1.2 图像分类的 3 个问题 188
- 7.2 卷积神经网络的工作原理 190
  - 7.2.1 卷积运算 191
  - 7.2.2 传统图像处理中的卷积运算 193
  - 7.2.3 Pooling 195
  - 7.2.4 为什么卷积神经网络能达到较好的效果 197
- 7.3 案例实战：交通图标分类 200
  - 7.3.1 交通图标数据集 200
  - 7.3.2 卷积神经网络的 Keras 实现 202
- 7.4 优化策略 209
  - 7.4.1 数据增强 210

		7.4.2 ResNet	214
7.5		本章小结	216
7.6		本章参考文献	217

第 8 章　目标识别 218

8.1		CNN 的演化	218
	8.1.1	CNN 和滑动窗口	218
	8.1.2	RCNN	220
	8.1.3	从 Fast RCNN 到 Faster RCNN	223
	8.1.4	Faster RCNN 核心代码解析	228
8.2		YOLO	242
	8.2.1	YOLO v1	242
	8.2.2	YOLO v2	248
	8.2.3	YOLO v3	251
8.3		YOLO v3 的具体实现	253
	8.3.1	数据预处理	253
	8.3.2	模型训练	260
8.4		本章小结	293
8.5		本章参考文献	294

第 9 章　模型部署与服务 296

9.1		生产环境中的模型服务	296
9.2		TensorFlow Serving 的应用	299
	9.2.1	转换 Keras 模型	299
	9.2.2	TensorFlow Serving 部署	302
	9.2.3	接口验证	303
9.3		本章小结	307
9.4		本章参考文献	308

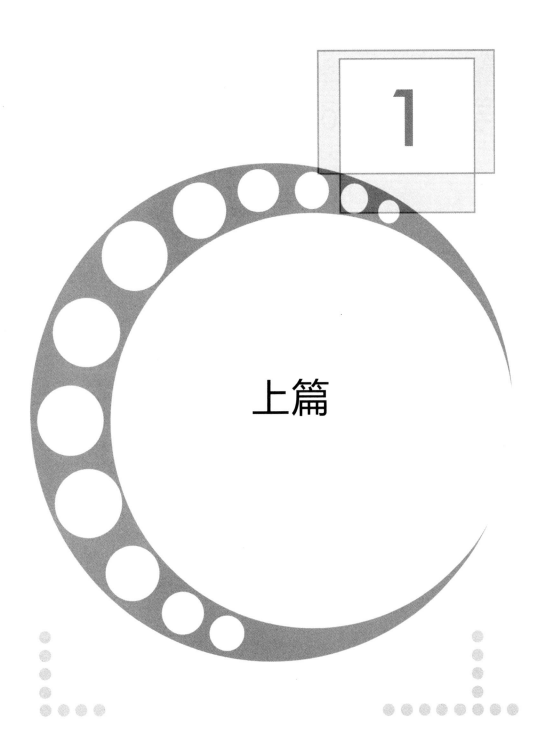

上篇

第 1 章
机器学习的 Hello World

机器学习作为近年来的热点技术，不但是汇集传统统计学、数据挖掘、并行计算、大数据等多个领域的交叉学科，也对传统的编程开发方式形成了一定冲击，整个开发的模式、过程及思考角度与传统的代码实现有相当大的差别。从某个角度来说，很多软件工程师在接触机器学习时，所面临的最大困难并不是对其概念和原理无法理解，而是难以转换自己的编程思维方式，从传统的面向具体逻辑流程的实现，变为面向数据和结果拟合的实现。因此，我们在这里改变传统的机器学习入门方式，先从机器学习代码的开发和使用入手，让读者对如何用机器学习的方式解决问题有直观的了解。

本章作为入门级的内容，内容精简。读者应备好电脑，尝试运行自己的第 1 个机器学习程序。

1.1 机器学习简介

机器学习主要有三大类别：监督学习（Supervised Learning）、无监督学习（Unsupervised Learning）、增强学习（Reinforcement Learning），下面对这三大类别进行简要介绍。

1. 监督学习

监督学习是机器学习中应用最广泛也最可靠的技术。简单来说，监督学习的目的就是通过标注好的数据进行模型训练，从而期望利用训练好的模型对新的数据进行预测或分类。在这里，"监督"（Supervised）这个词意味着我们已经有标注好的已知数据集。

监督学习的应用场景非常广泛，常见的垃圾邮件过滤、房价预测、图片分类等都是适合它的领域，但其最大弱点就是需要大量标注数据，前期投入成本极高。

2. 无监督学习

相对于需要大量标注数据的监督学习，无监督学习无须标注数据就能达到某个目标。注意，并不是所有场景都适合采用无监督学习，无监督学习经常被用于以下两方面。

- 聚类（Clustering）：在聚类场景下使用无监督学习的频率可能是最高的。例如给出一堆图片，把相似的图片划分在一起。我们既可以预设一个类别总数进行自动划分（即半监督学习，Semi-supervised）；也可以预设一个差异阈值，然后对所有图片进行自动聚类。
- 降维（Dimensionality Reduction）：在数据特征过多、维度过高时，我们通常需要把高维数据降到合理的低维空间处理，并期望保留最重要的特征数据。主成分分析（Principal Component Analysis，PCA）就是其中最为常见的算法应用。

3. 增强学习

无论是监督学习还是无监督学习，其训练基础都来源于数据本身。而增强学习最大的特点就是需要与环境有某种互动关系，这也促使人们在增强学习的研究中利用类似电子游戏的环境来模拟互动并进行 AI 训练。例如，DeepMind 在 2015 年提出的利用 DQN 学习 ATARI 游戏的操作，以及 OpenAI 的 Gym 等。

增强学习的实现和应用场景比较特殊，尽管某些大型公司已经在推荐系统、动态定价等场景中尝试应用增强学习，但仍只限于实验性质，有兴趣的读者可以自行阅读其他资料进行学习，在本书中不对增强学习进行讲解。

1.2 机器学习应用的核心开发流程

我们经常听到机器学习的研究人员开口"特征"，闭口"模型"，也听过他们调侃自己是"调参"师，然而，他们口中的这些术语到底指什么呢？若想了解这些术语，就先要清楚机器学习应用开发的核心流程。

图 1-1 把机器学习应用的核心开发流程划分为 4 个阶段，实际上，基本上所有机器学习项目的开发流程都是按照这 4 个阶段来划分和实施的。

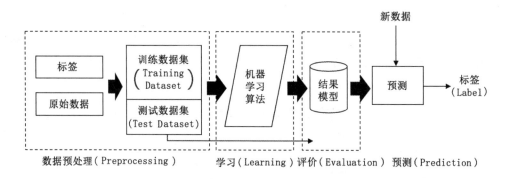

图 1-1 机器学习的基本流程

下面对图 1-1 所示的 4 个阶段进行解释。

1．数据预处理（Preprocessing）

机器学习的第 1 阶段就是处理原始数据。从图 1-1 可以看出，我们需要处理带有标签的原始数据，形成用于模型训练的训练数据集和用于验证模型效果的测试数据集，包含如下两项核心工作。

（1）特征提取。我们要处理的原始数据往往是以多种形式存在的，可以是来自 MySQL 数据库的不同字段，也可以是原始的文本文件或图像、视频、音频等多媒体文件。然而，绝大部分机器学习算法的输入通常是某种浮点数矩阵形式或者向量形式的。把这些多样化的原始数据转化为符合算法数据的数据格式，是工作的第 1 步，我们通常可以把这一步称为"特征提取"。而从原始数据中挑选出来进行转换，并最终用于机器学习的数值就被称为"特征值"。例如，我们要识别花的种类，从花的图片中将花瓣颜色、花瓣形状、花瓣长度、花瓣宽度、叶片长度、叶片形状等属性数值化，这些数值就被定义为花的"特征"。注意，我们在这里是通过经验去选取我们觉得重要且有用的特征值的，因为在现实场景下可能会有成百上千种数据类型（例如一个业务中所有数据表的字段）备选，我们不太可能将它们全部用于机器学习，必须有所取舍，这就是特征工程的目的。然而，依赖经验选择并不是 100%可靠的。在实际工作中，我们需要和业务专家一起不断讨论和尝试验证，直到确认我们选取的特征值的确能达到业务要求。

（2）数据清洗。有时，我们哪怕是把数据转化为符合算法输入的形式，也会出现很多问题，例如，需要输入的某些特征可能不存在、不同特征的数值区间差别太大、某些特征可能是文字形式等，这时我们需要根据情况处理这些不规范的特征值。例如，将不存在的特征设为 0 或取平均值，对文字形式的特征进行编码，或者对数值区间较大的特征进行归一化（Normalization）等。数据清洗的目的是让算法训练所用的数据集尽量理想化，不包含不必要的干扰数值，从而提高模型训练的精度。

在数据集处理完成后，我们通常需要把数据集划分为训练数据集和测试数据集，这样的划分通常是随机的，随机挑选 80%的数据用于训练，将剩下的 20%用于测试验证。数据集其实在不同的机器学习框架中均有对应的 API 进行快速划分，这里不做详述。

2. 学习（Learning）

这个阶段也是我们常说的训练阶段。我们已经在数据预处理阶段构建了合适的数据集，在这个阶段就需要根据自己的最终目标选择合适的算法模型，并根据我们的数据集进行合理的参数设置，开始模型训练。

什么是模型训练？我们在中学都学过多元函数，例如：

$$y = ax_1 + bx_2 + cx_3$$

其中，y 就是标签，在数据集中已经标注好；x_1、x_2、x_3 就是前面提到的特征值。我们可以这样描述：

$$花的类别 = a \times 花蕊颜色 + b \times 花瓣颜色 + c \times 叶片颜色$$

这里，y 就是花的类别，x_1、x_2、x_3 就分别是花蕊颜色、花瓣颜色和叶片颜色。

假设这个公式正确，我们接下来需要做的就是通过训练集中的数据输入，把 a、b、c 反推出来。当然，一般来说我们不可能找到 100%完美的 a、b、c，使以上算法得到的结果和训练集中所有的输入都一致，所以我们只能让结果尽量接近原始数据，并设定损失函数（Loss Function），设法使整体误差最小。在实际场景中，我们通常使用 MSE（Mean Squared Error，均方误差）作为损失函数的误差计算。

当然，上面的例子非常简单，所要推导的参数也不多。在实际的深度学习模型中，我们需要推导的参数是以万甚至百万为单位的，这些参数通常被称为"权重"（Weight）并被存为特定格式的文件（不同框架所存的权重文件格式各不相同）。我们将在第 2 章深入接触深度学习并了解其训练过程。

3. 评价（Evaluation）

我们在学习阶段将误差降到足够小之后，就可以停止训练，将训练好的模型用在数据预处理阶段生成的测试数据集上验证效果。因为测试数据集的所有数据都没有在训练阶段出现过，所以我们可以把测试数据视为"新"数据，用来模拟真实环境的输入，从而预估模型被部署到真实环境后的效果。

4. 预测（Prediction）

我们在评价阶段确认模型达到了预期的准确率和覆盖率（召回率）之后，就可以将模型部署上线。注意，在小规模研究中，我们可以直接使用训练后的模型；但在真正大流量的产品环境中，我们往往需要使用专门的模型服务框架（如 TensorFlow Serving[4]）将模型转换为专有的格式，并在该框架下进行高效服务。我们将在第 9 章学习如何在 TensorFlow Serving 上进行模型的部署与验证。

1.3 从代码开始

"Talk is cheap, show me the code"这句话无论是对于程序开发还是对于机器学习都是适用的。对于一个软件工程师来说，原理、分析和推导都比不上一段真实的代码更容易让人理解，下面就让我们直接尝试用代码来解决问题吧。

1.3.1 搭建环境

本节希望让读者尽快接触真实开发环境下的代码，因此将使用 TensorFlow 中的 Keras 作为开发框架（现在 Keras 已是 TensorFlow 的一部分）。此外，我们需要一些额外的 Python 包作为支持。我们选用了 Python 3.7 以上版本，并假设读者已经安装好 Python 3.7。下面执行安装本章代码运行所需依赖库的命令：

```
pip install tensorflow
pip install numpy scipy pandas matplotlib
```

1.3.2 一段简单的代码

考虑一个简单的问题：对正负数分类，对正数返回 1，对负数返回 0。

这用传统的代码实现起来非常简单，如下所示：

```
def get_number_class(num):
    return 1 if num > 0 else 0
```

但用机器学习该如何实现呢？

下面用 TensorFlow 自带的 Keras 实现对正负数分类：

```
1  import tensorflow as tf
2  from tensorflow.keras.models import Sequential
3  from tensorflow.keras.layers import Dense
4
5  model = Sequential()
6  model.add(Dense(units=8, activation='relu', input_dim=1))
7  model.add(Dense(units=1, activation='sigmoid'))
8  model.compile(loss='mean_squared_error', optimizer='sgd')
9
10 x = [1, 2, 3, 10, 20, -2, -10, -100, -5, -20]
11 y = [1.0, 1.0, 1.0, 1.0, 1.0, 0.0, 0.0, 0.0, 0.0, 0.0]
12 model.fit(x, y, epochs=10, batch_size=4)
13
14 test_x = [30, 40, -20, -60]
15 test_y = model.predict(test_x)
16
17 for i in range(0, len(test_x)):
18     print('input {} => predict: {}'.format(test_x[i], test_y[i]))
```

我们看看这 18 行代码都做了什么。

第 1~3 行：引入依赖库 TensorFlow 和其自带的 Keras 相关库。

第 5~8 行：这 4 行建立了一个简单的两层神经网络模型。在第 5 行定义了一个 Sequential 类型的网络，顾名思义是按顺序层叠的网络。在第 6 行加入第 1 层网络，输入 input_dim 为 1，意味着只有 1 个输入（因为我们只判断一个数字是否为正数）；但是定义了 8 个输出（units=8），这个数字其实是随意定的，可以视为其中神经元的个数（我们将在第 2 章解释什么是神经元），一般神经元的个数越多，效果越好（训练时间也越长）。算法科研人员会耗费大量的时间来确定这些数字，以找到最佳的个数。第 7 行再叠加一层，接收前面的输出（8 个），但作为最后一层，这次只定义一个输出（units=1），这个输出决定了最后的分类结果。第 8 行对整个模型进行最后的配置，选择 mean_squared_error（平均方差）作为损失函数计算，选择随机梯度下降（Stochastic Gradient Descent，SGD）作为梯度优化方式。这里将不从理论角度解释随机梯度下降的原理，但在第 2 章中将通过代码来手工实现随机梯度下降。

第 10～12 行：设定了两组数据 x 和 y 作为训练集，其中，x 包括 10 个正数，y 包括对应的 10 个分类结果。可以看到，对于 x 中的每个正数，y 中对应的值都是 1.0，负数 x[i]所对应的 y[i]则是 0。然后我们调用 model.fit 函数进行训练，设置 epochs 为 10（训练 10 次），batch_size 为 4（每次都随机挑选 4 组数据）。

第 14～18 行：这里构建了 4 个输入数据进行测试并打印结果。我们构建了数组 test_x，该数组包含 4 个整数，然后调用 model.predict 方法对 test_x 进行预测。在第 17～18 行将打印每个输入所对应的预测结果。

以上 18 行代码的运行结果如下：

```
10/10 [==============================] - 0s 6ms/sample - loss: 0.2353
Epoch 2/10
10/10 [==============================] - 0s 205us/sample - loss: 0.1688
Epoch 3/10
10/10 [==============================] - 0s 182us/sample - loss: 0.1493
Epoch 4/10
10/10 [==============================] - 0s 175us/sample - loss: 0.1341
Epoch 5/10
10/10 [==============================] - 0s 176us/sample - loss: 0.1234
Epoch 6/10
10/10 [==============================] - 0s 177us/sample - loss: 0.1161
Epoch 7/10
10/10 [==============================] - 0s 171us/sample - loss: 0.1103
Epoch 8/10
10/10 [==============================] - 0s 173us/sample - loss: 0.1051
Epoch 9/10
10/10 [==============================] - 0s 180us/sample - loss: 0.1013
Epoch 10/10
10/10 [==============================] - 0s 172us/sample - loss: 0.0978
input 30 => predict: [0.95692104]
```

```
input 40 => predict: [0.9840995]
input -20 => predict: [0.03060886]
input -60 => predict: [3.1581865e-05]
```

可以看到，在最后的预测结果中，所有正数的预测值都非常接近1，所有负数的预测值都小于 0.01。前面解释过，机器学习是一种概率预测，不可能完全精确，以上结果对正负数做了较为明确的划分，是可以接受的。

经过上面的代码实现，读者可能仍然对其中涉及的一些内容有些茫然，比如什么是梯度下降，神经元又是什么，什么叫加一层、减一层，具体的参数又是怎样训练的，等等，在第 2~4 章会详细解释这些内容。

上述代码是基于 Keras 实现的，Keras 是机器学习研究主流的开发框架，封装了很多常见的算法和模型。第 2 章将抛开这些框架，用最基本的 Python 代码从最简单的神经网络开始，尝试实现上面的功能。

1.4 本章小结

本章简明扼要地解释了机器学习的大致概念和主要实施流程，然后迅速进入实际代码阶段，说明了开发环境所需的工具，并通过一个简单的数字分类实例引入了简明的 Keras 代码实现，对其进行详细解释，让读者对机器学习的开发有一个初步的感性认识。

但是本章并没有解释任何原理如神经元、梯度下降、损失函数、激活函数等概念。第 2 章将手工进行代码实现，让读者对这些概念从软件工程师的角度去学习和思考。

1.5 本章参考文献

[1] HBO "Silicon Valley", https://en.wikipedia.org/wiki/Silicon_Valley_(TV_series)

[2] Google Deepmind, "Human Level control through deep reinforcement learning", Nature, 2015

[3] OpenAI Gym, https://gym.openai.com/

[4] https://github.com /tensorflow/serving

第 2 章
手工实现神经网络

第 1 章快速介绍了机器学习的基本概念和开发流程，并通过一段代码展示了如何用 Keras 机器学习框架实现简单的数字分类。

本章将抛开机器学习框架，用纯粹的 Python 代码实现简单的神经网络，并复现第 1 章中 Keras 代码的结果。

本章以代码为主，理论为辅。读者一定要自行运行书中的代码，如果对部分内容不理解，则也不用担心，本章最后一个代码示例会解答所有问题。

2.1 感知器

2.1.1 从神经元到感知器

我们首先要了解神经网络的历史。

1943 年，W.McCullock 和 W.Pitts 发表了一篇讨论简单的人类大脑细胞的论文 *A Logical Calculus of the Ideas Immanent in Nervous Activity*[1]，在该论文中将 Neuron 定义为大脑中相互连接的神经细胞，用于处理和传递各种化学信号和生物电信号。在该论文中，这样的神经元被定义为一个简单的逻辑门，该逻辑门接收多个信号输入并将其整合到一起，如果信号叠加值超过某个阈值，该神经元就会输出信号到下一个神经元。

1957 年，F. Rosenblatt 在 *The Perceptron, a Perceiving and Recognizing Automaton*[2] 一文中提出了感知器（Perceptron）的概念及对应的算法，该算法能够自动学习权重，使得

其与输入的乘积能够决定一个神经元是否产生输出。更严谨地说，我们可以把这个问题描述为一个二分类问题，把类别定义为 1（输出）和 0（不输出）。然后，我们可以把输入和权重的乘积进行叠加，最终产生输出，在输出值上可以定义某种转换函数（Transfer Function）来将结果转换到我们需要的分类上，这个转换函数通常又被称为激活函数（Activation Function）。整个流程如下所示：

$$w = \begin{bmatrix} w_1 \\ w_2 \\ \vdots \\ w_m \end{bmatrix}, x = \begin{bmatrix} x_1 \\ x_2 \\ \vdots \\ x_m \end{bmatrix}, z = w^T \cdot x = w_1 \cdot x_1 + w_2 \cdot x_2 + \cdots + w_m \cdot x_m$$

$$\phi(z) = \begin{cases} 1, z > 阈值 \\ 0, 其他 \end{cases}$$

其中，我们把 w 称为权重，把 x 称为输入特征，把 z 称为网络输入（Network Input），ϕ 则是决定输出的激活函数。

由此，我们应该能够理解为什么要把ϕ称为激活函数。这是因为对于早期的脑神经研究来说，要么输出（1），要么不输出（0），如果输出的话，我们就认为该神经元被激活了，所以就有了激活函数的概念。

同时，在 w、x、z、ϕ 这几组数据中可以看到：

◎ 在监督训练阶段，w 不可知，是需要训练和学习的目标。我们通过训练集中已知的 x 和ϕ输出值来反推 w 的值，这个反推的过程被称为反向传播，通常使用梯度下降（Gradient Descent）算法，这在后面会进行详细讲解。这个过程需要反复循环多次，计算量通常较大，需要大量的计算资源和时间。

◎ 在实际运行和预测阶段，我们用训练好的 w 权重和实时输入来计算最后的ϕ输出值，因为基本上只进行少数几次矩阵运算，所以复杂度比反向传播要低很多。

我们在图 2-1 中可以看到基本的感知器工作流程：神经元（Neuron）收到输入 x，输入 x 和权重 w 相乘后叠加合并形成网络输入；网络输入被传送到激活函数，生成输出（Output，1 或 0）。如果在训练阶段，则输出将被用于和真实输出进行误差计算，并依此更新权重 w。

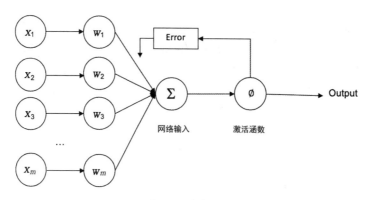

图 2-1 感知器

这里还没谈到神经网络。到目前为止，我们只需知道神经网络由神经元构成，而感知器指的是神经元的工作方式。要了解神经网络，则首先要了解单个神经元是如何工作的。

2.1.2 实现简单的感知器

我们现在按照图 2-1 的思路来实现一个简单的感知器。为了展示基本的感知器思路，这段代码不涉及任何第三方库，甚至不使用 Numpy。这里只设一个权重 w，并设置一个 bias 参数。因此 network_input 为 $wx+bias$（注意，bias 也可被视为权重 w_0，对应一个输入为 1 的常数。把 bias 视为权重参数之一有利于统一计算），同时，我们使用上面定义的 $\emptyset(z)$ 作为激活函数，根据网络输入的值来输出 1 或 0，这就是最简单的感知器模型实现。

我们的训练集和测试数据与第 1 章的示例相同，用 10 组数据作为训练集，用 4 组数组作为测试集，整体的代码（Simple_perceptron.py）实现如下：

```
1   class Perceptron(object):
2       def __init__(self, eta=0.01, iterations=10):
3           self.lr = eta
4           self.iterations = iterations
5           self.w = 0.0
6           self.bias = 0.0
7
8
9       def fit(self, X, Y):
10          for _ in range(self.iterations):
```

```
11              for i in range(len(X)):
12                  x = X[i]
13                  y = Y[i]
14                  update = self.lr * (y - self.predict(x))
15                  self.w += update * x
16                  self.bias += update
17
18
19      def net_input(self, x):
20          return self.w * x + self.bias
21
22
23      def predict(self, x):
24          return 1.0 if self.net_input(x) > 0.0 else 0.0
25
26
27
28 x = [1, 2, 3, 10, 20, -2, -10, -100, -5, -20]
29 y = [1.0, 1.0, 1.0, 1.0, 1.0, 0.0, 0.0, 0.0, 0.0, 0.0]
30
31 model = Perceptron(0.01, 10)
32 model.fit(x, y)
33
34 test_x = [30, 40, -20, -60]
35 for i in range(len(test_x)):
36     print('input {} => predict: {}'.format(test_x[i],
37 model.predict(test_x[i])))
38
39 print(model.w)
40 print(model.bias)
```

我们来看看这些代码都做了什么。

第 1~6 行：设置初始化参数 lr（用于调整训练时的步长，即 learning rate 学习率）、iterations（迭代次数）、权重 w 与 bias。

第 9~29 行：这是模型训练的核心代码。根据 iterations 的设定，我们用同样的训练数据反复训练给定的次数，在每一次训练中都根据每一对数据对参数进行调整，即模型训练。在训练集中有真实标签 y，注明当前输入 x 的真实类别，然后就可以根据我们设定的 y'(预测值)=$\emptyset(wx+bias)$ 来获得 y' 的预测值。这个预测是通过第 23~24 行的 predict 函数实现的，它实际上是根据第 19~20 行的 network_input 输入做出的判断。

在第 14 行，我们首先获得真实值 y 与预测值 y' 的偏差，却并不直接用这个偏差来计算和调整 w、bias，而是乘以一个较小的参数 lr。我们希望每次都对 w 和 bias 进行微调，通过多次迭代和调整后让 w 和 bias 接近最优解（Optimized Value），所以我们希望每次调整的幅度都不要太大。这是一个较难两全的事情：lr 值过小可能会导致训练时间过长，难以在实际实验中判断是否收敛；lr 值过大则容易造成步长过大而无法收敛。在第 14 行获得需要更新的 update 值之后，我们可以按照在本章参考文献[2]中给出的感知器的学习率来计算如何调整 w 和 bias（这里暂时不去仔细分析这两个公式是怎么得来的，因为不同算法的实现各不相同，我们会在 2.2.2 节讲解梯度下降时再去分析）：

$$\Delta w = lr \cdot (y - y') \cdot x$$

$$\Delta bias = lr \cdot (y - y')$$

第 15 ~ 16 行：仅仅是每次都把 w 和 bias 根据上面的误差更新进行调整。

那么，这样一个简单模型的运行效果如何呢？我们在第 28 ~ 39 行引入了在第 1 章中使用的训练数据和测试数据，看看训练效果如何。运行该代码，我们可以看到以下输出：

```
input 30 => predict: 1.0
input 40 => predict: 1.0
input -20 => predict: 0.0
input -60 => predict: 0.0
0.01
0.01
```

可以看到，对于输入的 4 组数据，运行结果完全正确。

最后两行输出的是 w 和 bias 的数值。

以上便是神经网络的最初起源及用 Python 进行的具体实现。当然，这个例子是非常简单的：①我们只处理单个输入；②分类也仅仅是很简单的二分；③我们的激活函数是一个非常直接的二分输出，在实际情况下基本不可能这么设置。但是，这基本解释了神经网络运行的基本原理和模式。

本章后面几节将仔细讲解基于梯度下降的算法实现（即如何基于梯度下降来调整权重）和相关的一些概念。当然，正如本书反复强调的，我们将通过 Python 代码来实现所有这些概念，而不会停留在名词解析层面。

2.2 线性回归、梯度下降及实现

2.2.1 分类的原理

在 2.1 节中,我们用代码实现了简单的感知器,学习了基本的神经网络原理实现。然而,在其中的代码实现里,我们提到感知器在修正权重 w 和偏移值 bias 时的修改规则如下:

$$\Delta w = lr \cdot (y - y') \cdot x$$

$$\Delta \text{bias} = lr \cdot (y - y')$$

这是整个训练过程中的核心,又是怎么得来的呢?本节将解释这个问题。

首先,我们要理解为什么要定义网络输入为 $wx+b$。

实际上,我们做了一个假设:预测数据是线性可分的,因此我们希望用一个简单的斜线来判断所输入的数据落在哪个区间(类别)。

什么叫线性可分呢?请看图 2-2。

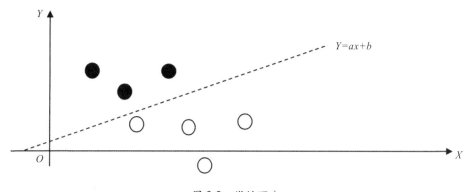

图 2-2 线性可分

由图 2-2 可以看到,实心圆和空心圆能够被一条直线分开。如果我们的数据能被一条直线分为两类(或多个类),我们便称其为线性可分。图 2-2 实际上是二维坐标的数据划分,我们将在 2.4 节通过实现一个神经网络来处理。对于在 2.1 节中所举的正负数分类问题,这时解决起来就更简单了,可以将其视为对 x 轴上的点进行划分,如图 2-3 所示。

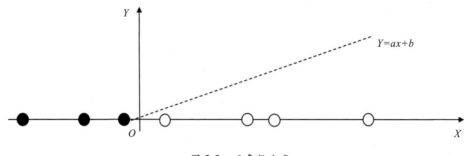

图 2-3　正负数分类

所以,现在我们知道了为什么要定义 y'(预测值)=∅(wx+b),那么我们来看真正的关键问题:怎么得到 w 和 b?

这实际上是一个线性回归(Linear Regression)问题,线性回归可以处理多于一个输入的形式,例如 $y'=∅(w_1·x_1+w_2·x_2+w_3·x_3)$。在这个例子中,我们实际上预设了 $x_0=1$、w_0=bias,即 $y'=∅(w_0·x_0+w_1·x_1)=∅(w_0+w_1·x_1)=∅(w·x+b)$。注意,这是一个常见的技巧,给输入参数增加一个固定为 1 的常量,可以让我们不用单独处理 bias 参数,而能将它作为权重值统一计算,2.4 节会讲解如何计算。

2.2.2　损失函数与梯度下降

在 2.1 节中假设:

$$∅(z) = \begin{cases} 1, z > 阈值 \\ 0, 其他 \end{cases}$$

这是在参考文献[2]中感知器的激活函数中设定的,但这在实际应用中几乎不可能这么简单判定。在感知器之后,人们提出了 Adaptive Linear Neuron(简称 Adaline)的概念,即其激活函数和输入一致:

$$∅(w^Tx) = w^Tx$$

这样,在 Adaline 中,激活函数的输出就是一个连续值,而不是如前面感知器那样的简单二分,这样的变化可以让我们定义两个重要的概念:损失函数和梯度下降。

损失函数即如何计算图 2-1 中的 Error 值。我们通常使用 MSE 来计算,即

$$MSE = \frac{\sum_{i=1}^{n}(y_i - y_i')^2}{N} = \frac{\sum_{i=1}^{n}(y_i - (wx_i + b))^2}{N}$$

其中，y_i为真实值，y_i'为预测值。

用代码实现如下：

```
def cost_function(self, X, Y, weight, bias):
    n = len(X)
    total_error = 0.0
    for i in range(n):
        total_error += (Y[i] - (weight*X[i] + bias))**2
    return total_error / n
```

在获得了损失函数之后，我们便要应用梯度下降来调整 w 和 bias（记为 b）。怎么调整？其实思路很简单，计算出损失函数针对 w 和 bias 的梯度变化Δw和Δb，然后从 w 和 bias 中分别减去Δw 和Δb即可，如此反复，直到最后的损失函数值足够小。

根据上面的 MSE 公式，我们假设f为 MSE，分别对 w 和 b 求导可以得到：

$$\Delta w = \frac{\partial f}{\partial w} = \frac{\partial \frac{\sum_{i=1}^{n}(y_i-(wx_i+b))^2}{N}}{\partial w} = \frac{\sum_{i=1}^{n}-2x_i \cdot (y_i-(wx_i+b))}{N}$$

$$\Delta b = \frac{\partial f}{\partial b} = \frac{\partial \frac{\sum_{i=1}^{n}(y_i-(wx_i+b))^2}{N}}{\partial b} = \frac{\sum_{i=1}^{n}-2(y_i-(wx_i+b))}{N}$$

以上即梯度Δw 和Δb，然后我们只需要更新 w（$w-\Delta w$）、b（$b-\Delta b$）即可。其代码实现如下：

```
def update_weights(self, X, Y, weight, bias, learning_rate):
    dw = 0
    db = 0
    n = len(X)
    
    for i in range(n):
        dw += -2 * X[i] * (Y[i] - (weight*X[i] + bias))
        db += -2 * (Y[i] - (weight*X[i] + bias))
    
    weight -= (dw / n) * learning_rate
    bias -= (db / n) * learning_rate
    
    return weight, bias
```

在上面的代码中要注意的是，我们并没有直接从 w 和 bias 中减去梯度值，而是将梯度值乘以 learning rate，以调整训练步长。

在我们完整实现一个基于线性函数的神经网络之前，还有一点要处理，即数据归一化。

在前面的感知器的实现中并没有这一步，因为感知器的"激活函数"实际上是一个单位阶跃函数（Unit Step Function），它能够把任何输入值都映射为 0 或 1 这两个值。然而，对于 Adaline，因为激活函数就是网络输入本身，而 x 的值远超过[0,1]区间，因此我们需要处理输入值的范围，让最终的输出能够落在[0,1]区间（另一种做法是直接改变激活函数，使其能把任意输入都映射到[0,1]区间，这会在后面解释）。我们通常会把输入值映射到[0,1]区间，输入则变为

$$x_i = \frac{x_i - x_{\min}}{x_{\max} - x_{\min}}$$

2.2.3 神经元的线性回归实现

现在我们就能来完整实现应用了梯度下降的单神经元网络了（不包括隐藏层）：

```
1   class LinearRegression(object):
2       def __init__(self, eta=0.01, iterations=10):
3           self.lr = eta
4           self.iterations = iterations
5           self.w = 0.0
6           self.bias = 0.0
7   
8       def cost_function(self, X, Y, weight, bias):
9           n = len(X)
10          total_error = 0.0
11          for i in range(n):
12              total_error += (Y[i] - (weight*X[i] + bias))**2
13          return total_error / n
14  
15      def update_weights(self, X, Y, weight, bias, learning_rate):
16          dw = 0
17          db = 0
18          n = len(X)
19  
20          for i in range(n):
21              dw += -2 * X[i] * (Y[i] - (weight*X[i] + bias))
22              db += -2 * (Y[i] - (weight*X[i] + bias))
23  
24          weight -= (dw / n) * learning_rate
```

```
25            bias -= (db / n) * learning_rate
26
27        return weight, bias
28
29
30    def fit(self, X, Y):
31        cost_history = []
32
33        for i in range(self.iterations):
34            self.w, self.bias = self.update_weights(X, Y, self.w, self.bias,
35  self.lr)
36
37            # 计算误差,用于观察和监控训练过程
38            cost = self.cost_function(X, Y, self.w, self.bias)
39            cost_history.append(cost)
40
41            if i % 10 == 0:
42                print("iter={:d}   weight={:.2f}   bias={:.4f}
43  cost={:.2}".format(i, self.w, self.bias, cost))
44
45        return self.w, self.bias, cost_history
46
47    def predict(self, x):
48        x = (x+100)/200
49        return self.w * x + self.bias
50
51
52  x = [1, 2, 3, 10, 20, 50, 100, -2, -10, -100, -5, -20]
53  y = [1.0, 1.0, 1.0, 1.0, 1.0, 1,0, 1.0, 0.0, 0.0, 0.0, 0.0, 0.0]
54
55  model = LinearRegression(0.01, 500)
56
57  X = [(k+100)/200 for k in x]
58
59  model.fit(X, y)
60
61  test_x = [90, 80,81, 82, 75, 40, 32, 15, 5, 1, -1, -15, -20, -22, -33, -45,
62  -60, -90]
63  for i in range(len(test_x)):
64      print('input {} => predict: {}'.format(test_x[i],
65  model.predict(test_x[i])))
```

通过前面的讨论，我们可以很容易理解上面这段代码了。

第 8~27 行是损失函数和利用梯度调整 w 和 bias 的计算。

在第 30~39 行的 fit 实现中，我们实际上并没有用 cost function 所得到的 cost 来控制训练次数，而是简化为训练固定次数，即反复调用 update_weight 调整 w 和 bias。

第 47~49 行负责使用 w 和 bias 进行预测分类。其中，第 1 步先将输入值 x 归一化，因为我们从输入数值可以看到最小值为-100，最大值为 200。然后根据我们对激活函数的设定，将 wx+bias 直接作为输出返回。

第 52~59 行是训练过程。可以看到，我们使用了比之前的例子更多的数据以期获得可接受的结果，在第 57 行对所有训练数据都进行了数据归一化，使其落在[0,1]区间，然后调用 fit 函数训练 500 次（每次都使用所有数据）。

第 65 行调用 predict 方法，使用训练得到的 w 和 bias 对在第 61 行中所定义的输入 x 进行预测。

代码运行结果如下：

```
iter=0      weight=0.01    bias=0.0117    cost=0.57
…
iter=100    weight=0.25    bias=0.4164    cost=0.24
…
iter=300    weight=0.29    bias=0.4336    cost=0.23
…
iter=490    weight=0.32    bias=0.4207    cost=0.23
input 90 => predict: 0.7238852731029148
input 80 => predict: 0.7078964168036423
input 81 => predict: 0.7094953024335697
input 82 => predict: 0.7110941880634969
input 75 => predict: 0.6999019886540062
input 40 => predict: 0.6439409916065527
input 32 => predict: 0.6311499065671348
input 15 => predict: 0.6039688508583716
input 5 => predict: 0.5879799945590992
input 1 => predict: 0.5815844520393902
input -1 => predict: 0.5783866807795357
input -15 => predict: 0.5560022819605543
input -20 => predict: 0.5480078538109181
input -22 => predict: 0.5448100825510637
```

```
input -33 => predict: 0.5272223406218639
input -45 => predict: 0.50803571306227371
input -60 => predict: 0.4840524286138284
input -90 => predict: 0.4360858597160111
```

在上面的运行结果中,我们可以看到训练损失的确在收敛、下降,但在超过 300 之后已经没有太大变化了。

对于所有测试数据,我们可以看到阈值基本上在 0.58 左右,正数越大越趋近于 1,负数越小越趋近于 0,符合我们的预期。

关于线性回归的内容,会在第 4 章深入讨论。

2.3 随机梯度下降及实现

在 2.2.3 节线性回归的实现中,我们看到在 update_weights(更新权重)方法中,实际上每一次的更新都将所有输入数据处理了一次,将所有输入都作为一轮训练:

```
for i in range(n):
    dw += -2 * X[i] * (Y[i] - (weight*X[i] + bias))
    db += -2 * (Y[i] - (weight*X[i] + bias))
```

因为上例的训练数据很少,所以每次都载入所有数据进行训练并没有什么关系。然而,在实际的生产环境中训练数据可达到千万级别,要每次都载入这些数据进行训练是很不现实的。但我们可以换一种方式,每次只用一条随机数据来训练,这便是随机梯度下降的原理。

当然,这样会让训练时间变长,所以人们在实际环境中通常会采用 mini batch 方法,也就是每次更新权重时既不使用所有数据,也不随机挑选一条数据,而是随机挑选一个子集来训练。例如,如果有 1000 条数据,那么每次都可以随机挑选 16 条或者 64 条数据进行训练。对 mini batch 的大小设置是个很有趣的研究课题,和模型本身、数据特点等都有关系,这里不必细究。下面修改 2.2 节的线性回归实现,看看采用 mini batch 方法是如何进行训练的。

```
1  def update_weights(self, X, Y, weight, bias, learning_rate):
2      dw = 0
3      db = 0
4      n = len(X)
5
```

```
6              indexes = [0:n]
7              random.shuffle(indexes)
8              batch_size = 4
9
10             for k in range(batch_size):
11                 i = indexes[k]
12                 dw += -2 * X[i] * (Y[i] - (weight*X[i] + bias))
13                 db += -2 * (Y[i] - (weight*X[i] + bias))
14
15             weight -= (dw / n) * learning_rate
16             bias -= (db / n) * learning_rate
17
18         return weight, bias
```

如上所示，我们只需要修改 update_weights 方法即可。在第 6 行设置了一个数组用于存储训练数据的索引下标；在第 7 行将有序索引数组随机打乱；在第 8 行设定每次训练都取 4 条数据。于是在第 10~11 行，我们只需从已经随机打乱的数据索引表中取前 4 条进行训练即可。

训练结果如下：

```
...
iter=470    weight=0.32    bias=0.4220    cost=0.23
iter=480    weight=0.32    bias=0.4213    cost=0.23
iter=490    weight=0.32    bias=0.4207    cost=0.23
input 90 => predict: 0.7238852731029148
input 80 => predict: 0.7078964168036423
input 81 => predict: 0.7094953024335697
input 82 => predict: 0.7110941880634969
input 75 => predict: 0.6999019886540062
input 40 => predict: 0.6439409916065527
input 32 => predict: 0.6311499065671348
input 15 => predict: 0.6039688508583716
input 5 => predict: 0.5879799945590992
input 1 => predict: 0.5815844520393902
input -1 => predict: 0.5783866807795357
input -15 => predict: 0.5560022819605543
input -20 => predict: 0.5480078538109181
input -22 => predict: 0.5448100825510637
input -33 => predict: 0.5272223406218639
input -45 => predict: 0.5080357130627371
```

```
input -60 => predict: 0.4840524286138284
input -90 => predict: 0.4360858597160111
```

把这组结果和在 2.2 节中用全批量数据训练的结果相比，可以看到预测效果差别不大，这也证明了 mini batch 方法的有效性。至于随机梯度下降，它只是 batch_size 为 1 时的特殊情况而已。

2.4 单层神经网络的 Python 实现

机器学习算法随着硬件算力的提升而演化。早期的机器学习以神经元为切入点，产生了简单的参数调整和拟合算法。然而要模拟较为复杂的计算，显然不是单个神经元能做到的。我们也看到，神经元的提出是为了模拟人类大脑的神经突触工作模式，那么在理解单个神经元的工作原理后，下一步自然就是模拟多个神经元了，即神经网络的算法。

2.4.1 从神经元到神经网络

前面实现的都是基于图 2-1 的感知器结构，利用不同的算法来实现对权重的训练，重点是如何用梯度下降来修正权重，达到不断逼近最优解的目的。

但并不能说这是一个真正的神经网络。一般来说，神经网络包含输入层、隐藏层和输出层，而前面讲解的内容，只是隐藏层中一个神经元的权重调整方法而已。

如图 2-4 所示，其中的左图是图 2-1 所示的感知器神经元，右图是一个完整的单层神经网络。神经元实际上只是神经网络中的一小部分而已（用粗线标识）。神经网络的输出不再由单个神经元决定，而由多个神经元的输出共同决定。

在图 2-4 中只设计了一组神经元，我们把这组神经元称为神经网络的隐藏层（Hidden Layer）。早期的神经网络基本上只包括一个隐藏层，少数包括多个隐藏层，如多层感知器（Multilayer Perceptron，MLP），如图 2-5 所示。

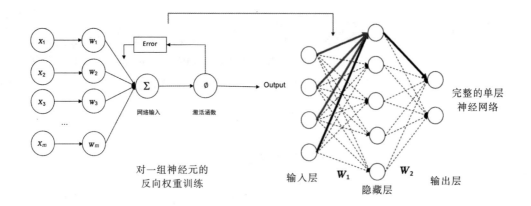

图 2-4　从神经元到神经网络

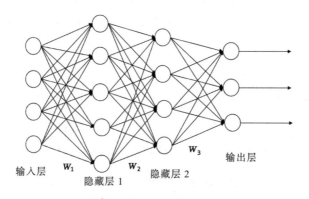

图 2-5　多层感知器，包括多个隐藏层

如果我们在图 2-5 的基础上再增加层数，则这样形成的网络往往被称为深度网络（Deep Network），这也是深度学习的由来。我们通常把隐藏层的数量称为网络的深度（Depth），把每一层的神经元个数称为宽度（Width）。于是我们在研究中有一个有趣的问题：对于同样数量的神经元，是使用更大的宽度、减少深度，还是增加深度、减少宽度？如何达到最佳平衡？这是机器学习中仍然引人深思的问题，目前并没有标准答案。在实际应用中，我们更多地结合网络的宽度和深度，通过实验达到最佳效果，如在 Wide & Deep Learning for Recommendation Systems[3]一文中所提及的方式。

2.4.2 单层神经网络：初始化

和单个神经元的训练相比，神经网络确实要复杂许多，但实际上也只是计算次数和参数变得更多，其原理和训练方式实质上是一样的。我们下面亲手实现一个类似图 2-4 的单层神经网络，看看在引入隐藏层之后，到底是如何进行训练和预测的。

首先，定义问题。这次不再对正负数进行分类，而是对平面坐标点进行分类，如图 2-6 所示。

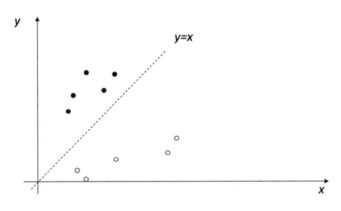

图 2-6 平面坐标点分类

在图 2-6 中，斜线 $y=x$ 将平面坐标点分为两类，线上方为 0，线下方为 1。我们希望设计一个神经网络来对任意坐标点 (x,y) 进行自动分类。仿照图 2-4，这里的输入层包括 x、y 两个输入，输出则包括 0 和 1 这两个类别，因此网络结构如图 2-7 所示。

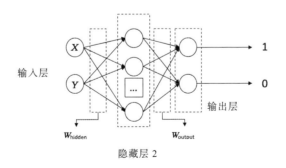

图 2-7 待实现的单层神经网络，其中隐藏层的神经元个数可设置

可以看到，图 2-7 中神经网络的输出是由隐藏层的多个神经元的输出确定的。同时，因为我们的输出不再只依靠一个神经元（虽然可以设置隐藏层只用一个神经元），因此除了隐藏层中每个神经元对应的输入权重都需要计算（W_{hidden}），输出层中的每个输出对于每个隐藏层的神经元的输入也有对应的权重需要计算（W_{output}）。

下面看看具体如何实现以上网络。

因为该分类的数据特点比较明显，所以我们可以先手工创建两组数据分别用于训练与测试：

```
dataset = [[2.7810836,4.550537003,0],
    [3.396561688,4.400293529,0],
    [1.38807019,1.850220317,0],
    [3.06407232,3.005305973,0],
    [7.627531214,2.759262235,1],
    [5.332441248,2.088626775,1],
    [6.922596716,1.77106367,1]]

test_data = [[1.465489372,2.362125076,0],
      [8.675418651,-0.242068655,1],
      [7.673756466,3.508563011,1]]
```

然后定义输入和输出的个数。因为输入包括 x 和 y 两个坐标，输出包括 1 和 0 两个类别，因此各自都为 2。

```
n_inputs = 2
n_outputs = 2
```

接着我们就要开始定义神经网络了，可以通过创建一个 initialize_network 函数来实现：

```
def initialize_network(n_inputs, n_hidden, n_outputs):
    network = list()
    hidden_layer = [{'weights': [random() for i in range(n_inputs + 1)]} for i in range(n_hidden)]
    output_layer = [{'weights': [random() for i in range(n_hidden + 1)]} for i in range(n_outputs)]
    network.append(hidden_layer)
    network.append(output_layer)
    return network
```

在上面的代码中，我们将网络模型定义为一个包含两个数组的 list，两个数组分别对应图 2-7 中的两组权重：W_{hidden} 和 W_{output}。

对于隐藏层的权重，参考图 2-7，我们可以看到隐藏层的每个神经元（总数由 n_hidden 定义）都接收了所有输入，其数量为 n_inputs+1 个（其中比输入多出来的一项为 bias，也可将其理解为大多数线性回归所定义的 $y = w_0 + w_1 \cdot x_1 + w_2 \cdot x_2 + \cdots + w_k \cdot x_k$ 中的 w_0）。这里一个全连接层（每个输出都和所有输入直接相关）的权重参数总数为 (n_inputs+1)·n_hidden。

同样，对 output 的权重采用同样的处理，注意，output 层的权重参数总数是 (n_hidden+1)·n_output。

2.4.3 单层神经网络：核心概念

我们接下来开始训练网络。怎么训练呢？其实和前面的流程非常相似。在前面的两段代码示例 simple_perceptron 和 linear_regression 中，因为代码过于简单，所以在训练过程中没有明确分离出一些概念的实现。例如在 simple_perceptron 代码示例中并没有定义损失函数和更新权重的单独方法，而是单独实现了 net_input 和 predict（实际上相当于激活函数）。而在 linear_regression 的代码中强调了损失函数和更新权重 update_weight 的概念，用于解释梯度下降优化，却没有提及网络输入和激活函数。

所以实际上，对于任何模型训练，其关键都是实现如下 4 个核心函数。

◎ net_input：计算神经元的网络输入。
◎ activation：激活函数，将神经元的网络输入映射到下一层的输入空间。
◎ cost_function：计算误差损失。
◎ update_weights：更新权重。

这里还需要引入两个概念：前向传播（Forward Propagation）和反向传播（Back Propagation）。

◎ 前向传播：指将数据输入神经网络中，每个隐藏层的神经元都接收网络输入，通过激活函数进行处理，然后进入下一层或者输出的过程。在前面 linear_regression 的例子中，predict 方法实际上就是一个简单的前向传播方法。
◎ 反向传播：指对网络中的所有权重都计算损失函数的梯度，这个梯度会在优化算法中用来更新权值以最小化损失函数。实际上，它指代所有基于梯度下降利用链式法则（Chain Rule）来训练神经网络的算法，以帮助实现可递归循环的形式来有效地计算每一层的权重更新，直到获得期望的效果。在前面的 linear_regression 例子中，我们把反向传播计算梯度的内容和更新权重放在了一起。

了解了以上概念，可以知道实际上我们在前面已经实现过相关内容，只是没有清晰地对每个环节都进行模块化。而这里因为不再是单个神经元，所以计算环节更加复杂，对每个关键环节都进行模块化是非常必要的。我们来看看每一步是怎么实现的。

2.4.4 单层神经网络：前向传播

首先是每个神经元的网络输入：

```python
def net_input(weights, inputs):
    total_input = weights[-1]
    for i in range(len(weights)-1):
        total_input += weights[i] * inputs[i]
    return total_input
```

注意，weights 实际上包含了一个类似 bias 的额外参数，即 weights 的个数比输入（inputs）要多一个。因此我们首先使用 weights[-1]对 total_input 赋值，然后添加每个输入和对应权重的乘积，其形式为 total_input = weights[:-2] · inputs + weights[-1]。

然后是激活函数 activation：

```python
def activation(total_input):
    return 1.0/ (1.0 + exp(-total_input))
```

这里使用了 sigmoid 激活函数，用于将网络输入映射到(-1,1)区间。激活函数有多种形式和算法，在第 3 章会做详细解释，这里不再赘述，只需把它当作一个区间映射的函数即可。

定义完上述两个函数后，我们便可以定义前向传播的实现：

```python
def forward_propagate(network, row):
    inputs = row
    for layer in network:
        outputs = []
        for neuron in layer:
```

```
                total_input = net_input(neuron['weights'], inputs)
                neuron['output'] = activation(total_input)
                outputs.append(neuron['output'])
            inputs = outputs
        return inputs
```

可以看到，前向传播其实就是对于每一层，都把上一层的输出作为下一层的输入，进行循环计算。因为这是全连接网络，所以每个神经元都接收所有 inputs，进行相同的 net_input 处理，将获得的 total_input 结果再输入激活函数 activation 中，获得该神经元的最终结果，然后把结果添加到该层的输出中。我们把当前层的输出（outputs）作为下一层的输入（inputs），持续迭代下去，直到最后把输出返回。

2.4.5 单层神经网络：反向传播

可以看到，每个神经元所进行的计算过程都是一样的，唯一影响结果的就是其中的权重参数（neuron['weights']）。下面就要进行反向传播和权重更新的实现，帮助每个神经元都调整自己的相关参数。

这里和前面最大的差别在于，激活函数不再是直接的线性方程，而是使用了 sigmoid 激活函数，那么我们在计算梯度变化时的求导就需要有所变化。简单看一下 sigmoid 激活函数的形式和求导结果：

$$\text{sigmoid}(z) = \emptyset(z) = \frac{1}{1+e^{-z}}$$

$$\frac{\partial \emptyset}{\partial z} = \frac{\partial (\frac{1}{1+e^{-z}})}{\partial z} = z(1-z)$$

结合 forward_propagation 函数的实现，我们可以看到，这里$\emptyset(z)$中的输入 z 其实就是前一层的输出（每一层的输入都是上一层的输出）。

在本章第 1 个简单神经元 simple_perceptron 及后面的 linear_regression 实现中，我们看到对权重的调整是这样的：

```
update = self.lr * (y - self.predict(x))
self.w += update * x
```

当感知器只有一个神经元时，对权重的调整很简单：

$$w' = w + lr \cdot x \cdot (y - y')$$

对于没有隐藏层的单个神经元感知器来说，是有明确的结果（y）和预测结果（y'）的，误差结果由 cost_function（MSE）确定。根据前面 Linear Regression 中的推导，在将 MSE 对 w 求导后，可得到 $\Delta w = x \cdot (y - y')$，因此可以进一步概括为

$$w' = w + lr \cdot \Delta w$$

那么问题就变为如何计算 Δw。

回到要在图 2-7 中实现的单层神经网络，对于其中的输出层，其处理方式和单神经元感知器类似，因为输出的也是最终预测值 y'，用 MSE 作为损失函数计算即可。注意，输出层的输入并不是原始输入值 x、y，而是上一层（隐藏层）的输出。而对于隐藏层来说，我们并不能直接计算它的输出误差，因为并不存在输出层的真实值 y，只能通过链式法则来间接推导。换句话说，假设隐藏层有一个权重 w，我们希望对其进行修正，那么只能从最后输出的损失函数计算出的误差倒推（反向传播），如图 2-8 所示。

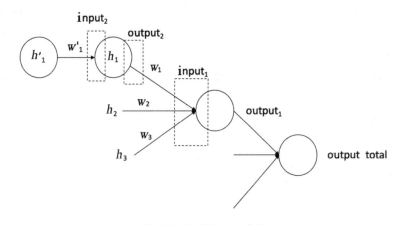

图 2-8　链式法则示意图

根据图 2-8 的示意，如果要计算最终 output_total 的误差和 w_1 的关系，则可以得到这样一个公式：

$$\Delta w = \frac{\partial E_{\text{output\_total}}}{\partial w_1} = \frac{\partial E_{\text{output\_total}}}{\partial \text{output}_1} \cdot \frac{\partial \text{output}_1}{\partial \text{input}_1} \cdot \frac{\partial \text{input}_1}{\partial w_1}$$

其中：

$$\frac{\partial E_{\text{output\_total}}}{\partial \text{output}_1} = \frac{\partial (\Sigma (y - \text{output}_i)^2)}{\partial \text{output}_1} = -2 \cdot (y - \text{output}_1)$$

$$\frac{\partial \text{output}_1}{\partial \text{input}_1} = \frac{\partial(\text{sigmoid}(\text{input}_1))}{\partial \text{input}_1} = \text{input}_1(1 - \text{input}_1)$$

$$\frac{\partial \text{input}_1}{\partial w_1} = \frac{\partial(w_1 \cdot h_1 + w_2 \cdot h_2 + w_3 \cdot h_3)}{\partial w_1} = h_1$$

这样最终可以得到：

$$\Delta w_1 = -2 \cdot (y - \text{output}_1) \cdot \text{input}_1(1 - \text{input}_1) \cdot h_1$$

隐藏层可以继续迭代下去，例如对图 2-8 中的 w_1'，可用类似的做法。我们记

$$\delta(h_1) = \frac{\partial E_{\text{output\_total}}}{\partial \text{output}_1} \cdot \frac{\partial \text{output}_1}{\partial \text{input}_1} = -2 \cdot (y - \text{output}_1) \cdot \text{input}_1(1 - \text{input}_1),$$

则

$$\Delta w_1' = \delta(h_1) \cdot \frac{\partial \text{input}_1}{\partial \text{output}_2} \cdot \frac{\partial \text{output}_2}{\partial \text{input}_2} \cdot \frac{\partial \text{input}_2}{\partial w_1'}$$

$$= \delta(h_1) \cdot w_1 \cdot \frac{\partial(\text{sigmoid}(\text{input}_2))}{\partial \text{input}_2} \cdot h_1'$$

$$= \delta(h_1) \cdot w_1 \cdot \text{input}_2(1 - \text{input}_2) \cdot h_1'$$

实际上，我们没有必要单独计算每个 Δw，只需沿用前面的运算结果 $\delta(h1)$，再和当前神经元的属性相乘即可。那么我们在循环迭代时，只需保存 $\delta(h1)$ 就可以大幅度提高运算效率，不必从头计算。这就是反向传播的核心要点。

这样就理顺了反向传播中更新权重的全过程，下面看看它是怎么具体实现的。

同样，首先定义 cost_function 函数：

```
def cost_function(expected, outputs):
    n = len(expected)
    total_error = 0.0
    for i in range(n):
        total_error += (expected[i] - outputs[i])**2
    return total_error
```

需要指出一点：在反向传播计算中，cost_function 函数并不是必需的，根据 cost_function 函数进行求导才是必需的。但清晰地定义 cost_function 函数有助于我们理解整个实现。

然后是 sigmoid 激活函数的导数实现：

```
def transfer_derivative(output):
    return output * (1.0 - output)
```

二者完成后，便可以完成最重要的反向传播实现。先来看看下面的实现：

```
1  def backward_propagate(network, expected):
2      for i in reversed(range(len(network))):
3          layer = network[i]
4          errors = list()
5  
6          if i == len(network) - 1:
7              for j in range(len(layer)):
8                  neuron = layer[j]
9                  error = -2 * (expected[j] - neuron['output'])
10                 errors.append(error)
11         else:
12             for j in range(len(layer)):
13                 error = 0.0
14                 for neuron in network[i+1]:
15                     error += (neuron['weights'][j] * neuron['delta'])
16                 errors.append(error))
17 
18         for j in range(len(layer)):
19             neuron = layer[j]
20             neuron['delta'] = errors[j] * transfer_derivative(neuron ['output'])
```

让我们看看以上代码都做了什么。

第 1 行：引入两个参数，一个是需要更新的网络模型 network（记住，network 实际上是一个 list，每个 item 都是一组参数，其中包含了权重和其他属性）；另一个是期望值 expected，包含结果的真实分类。

第 2~4 行：从网络的最后一层（输出层）开始计算，获得当前层（layer）并设置变量 errors 为一个 list，errors 将存储当前层中每个神经元的预测值的误差。注意，这个误差是从输出层开始不断迭代累积形成的，而不是和真实目标值 y 的绝对误差。

第 6 行：做了一个判断，对输出层和隐藏层做了不同的处理。

第 7~10 行：对最后一层（输出层）进行处理。对输出层中的每个神经元（neuron），根据前面定义的公式 $\Delta w = -2 \cdot (y - output_1) \cdot input_1(1 - input_1) \cdot h_1$，将第 1 部

分 $-2\cdot(y - output_1)$ 存入 errors 中。

第 18~20 行：在这 3 行里，如果当前是输出层，则在当前层的神经元中存储了 $\Delta w = -2\cdot(y - output_1)\cdot input_1(1 - input_1)$，其中，$input_1(1 - input_1)$ 是 sigmoid 激活函数对输入值的导数。然后进入倒数第 2 层（隐藏层）。这样，逻辑过程就很简明了，实际上在每个神经元的 delta 属性中都会存储前面所计算的 $\delta(h)$。

再回到第 12~16 行，根据前面推导的公式，我们在这里计算的是前一层的 $\sum \delta(h)\cdot w$，注意，这里需要将前一层和当前神经元相关的所有输出误差全部累加（因为这是全连接网络，所以意味着当前层的每个神经元的输出都会作用于下一层的每个神经元的输入）。

于是，当再次进入第 18~20 行时，隐藏层乘上了对应 sigmoid 的导数，这时在 neuron['delta'] 中最后存储的是 $\sum \delta(h)\cdot w\cdot output\cdot(1 - output)$。要获得最终的 Δw，则只需最后再乘以当前神经元的 inputs 即可（即前一层的 output 属性），我们将在更新权重时实现这最后一步，请看下面的代码：

```
1   def update_weights(network, row, learning_rate):
2       for i in range(len(network)):
3           inputs = row[:-1]
4           if i != 0:
5               inputs = [neuron['output'] for neuron in network[i-1]]
6           for neuron in network[i]:
7               for j in range(len(inputs)):
8                   neuron['weights'][j] -= learning_rate *
    neuron['delta'] * inputs[j]
10                  neuron['weights'][-1] -= learning_rate * neuron['delta']
```

在 update_weights 函数中，我们看到，首先仍然是在第 2 行遍历网络的所有层。和前面 back_propagate 函数不一样的是，这里不是倒序遍历，而是顺序遍历（因为初始输入值在第 1 层）。

另外，update_weight 函数需要在 back_propagate 函数之后调用。因为在 back_propagate 函数中，我们在每一层所有神经元的 delta 属性里都存储了 $\sum \delta(h)\cdot w\cdot output\cdot(1 - output)$，需要乘以该神经元的 net_inputs（即前一层的 output 属性所存数值，上一部分已经做了详尽推导，这里不再赘述）。

因此在第 3~5 行中，初始化 inputs 为输入数据 row（实际上是一组训练数据），如果不是输入层（即第 1 层输入），则将输入换为前一组的输出。

从第 6 行开始，对该层的所有神经元都进行遍历，对该神经元的每一个输入 inputs[j] 所对应的权重 neuron['weights'][j] 都减去 Δw，其中，Δw 为在 back_propagate 函数中计算的 neuron['delta']·inputs[j]，于是就有了第 8 行的计算：

```
neuron['weights'][j] -= learning_rate*neuron['delta']*inputs[j]
```

最后，我们对额外的权重参数 bias 进行处理，因为其输入被设定为 1，所以在第 10 行设定最后一个权重为 learning_rate·neuron['delta']。

2.4.6 网络训练及调整

现在，我们已经定义了所有核心的反向传播权重调整中所需要的函数，可以来实现具体的训练代码了：

```
1   def train_network(network, training_data, learning_rate, n_epoch, n_outputs):
2       for epoch in range(n_epoch):
3           sum_error = 0
4           for row in training_data:
5               outputs = forward_propagate(network, row)
6               expected = [0 for i in range(n_outputs)]
7               expected[row[-1]] = 1
8               sum_error += cost_function(expected, outputs)
9               backward_propagate(network, expected)
10              update_weights(network, row, learning_rate)
11      print('>epoch: %d, learning rate: %.3f, error: %.3f' % (epoch,
12  learning_rate, sum_error))
```

在定义好前面的函数后，真正的模型训练只有短短 12 行，而且浅显易懂，如下所述。

第 1 行：在训练函数的定义中，我们需要指定网络模型对象、训练数据、学习率、训练次数和输出类型的数量。

第 2 行：根据给定的训练次数 n_epoch 进行循环训练。

第 3 行：sum_error 是当前训练周期（每个周期都使用全部训练集来训练）的误差，这实际上对训练本身没有影响，只是检查一下损失（Loss）。

第 4 行：遍历所有训练数据，取其中一组开始训练。

第 5 行：进行前馈计算（前向传播），获得最终输出。注意，这个输出包括在

n_outputs 中定义的类别个数，对每个类别都生成一个概率。在本例中输出的是一个长度为 2 的一维数组，代表 0、1 两个分类。这还不算是最终的预测结果，需要在这两个分类中选择概率最大的一个作为预测结果。

第 6~7 行：做了一个小的技巧性实现，我们需要对每组输入数据都创建对应的期望输出（expected）。第 6 行首先对期望输出置 0；第 7 行根据输入数据的最后一个数值（也就是 ground truth 标签，表示具体是哪个类别）将期望输出中的对应位置置 1。

第 8 行：通过 cost_function 计算误差。

第 9~10 行：首先调用 back_propagate 设置每个神经元的 delta 属性，再通过 update_weights 调整权重。

第 11~12 行：按照习惯，我们在每个训练周期结束时都需要显示一些必要的参数，供查看进度。

那么模型到底是怎么预测的呢？其实和前面的 forward_propagate 类似，只是最后要把概率最大的分类选出来，其实现如下：

```
def predict(network, row):
    outputs = forward_propagate(network, row)
    return outputs.index(max(outputs))
```

最后，可以运行其代码：

```
network = initialize_network(n_inputs, 1, n_outputs)
train_network(network, training_data = dataset, learning_rate = 0.5, n_epoch = 20, n_outputs = n_outputs)

for row in test_data:
    result = predict(network, row)
    print('expected: %d, predicted: %d\n' % (row[-1], result))
```

在上面的代码中首先调用了 initialize_network 对网络模型进行初始化，这里对隐藏层只设了一个神经元；然后调用 train_network 训练网络模型；在训练完成后，我们用测试数据 test_data 中的每一组进行验证，调用 predict 函数并把预测结果和测试数据的标签列进行对比。

因为 network 权重的初始值是随机的，所以我们运行 3 次代码看看结果：

	expected: 0, predicted: 1
第 1 次	expected: 1, predicted: 1
	expected: 1, predicted: 1
	expected: 0, predicted: 1
第 2 次	expected: 1, predicted: 1
	expected: 1, predicted: 1
	expected: 0, predicted: 0
第 3 次	expected: 1, predicted: 1
	expected: 1, predicted: 1

可以看到，前两次均有一组数据预测错误，最后一组数据预测全部正确。怎么提高正确率呢？我们首先可以尝试增加神经网络的宽度，在原有的仅有一个神经元的基础上再加一个，变为两个神经元，也就是在调用 initialize_network 时，将 n_hidden 参数设为 2：

```
network = initialize_network(n_inputs, 2, n_outputs)
```

这时再连续运行三次，可以看到三次的测试结果都完全正确（结果完全一致，这里省略运行结果展示）。

另一种思路是增加深度，在原有的单层隐藏层上再加一层，这涉及 initialize_network 的改动，我们来试试：

```
def initialize_network(n_inputs, n_hidden, n_outputs):
    network = list()
    hidden_layer1 = [{'weights': [random() for i in range(n_inputs + 1)]} for i in range(n_hidden)]
    hidden_layer2 = [{'weights': [random() for i in range(n_hidden + 1)]} for i in range(n_hidden)]
    output_layer = [{'weights': [random() for i in range(n_hidden + 1)]} for i in range(n_outputs)]
    network.append(hidden_layer1)
    network.append(hidden_layer2)
    network.append(output_layer)
    return network
```

在上面新改动的 initialize_network 中，我们把之前的单个 hidden_layer 改为了 hidden_layer1 和 hidden_layer2，这两个新的隐藏层的神经元个数一致，都由 n_hidden 指定。

我们保持 n_hidden=1，运行后发现，增加层数后的预测效果反而不如以前：

第 1 次	expected: 0, predicted: 0
	expected: 1, predicted: 0
	expected: 1, predicted: 0
第 2 次	expected: 0, predicted: 0
	expected: 1, predicted: 0
	expected: 1, predicted: 0
第 3 次	expected: 0, predicted: 1
	expected: 1, predicted: 1
	expected: 1, predicted: 1

为什么增加深度后反而效果不好呢？增加深度后，训练的参数个数和梯度迭代的次数也增加了，是不是需要更多的训练和调整呢？我们尝试把 n_epoch 的次数从 20 提高到 200 后看看：

第 1 次	expected: 0, predicted: 0
	expected: 1, predicted: 1
	expected: 1, predicted: 1
第 2 次	expected: 0, predicted: 0
	expected: 1, predicted: 1
	expected: 1, predicted: 1
第 3 次	expected: 0, predicted: 0
	expected: 1, predicted: 0
	expected: 1, predicted: 0
第 4 次	expected: 0, predicted: 0
	expected: 1, predicted: 0
	expected: 1, predicted: 0

可以看到，训练次数从 20 提高到 200 后效果略好，那么我们再提高到 2000 呢？

训练次数提高到 2000 后，我们发现测试正确率为 100%（不再重复展示结果）。

因此我们看到，对于本章例子中的简单数字分类，增加网络深度虽然也能提高预测准确率，但同时对计算能力的要求大幅度增加。相对而言，保持一个隐藏层，简单增加神经元的做法见效更快，而且避免过多增加计算能力需求。

在很长一段时间里，机器学习都停留在强调宽度、增加神经元阶段。关于增加深度，没有太多考虑，向深度神经网络（Deep Neural Network，DNN）方向发展即可。这是因为算法本身没有找到合适的突破场景，没有找到深度神经网络能够真正发挥作用的地方；另外，硬件和软件都没有提供足够的计算能力来满足深度神经网络在实践中的需要。

但随着卷积神经网络（Convolutional Neural Network，CNN）在图像分类上的突破，基于深度学习（Deep Learning）的深度神经网络已经成为当前的主流方案，因此相应诞生了各种开发框架，充分发挥硬件和软件的作用可帮助深度神经网络的构建、训练和应用。第 3 章将介绍 Keras 开发框架，方便大家系统了解深度神经网络开发框架的基本使用方法，为后续进行推荐系统、自然语言处理、图像识别等方面的学习和应用做好准备。

2.5 本章小结

本章希望读者能够在无须了解任何机器学习框架和相关数学背景的前提下，从代码入手，直接用最基本的 Python 代码来实现简单的单层网络，完成机器学习的分类和预测。

本章从最简单的感知器原理讲起，用 Python 实现了感知器分类，然后迅速进入对线性分类的概念介绍中，用图示阐述基于机器学习分类的基本原理，并引入了两个关键概念：损失函数与梯度下降；随用用实际的 Python 代码实现线性回归算法，展示了梯度下降的具体实现过程，并引入随机梯度下降和 mini batch 的概念，通过代码表现了如何对全量数据训练进行优化；最后从单神经元感知器的实现进化到完整神经网络的设计和开发，通过实现包含一个隐藏层的完整神经网络代码，将本章的概念结合起来，以坐标点的分类为例，使用纯 Python 代码实现了包括前向传播、反向传播、链式法则和权重更新，并可自定义隐藏层的神经元个数的一个灵活的全连接神经网络。在此之上，我们通过实验对比了增加网络宽度和深度的实际效果，并做了简单的分析和对比，引出了深度神经网络的概念。

2.6 本章参考文献

[1] W. McCullock, W. Pitts, "A Logical Calculus of the Ideas Immanent in Nervous Activity", 1943

[2] F. Rosenblatt, "The Perceptron, a Perceiving and Recognizing Automaton", 1957

[3] H.T.Cheng,et.al, "Wide & Deep Learning for Recommendation Systems", 2016

第 3 章 上手 Keras

前两章介绍了机器学习的基本概念,并通过 Python 代码手动实现了简单的梯度下降神经网络。可以看到,尽管神经网络的代码实现并不是特别复杂,但当我们的层数增多并需要定义不同的参数和算法实现时,就不能再靠原生的 Python 代码去实现了。无论是对于学术研究还是对于工业级开发,都需要一个封装了不同的网络结构、参数配置、算法实现的机器学习开发框架,才能在这基础上进行真正的工作。

截至 2019 年 10 月,比较流行的机器学习开发框架包括 TensorFlow、Keras、PyTorch、MXNet 等。本书主要介绍基于 Keras 的机器学习开发,因此在本章首先介绍 Keras,方便大家在后续的章节中进行学习和实战。

本章尽管代码不少,但基本上是作为对图表及概念的补充和说明,不要求读者必须运行。

3.1 Keras 简介

如前面所提到的,机器学习开发框架有很多产品,并且都在不断改进和演化。从某种角度而言,现在的机器学习开发框架,很像多年前 Windows 平台上开发工具之间的竞争,我们很难说清楚未来哪个框架会成为业界标准,甚至不知道会不会有这样一个标准。

就 2019 年来说,在易用性上,PyTorch 和 Keras 当仁不让,而 PyTorch 在自定义网络结构方面更灵活一些。从正式的工程开发角度来说,TensorFlow 可以说是目前业界的首选。如果我们在 GitHub 上搜索一下 Keras、PyTorch、TensorFlow,则可以看到引用 Keras 的代码远超过 PyTorch,当然,在生产环境中应用 TensorFlow 的数量更是远远超过 Keras。

然而大家公认的是，TensorFlow 的开发接口并不友好，它的 API 接口和基于静态图（Graph）的设计思想对需要灵活、方便地调试的算法研究来说不太方便，更适合作为算法确定后的具体优化和实现。实际上，Google 近期在 TensorFlow 的推荐活动中，也是反复建议用 Keras 做模型研究和实现，用 TensorFlow 做生产环境开发和部署[1]。

因此在本书中，我们选择 Keras 作为算法框架。要注意一点，Keras 本身并不能算是一个完全的机器学习框架，实际上它可以被视为某种底层的机器学习算法库的高级"封装"，对用户来说是一个更简单、方便的接口。在原生的 Keras 中，它实际上需要用户自行指定并设置对应的机器学习算法库（Theano 或者 TensorFlow）。而在 Google 现在的 TensorFlow 2.0 及 1.1x 版本中都已经自带了 Keras，用户无须自行配置。TensorFlow 自带的 Keras 可以作为社区版 Keras 的"超集"，然而，读者需要注意：二者在一些微小细节上并非完全兼容。如果是自定义网络层这样的较复杂的实现，则二者的代码往往并不能直接迁移。为了简化大家的配置及方便学习，这里直接使用 TensorFlow 自带的 Keras。

3.2 Keras 开发入门

在第 2 章的神经网络实现代码中，我们看到，要自行实现一个神经网络，需要完成前向传播、反向传播、权重更新、梯度计算等一系列工作，不但反复易错，而且实验新的算法需要较多改动。Keras 则提供了良好、易用的接口，让我们能够快速搭建一个较为复杂的网络模型。

在 Keras 中构建和训练一个神经网络和我们在前面用 Python 自行实现的步骤类似，但具有更友好的接口定义。

3.2.1 构建模型

我们可以通过如下代码直接构建一个网络模型：

```
from tensorflow.keras.models import Sequential
from tensorflow.keras.layers import Dense, Activation

model = Sequential([
    Dense(4, input_shape=(2,)),
    Activation('sigmoid'),
    Dense(1),
```

```
    Activation('sigmoid'),
])
```

以上代码定义了如图 3-1 所示的网络。

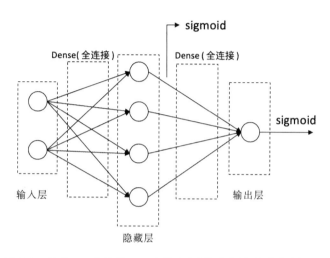

图 3-1 用 Keras 中的 Sequential Model 构建简单的单层神经网络

首先，我们用 Dense(4,input_shape=(2,))定义一个全连接层（Dense Layer），其中包含 4 个神经元，输入的是一个长度为 2 的一维数组。这样实际上我们就定义了输入层为两个输入，隐藏层的每个神经元的输入（net_input）都为全连接形式。

然后，我们定义该全连接层的激活函数（输出）为 sigmoid，这样就完成了对整个隐藏层的定义。

最后，我们定义输出层也为全连接形式，输出包括一个 sigmoid 激活函数的结果。因为 Sequential Model 是一个顺序叠加的网络结构，每一层的输入都是前一层的输出，所以这里不必再重复定义输出层和全连接层的输入格式，网络会根据前面层的信息来自动生成。

注意，为了更形象、清晰地表示网络结构，Keras 提供了方便的 plot_model 函数以供调用：

```
from tensorflow.keras.utils import plot_model
plot_model(model, to_file='training_model.png', show_shapes=True)
```

运行上述代码，在代码目录中可以看到生成了一个新的图片 training_model.png，这是 Keras 生成的网络结构图，如图 3-2 所示。

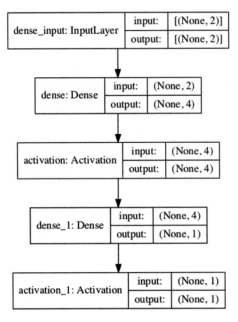

图 3-2　Keras 生成的网络结构图

现在只是完成了对网络模型的定义，参考我们在第 2 章实现的简单网络，要真正构建模型还缺乏如 learning rate、loss 等定义。在 Keras 中，这些可以通过调用 compile 函数指定：

```
model.compile(optimizer=tf.train.AdamOptimizer(0.001),loss='mse',metrics=['accuracy'])
```

这里指定了 learning rate 为 0.001，loss（即损失函数，最终结果和真实结果之间的误差计算方式）为 MSE，将预测准确率作为评价标准。

3.2.2　训练与测试

我们在上面定义了一个简单模型：接收两个输入，产生一个(0,1)区间的输出。那么，我们怎么使用它呢？

我们很自然地想到继续用它来实现坐标分类：给定一个坐标(x,y)，将 x 小于 y 的作为一类，将 x 不小于 y 的作为一类。上面这个模型能否完成呢？代码如下：

```
1   training_number = 100
2   training_data = np.random.random((training_number, 2))
3   labels = [(1 if data[0]<data[1] else 0) for data in training_data ]
4   model.fit(training_data, labels, epochs=20, batch_size=32)
5   
6   test_number = 100
7   test_data = np.random.random((test_number, 2))
8   expected = [(1 if data[0]<data[1] else 0) for data in test_data ]
9   error = 0
10  for i in range(0,test_number):
11      data = test_data[i].reshape(1,2)
12      pred = 0 if model.predict(data) < 0.5 else 1
13  
14      if (pred != expected[i]):
15          error+=1
16  
17  print("totoal errors:{}, accuracy:{}".format(error, 1.0-error/test_number))
```

上面这段代码是对该模型的完整训练和测试。

第 1~2 行：定义了训练数据为 100 条，然后利用 NumPy 的 random 函数生成一个随机的形状为(100,2)的随机数向量，即 100 条训练数据，其中的每条数据都包括两个随机数。

第 3 行：对训练数据生成了对应的标签，对于每条训练数据，如果第 1 个数小于第 2 个数，则标签为 1，否则为 0。

第 4 行：开始训练，这里选择训练次数为 20，batch_size 为 32（mini batch 的概念在第 2 章讲到随机梯度下降时已经进行了解释）。

从第 6 行开始：对训练好的模型进行测试。首先也定义 100 条测试数据，第 6~8 行的代码和前面创建训练数据及标签的代码相同。

第 9 行：初始化错误次数为 0。

第 10 行：开始对测试集中的每条数据都进行测试。因为模型接收的是一个 shape 为 (2,)的向量（类似[[x_1, x_2]]的形式，而不能只是[x_1, x_2]）。

第 11 行：对原始数据进行转置。

第 12 行：调用模型的 predict 方法并对输出进行调整。因为模型的输出经过 sigmoid

激活函数映射到(0,1)区间后是类似 0.91234、0.25768 的概率值，所以我们需要把它再转换为 1、0 两个值。

第 14~17 行：计算预测值（prediction）和期望值不符的错误数，最后打印结果。

运行一次会发现，错误率其实挺高：

```
totoal errors:41, accuracy:0.59
```

如何改进？在不修改网络的前提下，无非是要么增加训练次数，要么增加训练数据。即对第 4 行 model.fit 中的 epochs 参数进行修改，或者对 test_number 参数进行修改。

实验结果如表 3-1 所示。

表 3-1　实验结果

参数设定	total Errors	accuracy
Epochs=500	17	0.83
Epochs=1000	1	0.99
Training_number=1000	28	0.72
Training_number=10000	0	1.00

很快就可以看到，提高训练次数和增加训练样本都很有效。在训练次数从原本的 20 次增加到 1000 次后，在 100 个测试样本中只有 1 个错误，准确率达到 99%。而在训练样本从 100 条增加到 10000 条后，准确率更是达到了惊人的 100%。

3.3　Keras 的概念说明

从上面的实例介绍中，我们认识到 Keras 使用起来非常简捷，它就是围绕着模型和层来构建的，并对其提供了各种可配置的参数，包括激活函数、梯度下降、损失函数等方面的不同实现策略。那么，Keras 到底为我们提供了多少可选择的内容呢？让我们来看看其中的主要内容。

3.3.1　Model

Keras 中的 Model 实际上只包括两种：Sequential Model 及利用 input tensor、output tensor 创建的 Model。

我们在前面的例子中已经展示了 Sequential Model 的用法。顾名思义，Sequential Model 很适合创建层层叠加的神经网络，尤其是如卷积神经网络这样纯粹增加深度的神经网络（在第 7 章介绍）。然而，对于更复杂的由多种网络组合而成的如 LSTM（在第 6 章会介绍）和类似 Faster RCNN（在第 8 章介绍）这样的网络，我们无法通过在前面的网络上直接增加新的隐藏层来实现，往往需要把不同网络的输入进行组合后，再输出到新的网络结构，这时就不能再使用 Sequential Model 了，而需要用 Model 类来创建。

先来看一组代码：

```
1  from tensorflow.keras.models import Model, Sequential
2  from tensorflow.keras.layers import Input, Dense, Activation,
3  concatenate
4  from tensorflow.keras.utils import plot_model
5
6  model1 = Sequential()
7  model1.add(Dense(32, input_shape=(32,), activation='sigmoid'))
8  plot_model(model1, to_file='m1.png', show_shapes=True)
9
10 a = Input(shape=(32,))
11 b = Dense(1, activation='sigmoid')(a)
12 model2 = Model(inputs=a, outputs=b)
13 plot_model(model2, to_file='m2.png', show_shapes=True)
```

在上面的代码中，model1 通过 Sequential 方式建立，model2 通过自定义 Model 的 inputs 和 outputs 参数建立，然而我们在查看输出的模型结构图时会看到二者其实是一样的，如图 3-3 所示。

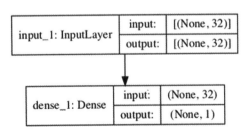

图 3-3　上面的代码所生成的两个模型

然而，如果我们希望有两个输入 input1 和 input2，其中，input1 需要经过一次全连接层运算后输出一个数值，再和 input2 一起输入新的网络层，该怎么办呢？也就是说，我们希望实现一个类似图 3-4 的网络。

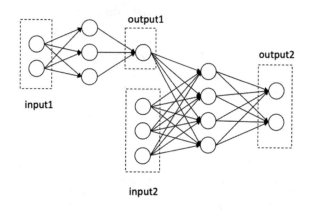

图 3-4 多个不同输入的神经网络

对如图 3-4 所示的网络，我们可以这样实现：

```
1   input1 = Input(shape=(2,))
2   h1 = Dense(3, activation='sigmoid')(input1)
3   output1 = Dense(1, activation='sigmoid')(h1)
4
5   input2 = Input(shape=(3,))
6   new_input = concatenate([output1, input2])
7   h2 = Dense(4, activation='sigmoid')(new_input)
8   output2 = Dense(2, activation='sigmoid')(h2)
9   model3 = Model(inputs=[input1, input2], outputs=output1, output2)
10  plot_model(model3, to_file='m3.png', show_shapes=True)
```

我们看看以上代码都做了什么。

第 1~3 行：实现从 input1 到 output1 的流程。

第 5~9 行：定义新的输入 input2，并通过 concatenate 函数拼接 output1 和 input2，形成新的输入 new_input，然后是实现隐藏层和输入层 output2 的工作。

第 10 行：绘制网络结构图，可以看到所生成的网络（见图 3-5）与图 3-4 一致。

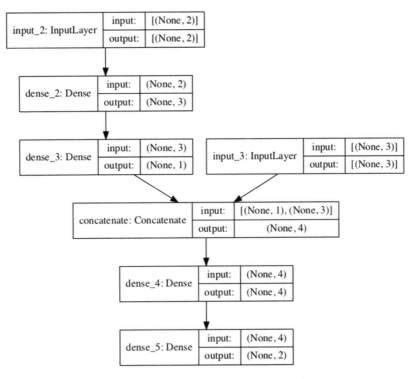

图 3-5 Keras 自定义模型生成的图 3-4 结构的网络图

我们也可以同时输出 output1 的结果，只需将最后 model3 的定义修改如下：

```
model3 = Model(inputs=[input1, input2], outputs=[output1, output2])
```

除了基本的 Sequential 和 Model 类型，用户也可以在 Python 中通过继承 Model 类的形式实现自定义模型。在 Keras 官方网站[2]给出如下一个例子：

```
class SimpleMLP(Model):

    def __init__(self, use_bn=False, use_dp=False, num_classes=10):
        super(SimpleMLP, self).__init__(name='mlp')
        self.use_bn = use_bn
        self.use_dp = use_dp
        self.num_classes = num_classes

        self.dense1 = keras.layers.Dense(32, activation='relu')
        self.dense2 = keras.layers.Dense(num_classes, activation='softmax')
        if self.use_dp:
```

```
            self.dp = keras.layers.Dropout(0.5)
        if self.use_bn:
            self.bn = keras.layers.BatchNormalization(axis=-1)

    def call(self, inputs):
        x = self.dense1(inputs)
        if self.use_dp:
            x = self.dp(x)
        if self.use_bn:
            x = self.bn(x)
        return self.dense2(x)
```

可以看到，首先在新的 SimpleMLP 类的 __init__ 方法中，我们可以直接自定义新的层，并通过构建参数来做一些控制。但是在定义层之后，我们并不会直接将其拼接，比如并没有在 __init__ 方法中做类似 dense2(dense1(*x*)) 的运算，仅仅完成了对层的定义。

真正的运算其实被放到了 call() 方法里。我们可以将 call() 方法看作模型的前向传播实现，这里和前面的例子类似，仅仅是把层之间的数据处理封装在 call 方法中而已。

对该自定义模型的处理也很简单，用下面的伪代码即可：

```
model = SimpleMLP()
model.compile(...)
model.fit(...)
```

Keras 的 Model 还包括一些通用的属性和接口，例如 inputs、outputs、layers、get_weights()、save_weights()、compile()、fit()等，可以查阅 Keras 官方网站，在此不再赘述。

3.3.2 Layer

在前面的 Keras 例子中我们看到，Keras 中的深度学习模型实际上就是各种不同层的叠加和拼接。在前面的例子中已经出现过最常见的 Dense、Activation 等基本的层类型，那么 Keras 还支持哪些层类型呢？

下面讲解 Keras 中核心的层类型。若想了解每个层的构建参数，则可以参考 Keras 官方网站中的详细说明。

1. Dense

Dense 为最常见的全连接层,实现了 output=activation(dot(input, kernel) + bias)的基本操作。该层的构造参数较多,最常见的参数如下。

- units:神经元的个数。
- activation:选择激活函数,默认为 None。如果不设置的话,则输出将不使用任何激活函数,输出等于输入,即 activation(x) = x。
- use_bias:决定是否使用 bias,默认为 True,表示会使用 bias 参数。

对该层的使用,我们在前面的例子里已经见过多次,这里对其输入数据再说明一下。在全连接层(及其他层)的构造函数中并没有指定输入数据的结构,这是在创建模型时定义的,例如我们在 3.3.1 节的代码中所看到的:

```
model1 = Sequential()
model1.add(Dense(32, input_shape=(32,), activation='sigmoid'))
…
input1 = Input(shape=(2,))
h1 = Dense(3, activation='sigmoid')(input1)
```

可以看到,model1 通过 add 方法接收了一个额外参数 input_shape 作为输入数据的格式定义。也可以通过 function call 形式专门定义一个输入层,作为计算中的参数传给全连接层。无论采用哪种形式,其实都是定义了形状为(*, 32)或(*, 2)的输入数据作为模型的接收参数。对于模型而言,实际上传入的是(batch_size, input_dimension)这样的形式。例如在前面的 keras_sample 代码中,我们在调用 model.fit 函数训练时,传入的数据是(1000,2)这样的形式,其中的输入层实际上是一个(2,)的向量。让我们再回顾一下:

```
model = Sequential([
Dense(4, input_shape=(2,)),
…
])
training_number=1000
training_data = np.random.random((training_number, 2))
…
model.fit(training_data, labels, epochs=20, batch_size=32)
```

2. Activation

在上面的代码中,我们看到 Activation(激活函数)有以下两种形式:

```
model.add(Dense(32))
model.add(Activation('sigmoid'))
```

```
model.add(Dense(32,activation='sigmoid'))
```

这两种形式其实是等价的。

另外,如果 Activation 层作为网络的第 1 层,那么必须指定 input_shape 参数。

Keras 中的主要 Activation 如下。

(1) softmax(x, axis=-1)。和 sigmoid 函数类似,softmax 函数也是一种把输入映射在 [0,1]区间的运算。但 sigmoid function 是处理单个输入,而 softmax 函数是处理一组输入(多分类)。对于 k 个输入[$x_0, x_1, \cdots, x_{k-1}$],我们可以定义 x_i 映射为

$$\delta(x_i) = \frac{e^{x_i}}{\sum_j e^{x_i}}$$

其代码实现也很直接:

```
import numpy as np
def softmax(inputs):
    return np.exp(inputs) / float(sum(np.exp(inputs)))
```

(2) elu(x, alpha=1.0)。其中,x 是输入向量,alpha 是下面公式中的对应值:

$$R(z) = \begin{cases} z, z > 0 \\ \alpha(e^z - 1), z \leqslant 0 \end{cases}$$

代码实现:

```
def elu(x, alpha=1.0):
    return x if x > 0 else alpha*(math.exp(x)-1)
```

对应的曲线图如图 3-6 所示。

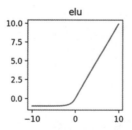

图 3-6 elu 函数对应的曲线图

(3) selu(x, alpha=1.0)。selu 函数又被称为 scaled elu 函数,其实现和 elu 函数非常相似,只是添加了一个 scale 参数,通常设其为 1.0507。

代码实现:

```
def selu(x):
    scale = 1.0507
    return scale * elu(x)
```

对应的曲线图如图 3-7 所示。

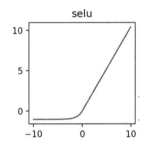

图 3-7　selu 函数对应的曲线图

(4) relu(x, alpha=0.0, max_value=None, threshold=0.0)。relu 函数的工作原理非常简单:relu(x) = max(0, x)。Keras 中的 relu 函数做了一些扩充,额外增加了一些参数,但整体思路未变。

代码实现:

```
def relu(x, alpha=0.0, max_value=None, threshold=0.0):
    return max(x, 0)
```

对应的曲线图如图 3-8 所示。

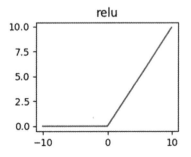

图 3-8　relu 函数对应的曲线图

（5）softplus(x)。

代码实现：

```
def softplus(x):
    return math.log(math.exp(x) + 1)
```

对应的曲线图如图 3-9 所示。

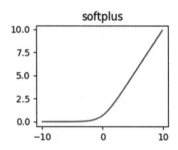

图 3-9　softplus 函数对应的曲线图

（6）softsign(x)。

代码实现：

```
def softsign(x):
    return x / (abs(x) + 1)
```

对应的曲线图如图 3-10 所示。

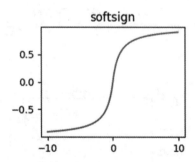

图 3-10　softsign 函数对应的曲线图

（7）tanh(x)。tanh 函数的数学表达式为

$$\delta(z) = \frac{e^z - e^{-z}}{e^z + e^{-z}}$$

函数实现:

```
def tanh(x):
    return (math.exp(x) - math.exp(-x))/ math.exp(x) + math.exp(-x)
```

对应的曲线图如图 3-11 所示。

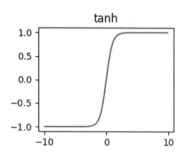

图 3-11　tanh 函数对应的曲线图

(8) sigmoid(x)。这是我们熟悉的 sigmoid 函数，其数学表达式为

$$\delta(z) = \frac{1}{1+e^{-z}}$$

代码实现:

```
def sigmoid(x):
    return 1 / (1 + math.exp(-x))
```

对应的曲线图如图 3-12 所示。

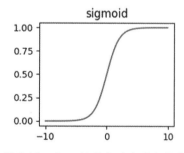

图 3-12　sigmoid 函数对应的曲线图

(9) hard_sigmoid(x)。hard_sigmoid 函数是逼近 sigmoid 函数但是速度快很多的近似实现，其曲线图和 sigmoid 函数相当接近。

代码实现:

```
def hard_sigmoid(x):
    if x < -2.5:
        return 0
    if x > 2.5:
        return 1
    return 0.2 * x + 0.5
```

对应的曲线图如图 3-13 所示。

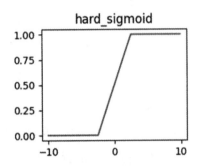

图 3-13　hard_sigmoid 函数对应的曲线图

（10）exponential (*x*)。它是正常的指数函数。

代码实现：

```
def exponential(x):
    return math.exp(x)
```

对应的曲线图如图 3-14 所示。

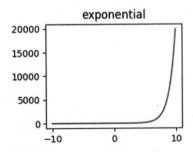

图 3-14　exponential 函数对应的曲线图

（11）linear(*x*)。我们在前面提到，如果在层中不指定激活函数，那么会按照线性输出，也就是直接将输入作为输出。

代码实现:

```
def linear(x):
    return x
```

对应的曲线图如图 3-15 所示。

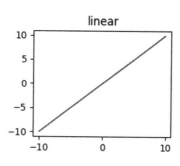

图 3-15　linear 函数对应的曲线图

以上就是 Keras 中常见的激活函数,更复杂的如 leakyRelu 等函数可以参考 Keras 官方网站。

3. Dropout

Dropout 层和全连接层的差别在于:Dropout 层在训练过程中不会选择所有输入,而是按照一个比例来随机选择输入,这样能够防止过拟合。

在 Keras 中 Dropout 的定义很简单,即 Dropout(rate, noise_shape=None, seed=None)。其中,rate 为[0,1]区间的浮点数,决定需要忽略的输入比例;noise_shape 是个多维向量,用于控制每次要 drop(忽略)的输入;seed 为随机数种子,为整数。

举例来说,假如我们的输入是(batch_size, timesteps, features):

```
x= [ [[1,2,3,4],[5,6,7,8]], [[11,12,13,14],[15,16,17,18]]]
```

而 noise_shape 的定义为

```
noise_shape=[[[1,1,0,0]], [[0,0,1,1]]]
```

那么训练时 Dropout 层接收的输入将是

```
x'= [[[1,2,0,0],[5,6,0,0]], [[0,0,13,14],[0,0,17,18]]]
```

4. Flatten

Flatten 层将前面的输入转变为一维形式，只接收一个参数 data_format，即 Flatten(data_format=None)。其中，data_format 为 string 类型，"channels_last" 或 "channels_first"。其作用是保持输入中各维度的顺序，这样在进行不同格式的数据转换时可以方便地处理数据的顺序，特别是图像数据的处理。该层默认使用"channels_last"，意味着输入数据为(batch_size, ..., channels)，如果是"channels_first"，就是(batch_size, channels, ...)。

下面是 Keras 官网上的一个小例子：

```
model = Sequential()
model.add(Conv2D(64, (3, 3),
            input_shape=(3, 32, 32), padding='same',))
print(model.output_shape)

model.add(Flatten())
print(model.output_shape)
```

上面的代码将输出：

```
(None, 3, 32, 64)
(None, 6144)
```

我们可以看到，总的输出数量不变，但在添加 Fatten 层之前，输出为一个 $3 \times 32 \times 64$ 的向量，在添加 Flatten 之后则成为 6144 大小的一个一维向量。

5. Input

根据 Keras 官网的说明，Input 方法用于创建 Keras 中的一个张量（tensor）。我们知道，Keras 是运行在其他机器学习框架如 TensorFlow、Theano、CNTK 等之上的，并在这些框架自身的 tensor 对象上添加了 Keras 独有的属性如_Keras_shape、_Keras_history 等，以便建立 Keras 自身的模型。

输入层的参数如下。

◎ shape：这里举个例子说明，shape=(32,)意味着我们期待的输入是一个 32 维的向量。

◎ batch_shape：一个 tuple 变量，例如 batch_shape=(10,32)表示 10 个 32 维的向量，而 batch_shape=(None, 32)表示任意数量的 32 维向量。

- name：当前模型中唯一的 string 命名。
- dtype：string 格式的数据类型，如"float32""float64""int32"等。
- sparse：表示是否是稀疏类型的 bool 变量。
- tensor：如果设置了 tensor，则该层不会创建一个临时的 placeholder 等待输入。

该层在前面的例子中已经多次使用，这里不再赘述。

6. Reshape

顾名思义，Reshape 方法的作用是把输出转变为给定的目标形状，其参数只有 target_shape，为整数类型的 tuple 变量。

我们看看它是如何工作的：

```
from tensorflow.Keras.models import Model, Sequential
from tensorflow.Keras.layers import Reshape
import numpy as np
model = Sequential()
model.add(Reshape((3, 4), input_shape=(12,)))

x = np.array([[1,2,3,4,5,6,7,8,9,10,11,12]])
y = model.predict(x)
print(y)
```

运行上面的代码，可以看到输出将一维向量变为一个 3×4 的矩阵：

```
[[[ 1.  2.  3.  4.]
  [ 5.  6.  7.  8.]
  [ 9. 10. 11. 12.]]]
```

注意，如果给出不正确的目标大小，例如在上面的例子中定义目标大小为 6×7，则代码会在调用 model.predict()时报错。

7. Permute

Permute(dims)中的 dims 是一个类似(3,2,1)的 tuple 定义，将输入数据向量根据 dims 定义的顺序重新进行排序变形。例如：

```
x = np.array([[[1,2,3,4,5,6],[7,8,9,10,11,12]]])
model = Sequential()
model.add(Permute([2,1], input_shape=(2,6)))
```

```
y = model.predict(x)
print(y)
```

以上这段代码的运行效果如下：

原始数据	变形后

[[[1,2,3,4,5,6],[7,8,9,10,11,12]]]	[[[1. 7.]
	  [2. 8.]
	  [3. 9.]
	  [4. 10.]
	  [5. 11.]
	  [6. 12.]]]

再例如：

```
x = np.array([[[[1,1],[2,2],[3,3]], [[4,4],[5,5],[6,6]], [[7,7],[8,8],[9,9]],
[[10,10],[11,11],[12,12]]]])

model = Sequential()
model.add(Permute([2,3,1], input_shape=(4,3,2)))
y = model.predict(x)
print(y)
```

以上这段代码的运行效果如下：

原始数据	变形后

[[[[1,1],[2,2],[3,3]],
[[4,4],[5,5],[6,6]],
[[7,7],[8,8],[9,9]],
[[10,10],[11,11],[12,12]]]]
	[[[[1. 4. 7. 10.]
	   [1. 4. 7. 10.]]
	
	  [[2. 5. 8. 11.]
	   [2. 5. 8. 11.]]
	
	  [[3. 6. 9. 12.]
	   [3. 6. 9. 12.]]]]

8. RepeatVector

重复输入 *n* 次。例如：

```
x = np.array([[1,2,3,4]])
model = Sequential()
model.add(RepeatVector(3, input_shape=(4,)))
print(model.predict(x))
```

以上代码将输出:

```
[[[1. 2. 3. 4.]
  [1. 2. 3. 4.]
  [1. 2. 3. 4.]]]
```

9. Lambda

Lambda 层可以直接把一个表达式作为参数传入，定义该层的功能：

```
Lambda(function, output_shape=None, mask=None, arguments=None)
```

该层的参数如下。

- ◎ function：接收输入 tensor 作为第 1 个参数并随后执行。
- ◎ output_shape：只对 Theano 框架有用，这里不做描述。
- ◎ mask：屏蔽 Embedding 的输入。
- ◎ arguments：需要传入 function 的额外参数。

示例如下：

```
x = np.array([[1,2,3,4]])
model = Sequential()
model.add(Lambda(lambda x:x*2, input_shape=(4,)))
print(model.predict(x))
```

以上代码将输出：

```
[[2. 4. 6. 8.]]
```

我们也可以定义较复杂的 function 传入，下面是一个略微复杂的例子：

```
def calculation(tensors):
    output1 = tensors[0]-tensors[1]
    output2 = tensors[0]+tensors[1]
    output3 = tensors[0]*tensors[1]
    return [output1, output2, output3]

input1 = Input(shape=[4,])
input2 = Input(shape=[4,])
```

```
layer = Lambda(calculation)
out1, out2, out3 = layer([input1, input2])
model = Model(inputs=[input1, input2], outputs=[out1, out2, out3])

x1 = np.array([[1,2,3,4]])
x2 = np.array([[1,1,1,1]])
print(model.predict([x1, x2]))
```

以上代码将输出：

```
[array([[0., 1., 2., 3.]], dtype=float32), array([[2., 3., 4., 5.]], dtype=float32), array([[1., 2., 3., 4.]], dtype=float32)]
```

在这个例子中，我们首先定义了函数 calculation，对输入的 tensor list 做了简单的运算，并返回 3 个结果。

然后定义了两个输入层 input1 和 input2，并定义了 Lambda 层 layer，把上面定义的 calculation 函数直接作为 Lambda function 传入。这里我们用 Keras 的 function call 形式创建了模型，方便定义多个输入和多个输出，而不是用 Sequential 类型（只支持单个输出）。

最后进行测试，利用 x1 和 x2 作为数据输入，可以看到最后的运行结果符合 calculation 函数的期望值。

10. ActivityRegularization

其形式为 ActivityRegularization(l1=0.0, l2=0.0)，其中的参数如下。

◎ l1：L1 正则化参数，浮点正数。
◎ l2：L2 正则化参数，浮点正数。

该层在输出中加上 L1 或 L2 正则化参数，不影响输出数据格式。

11. Masking

其形式为 Masking(mask_value=0.0)。

对于其中的参数 mask_value，如果是 None 则忽略，否则，如果在输入数据中某个 timestep 的所有 feature 都等于 mask_value，则将该 timestep 的值全部置 0。

举例如下:

```
model = Sequential()
model.add(Masking(1, input_shape=(4,3)))
x=np.array([[[1,2,3],
            [1,1,1],
            [7,8,9],
            [10,11,12]]])
print(model.predict(x))
```

在这个例子中,我们将输入视为时间序列数据,在 timestep 等于 1 时为[1,2,3],在 timestep 等于 2 时为[1,1,1],以此类推。我们在创建 Masking 层时设置 mask_value 为 1,即当某个 timestep 的所有 feature 都是 1 时,忽略该次输入,因此上面这段代码的输出如下:

```
[[[ 1.  2.  3.]
  [ 0.  0.  0.]
  [ 7.  8.  9.]
  [10. 11. 12.]]]
```

可以看到,feature 为[1,1,1]的部分已经全部被置为[0,0,0]。同样,我们修改输入和参数后再看看:

```
model = Sequential()
model.add(Masking(11, input_shape=(4,3)))
x=np.array([[[1,2,3],
            [4,5,6],
            [7,8,9],
            [11,11,11]]])
print(model.predict(x))
```

因为[11,11,11]和这次的 mask_value=11 匹配,因此输出如下:

```
[[[1. 2. 3.]
  [4. 5. 6.]
  [7. 8. 9.]
  [0. 0. 0.]]]
```

12. SpatialDropout

Keras 的核心层还包括 SpatialDropout1D、SpatialDropout2D、SpatialDropout3D,其中,SpatialDropout1D 和 Dropout 的作用是一样的,而 SpatialDropout2D 和 SpatialDropout3D

是面向输入特征 feature map 为 2D 和 3D 时的拓展，在此不做过多描述。

13. 其他扩展层

前面介绍了 Keras 的核心层类型，在实际应用中，我们会遇到更多的层类型。在这里就不一一讲解了，只把其他扩展类型做一个大致介绍，如表 3-2 所示，具体细节和使用方式请参考 Keras 官方网站。

表 3-2 对其他扩展类型的大致介绍

类 型	介 绍
Convolutional Layer	卷积层，对输入数据进行卷积运算。包括以下类型： ◎ Conv1D ◎ Conv2D ◎ Conv3D 以上类型的变种有 DepthwiseConv2D、Cropping2D、UpSampling3D 等
Pooling Layer	池化层，也可将其视为采样。包括以下类型： ◎ MaxPooling1D/2D/3D ◎ AveragePooling1D/2D/3D ◎ GlobalMaxPooling1D/2D/3D ◎ GlobalAveragePooling1D/2D/3D
Locally-Connected Layer	Locally Connected Layer 和 Convolutional Layer 很相似，差别在于权重 weights 并不共享，包括以下两类： ◎ LocallyConnected1D ◎ LocallyConnected2D 由于 Locally Connected Layer 不共享权重，所以它比 Convolutional Layer 需要更多的参数。实际上，它需要对图像上几乎每个点都创建一组 filter
Recurrent Layer	循环层，多被用于循环神经网络。主要包括： ◎ RNN ◎ SimpleRNN

续表

类　型	介　绍
	◎ GRU
	◎ LSTM
	◎ ConvLSTM2D
	◎ ConvLSTM2DCell
	◎ SimpleRNNCell
	◎ GRUCell
	◎ LSTMCell
	◎ CuDNNGRU
	◎ CuDNNLSTM
Embedding Layer	Embedding Layer 常见于 NLP 方面的应用，主要用于在训练时对输入词语 token 建立 index（大小由 input_dim 确定）到用户定义的向量空间（大小由 output_dim 确定）的映射表，然后在预测时对每个输入的 token 获取对应的向量
Merge Layer	Merge Layer 包括对网络层之间的多种运算处理，包括 Add、Subtract、Multiply、Average、Maximum、Minimum、Concatenate、Dot 等，我们在前面的部分代码示例中已经见过它
Normalization Layer	主要是 BatchNormalization Layer，其功能是在每一批训练数据中都对前一层的激活函数输出做统一的归一化，保证其平均值接近 0 而标准方差（Standard Deviation）趋近 1
Noise Layer	对数据增加干扰噪声，Noise Layer 只在训练期间起作用

14. 自定义层

Keras 作为机器学习算法研究人员最常用的开发框架之一，自然需要能够让研究人员自定义自己所需实现的神经网络结构，例如对自定义层的支持。在本书参考文献[2]中描述了自定义层的必要实现：

```
class MyLayer(Layer):
    def __init__(self, output_dim, **kwargs):
        self.output_dim = output_dim
        super(MyLayer, self).__init__(**kwargs)
```

```
    def build(self, input_shape):
        # 为该层创建可以进行训练调节的权重变量
        self.kernel = self.add_weight(name='kernel',
                                      shape=(input_shape[1], self.output_dim),
                                      initializer='uniform',
                                      trainable=True)
        super(MyLayer, self).build(input_shape)  # 确保在最后调用该方法

    def call(self, x):
        return K.dot(x, self.kernel)

    def compute_output_shape(self, input_shape):
        return (input_shape[0], self.output_dim)
```

我们看到，要定制（继承）Keras 层，就需要实现以下几个方法。

◎ __init__：类初始化，定义输出。
◎ build(input_shape)：在这个方法中定义权重，如在上面的例子中使用 add_weight 函数来添加一个可训练的权重变量。
◎ call(x)：这其实是 Forward Pass 前向计算的实现。
◎ compute_output_shape(input_shape)：这个实现不是一定被需要的，但是通常会在这里定义，以便 Keras 自动推导输入向量的形状。

下面简单实现了一个自定义层，将输入向量乘以 2：

```
class SpecialLayer(Layer):
    def __init__(self, output_dim, **kwargs):
        self.output_dim = output_dim
        super(SpecialLayer, self).__init__(**kwargs)

    def build(self, input_shape):
        super(SpecialLayer, self).build(input_shape)
    def call(self, x):
     return x*2

    def compute_output_shape(self, input_shape):
        return (input_shape[0], self.output_dim)

model = Sequential()
model.add(SpecialLayer(1, input_shape=(2,)))
```

```
print(model.predict(np.array([[3,4]])))
```

输出如下：

```
[[6. 8.]]
```

3.3.3 Loss

我们在前面的例子中主要使用的是 MSE 作为代价函数（Cost Function）。在很多场合下，我们说的代价函数就是损失函数。更严格地说，损失函数指单个训练样本的预测误差，而代价函数指所有训练样本的误差平均值。

需要补充说明的是，损失函数和将要介绍的优化函数 optimizer 是编译模型时需要指定的必需参数。我们在前面讲到如何在模型中添加层之后，只是搭建了模型的基本结构，能够完成前向传播（因此我们在前面的例子中可以添加层后直接调用 predict 方法）。但要完成模型训练，就一定要指定损失函数计算误差，以及优化函数 optimizer 指定权重优化的方法，例如：

```
Model.compile(loss='mean_squared_error', optimizer='sgd')
```

上面这行代码就指定了 MSE 的损失函数和利用 sgd（指 Stochastic Gradient Descent，随机梯度下降）做随机梯度下降优化。

我们常常会听到 L1 Loss 和 L2 Loss 的说法。其实这些概念很简单，L1 Loss 是计算真实值和预测值之间的绝对误差之和，而 L2 Loss 是计算两者间误差的平方和。我们在后面的内容中可以看到这两类损失函数有各种不同的实现。一般来说，我们倾向于使用 L2 Loss 类型，但如果在数据集中存在一些较大的误差，则也会考虑使用 L2 Loss。

在 Keras 中提供了多种损失函数供我们使用。这里对常见的类别做一些介绍，如表 3-3 所示。

表 3-3 常见的类别介绍

mean_squared_error
* L2 Loss。
* 最常见的损失函数，通用性很强，但准确率不太高。 $$loss = \frac{\sum_{i=1}^{n}(y_i - y_i')^2}{n}$$

mean_absolute_error	
* L1 Loss。 * 适用于不需要在意误差的正负关系，或者较大误差和较小误差的影响相似的情况。 $$\text{loss} = \frac{\sum_{i=1}^{n}|y_i - y_i'|}{n}$$	
mean_absolute_percentage_error	
$$\text{loss} = \frac{100\%}{n}\sum_{i=1}^{n}\left|\frac{y_i - y_i'}{y_i}\right|$$	
mean_squared_logarithmic_error	
* 用于希望对较大目标值的误差影响减小时。 $$\text{loss} = \frac{1}{n}\sum_{i=1}^{n}(\log(y_i+1) - \log(y_i'+1))^2$$	
hinge	
* 常见于 SVM 模型中，用于解决二分类问题。 $$\text{loss} = \max(0, 1 - t \cdot y), \quad t = \pm 1$$	
squared_hinge	
* 对 hinge 结果进行平方运算，有助于平滑误差结果。 $$\text{loss} = \sum_{i=1}^{n}(\max(0, 1 - y_i \cdot y_i'))^2$$	
logcosh	
* logcosh 其实结果和 MSE 很相似，但不会像 MSE 那样被偶尔较大的误差严重影响。 $$\text{loss} = \sum_{i=1}^{n}\log(\cosh(y_i^p - y_i)), \text{where}\ \cosh(x) = \frac{e^x + e^{-x}}{2}$$	
categorical_crossentropy	
* 在目标为 One-hot encoding 时使用，例如[0,1,0]、[1,1,0]等。 $$\text{loss} = -\sum_{j=1}^{M}\sum_{i=1}^{N}(y_{ij} \cdot \log(y_{ij}'))$$	
sparse_categorical_crossentropy	
* 在目标为整数时使用，例如[1,2,3]、[11,15,20]等。	

续表

binary_crossentropy

* 一般被用于解决二分类问题。

$$loss = -\sum_{i=1}^{n} y_i' \log y_i + (1-y')\log(1-y')$$

kullback_leibler_divergence

* 评估目标值概率分布 p 和预设概率分布 q 的差异。

$$D_{kl}(p||q) = \sum_{i=1}^{n} p(x_i)\log\frac{p(x_i)}{q(x_i)}$$

Poisson

* 在假设目标值服从于泊松分布时使用。

$$loss = \frac{1}{N}\sum_{i=1}^{N}(y_i' - y_i \log y_i')$$

cosine_proximity

* 用于当我们要比较两个向量的距离（角度差异），而向量本身大小（长度）并不重要时。典型例子包括 NLP 中词语或句子向量的比较。

$$loss = \frac{\sum_{i=1}^{n} y_i \cdot y_i'}{\sqrt{\sum_{i=1}^{n} y_i^2} \cdot \sqrt{\sum_{i=1}^{n} y_i'^2}}$$

我们还可以根据主要用途（分类和回归）对损失函数分类，如表3-4所示。

表3-4　根据主要用途对损失函数分类

分类（Classification）	回归（Regression）
KL Divergence	MSE
Hinge	MAE
Crossentropy	Logcosh

1. optimizer

前面提到在模型训练时一则需要定义损失函数，二则需要定义优化函数 optimizer。

为什么我们要说优化函数而不是直接说梯度下降呢？因为其实我们要做的是优化网络权重并拟合目标值，梯度下降只是其中一种最基本的方法而已，在 Keras 中有很多其他优化方法可供选择。对于其他优化方法，我们在这里做一个简单介绍，如表3-5所示。注意，相对于损失函数，optimizer 数学公式的含义难以用一两行文字描述，其中涉及的数学概念也较多，这里就不再列举公式了，感兴趣的读者可以自己查阅。

表 3-5　其他优化方法

SGD(lr=0.01, momentum=0.0, decay=0.0, nesterov=False)
这是前面讲过的随机梯度下降的实现。 ◎ lr：学习率，大于等于 0 的浮点数。 ◎ momentum：大于等于 0 的浮点数，可以加速相关方向的梯度下降并减弱一些摆动的影响。momentum 是梯度下降计算的一种优化处理，可以将其类比为重力加速度，在下降方向上会越来越快地到达底部（最优值），其具体细节在这里不做描述。 ◎ decay：大于等于 0 的浮点数，在每次梯度更新时都减小学习率。 ◎ nesterov：True 或 False，是否采用 Nesterov Momentum
Adagrad(lr=0.01, epsilon=None, decay=0.0)
Adagrad 中的学习率根据参数会自适应调节（Adaptive Learning Rate），对常用参数会进行较小的调节，对不常用的参数调整幅度则偏大。这种方式很适合大型神经网络对稀疏数据的处理。 同样，官方也建议除 learning rate 外，保留 Adagrad 的默认参数值
Adadelta(lr=1.0, rho=0.95, epsilon=None, decay=0.0)
Adadelta 是对 Adagrad 的改良。Adagrad 尽管能自动调节参数，但调节方式比较简单，Adadelta 则对 learning rate 的调节做了更多的控制和优化
RMSprop(lr=0.001, rho=0.9, epsilon=None, decay=0.0)
RMSprop 也是对 Adagrad 的改良，避免 learning rate 快速消失。在此算法中，learning rate 是自动调节的，并对每个参数都设置一个不同的 learning rate。 官方建议保留参数为默认值（除了 learning rate）。 RMSprop 通常被用于循环神经网络
Adam(lr=0.001, beta_1=0.9, beta_2=0.999, epsilon=None, decay=0.0, amsgrad=False)
Adam 也是一个为每个参数都计算一个独立的自适应 learning rate 的方法，以改善 learning rate 快速消失的情况。和 RMSprop 相比，Adam 对稀疏梯度的效果比较好，而 RMSprop 更适合变化较大的在线数据等。另外，Adam 的计算量较小，对内存容量的要求较小，也是最受欢迎的优化算法之一
Adamax
同样是自适应的随机梯度下降算法之一，是 Adam 算法的变种，其优势在于其对类似 learning rate 这样的超参数选择不敏感
Nadam
Nadam 是 Adam 和 NAG（一种 momentum 算法的优化实现，用于加速梯度计算）的混合。Nadam 可被用于噪声较大、不够平滑的梯度计算中

2. Dataset

最后,我们谈谈 Keras 中自带的一些数据集,如表 3-6 所示。这些数据集被广泛用于各种研究领域及教学使用,是方便快速验证算法的有效工具。在安装 Keras 时并不会带上这些数据集,在引用它们时会自动下载。

表 3-6　Keras 中自带的一些数据集

CIFAR10

用于图片分类,共有 5 万张 32×32 大小的图片训练集及 1 万张测试图片、10 个类别

调用方式:

```
from tensorflow.Keras.datasets import cifar10
(x_train, y_train), (x_test, y_test) = cifar10.load_data()
```

CIFAR100

用于图片分类,共有 5 万张 32×32 大小的图片训练集及 1 万张测试图片。和 CIFAR10 不同的是它有 100 个类别。

调用方式:

```
from tensorflow.Keras.datasets import cifar100
(x_train, y_train), (x_test, y_test) = cifar100.load_data(label_mode='fine')
```

IMDB Movie Reviews

包括来自 IMDB 的 25000 条电影评论,以正面或负面作为情感标签,每条评论都已经按照单词频率索引进行了编码。

调用方式:

```
from tensorflow.Keras.datasets import imdb
(x_train, y_train), (x_test, y_test) = imdb.load_data(path="imdb.npz",
                                                       num_words=None,
                                                       skip_top=0,
                                                       maxlen=None,
                                                       seed=113,
                                                       start_char=1,
                                                       oov_char=2,
                                                       index_from=3)
```

Reuters Newswire Topics

路透社新闻标题分类,共有 1 万多条数据、46 个类别。

调用方式:

```
from tensorflow.Keras.datasets import reuters
(x_train, y_train), (x_test, y_test) = reuters.load_data(path="reuters.npz",
```

续表

```
                    num_words=None,
                    skip_top=0,
                    maxlen=None,
                    test_split=0.2,
                    seed=113,
                    start_char=1,
                    oov_char=2,
                    index_from=3)
```

MNIST

手写数字识别，共有 60000 张 28×28 的数字图片、10 个类别（0～9）及 10000 张测试图片。

调用方式：

```
from tensorflow.Keras.datasets import mnist
(x_train, y_train), (x_test, y_test) = mnist.load_data()
```

Fashion MNIST

和 MNIST 类似，也有 60000 张 28×28 的图片，但不再是数字，而是不同服装的灰度图，共有 10 个类别，并包括 10000 张测试图片。

调用方式：

```
from tensorflow.Keras.datasets import fashion_mnist
(x_train, y_train), (x_test, y_test) = fashion_mnist.load_data()
```

Boston Housing Price

数据集包括 20 世纪 70 年代后期波士顿地区不同地点的房屋的 13 个属性，以及该地点房屋的中值（Median Value）。

调用方式：

```
from tensorflow.Keras.datasets import boston_housing
(x_train, y_train), (x_test, y_test) = boston_housing.load_data()
```

3.4 再次代码实战

3.4.1 XOR 运算

通过前面几节的介绍，我们应该已经了解如何用 Keras 来构建机器学习模型了。这里再次以一个简单的数学问题为例，从设计模型的角度来考虑如何用 Keras 实现。

问题：如何用机器学习实现对 XOR 运算的预测？

我们知道，XOR 是一个基本的逻辑运算，如表 3-7 所示。

表 3-7　XOR 运算示例

X_1	X_2	结果(X_1 XOR X_2)
0	0	0
0	1	1
1	0	1
1	1	0

在二维坐标系中如图 3-16 所示。

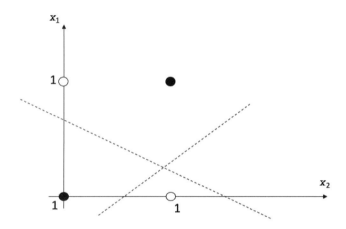

图 3-16　XOR 输入坐标图，黑点表示结果为 0，白点表示结果为 1

我们首先考虑建立对应的训练集：

```
X = np.array([[0,0],[0,1],[1,0],[1,1]])
y = np.array([[0],[1],[1],[0]])
```

然后看到我们的输入为两个，输出为一个结果，那么我们直接建立这样一个感知器：

```
model = Sequential()
model.add(Dense(1, input_dim=2))
model.add(Activation('sigmoid'))
model.compile(loss='mean_squared_error', optimizer='adam')
```

通过 3.3 节的学习，我们知道这是个很简单的感知器网络，实际上并没有隐藏层，只是一个 sigmoid 激活函数的输出，使用 MSE 作为损失函数，利用 adam 进行优化。我们来看看它的效果如何：

```
model.fit(X, y, batch_size=1, epochs=10000)
print(model.predict (X))
```

因为训练数据只有 4 组，所以我们选择 batch_size 为 1，同时用了较多的 epochs 训练次数。Model.predict_proba 可以接收多个输入并返回预测结果如下：

```
[[0.49851936]
 [0.4997031 ]
 [0.4999745 ]
 [0.50115824]]
```

我们的真实预测值实际上只有两个，即 0 和 1，并期望预测返回的结果尽量接近真实值。然而可以看到这次预测的结果几乎是无效的，因为全部位于[0,1]的中间点附近，没有起到任何预测作用。

实际上这就是线性不可分问题，因为图 3-16 中(x_1,x_2)在坐标上的两组点（黑点和白点）并不能用一条直线划分开，这是图 3-17(a)图中没有隐藏层的感知器网络无法克服的。因此我们决定引入隐藏层，把模型的构建修改一下：

```
model = Sequential()
model.add(Dense(4, input_dim=2))
model.add(Activation('sigmoid'))
model.add(Dense(1))
model.add(Activation('sigmoid'))
model.compile(loss='mean_squared_error', optimizer='adam')
```

现在在模型中第 1 层不再是直接输出，而是一个有 4 个神经元的隐藏层，然后进入输出层，即如图 3-17(b)图所示的结构。

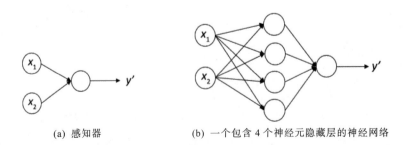

(a) 感知器　　　　(b) 一个包含 4 个神经元隐藏层的神经网络

图 3-17　从感知器网络到神经网络

效果如何呢？我们不改其他参数，再跑一次看看：

```
[[0.0084908 ]
 [0.9729198 ]
 [0.97606194]
 [0.03987955]]
```

可以看到，效果有了很大的提升，对[0,0]和[1,1]的输入，预测结果都相当接近 0，而对[0,1]和[1,0]的输入，预测结果都大于 0.97，非常接近真实值 1。如果我们再增加神经元的个数（例如增加到 16 或者 32），则效果还有提升，但不再那么明显了。

3.4.2 房屋价格预测

前面的所有例子都是使用简单的数字计算或者分类来体现机器学习的作用，一则方便读者理解，二则通常通过不多的训练迭代就可以达到较好的效果，方便读者体验代码。在本节中，我们将尝试用真实的数据集来实验。

在 3.3 节的最后提到，Keras 提供了一些方便、实用的数据集，其中有一个美国波士顿地区在 20 世纪 70 年代末的房屋价格中位数的数据集，可以满足我们用真实数据实验的需要，这次我们将用它来预测当时该地区其他地点的房屋价格。

首先，我们引入需要的依赖库和数据集：

```
from tensorflow.keras.models import Sequential
from tensorflow.keras.layers import Dense
from tensorflow.keras.datasets import boston_housing
```

然后，创建一个函数来构建模型（方便后续调整）：

```
def createModel():
    model = Sequential()
    model.add(Dense(32, input_shape=(13,), activation='relu'))
    model.add(Dense(1))
    model.compile(loss='mean_squared_error', optimizer='adam')
    return model
```

这里维持了类似前一节的网络结构，只用一个隐藏层，神经元个数为 32；然后引入训练代码并利用测试数据完成模型评估。注意，这里并不能用 accuracy 这样的数值去评估，因为我们在做预测而不是分类，并不存在完全匹配的预测值，所以只能去查看 loss 的输出结果：

```
1  (x_train, y_train), (x_test, y_test) = boston_housing.load_data()
2  model = createModel()
3  model.fit(x_train, y_train, batch_size=8, epochs=10000)
4
5  print(model.metrics_names)
6  print(model.evaluate(x_test, y_test))
```

我们看看以上代码都做了什么。

第 1 行：直接读入了 Keras 的 boston_housing 数据集数据。注意，因为利用了 Keras 自带的数据集，所以能方便地导入训练数据（x_train、y_train）和测试数据（x_test、y_test），但在实际工作中我们往往需要从 .csv 文件或者某个目录中自行处理原始输入。

第 2～3 行：创建模型并训练。

第 5～6 行：打印模型评价参数名称，并利用测试集(x_test,y_test)进行评估，将结果输出。

其运行结果如下：

```
27.440169689702053
```

因为测试集数据为 102 条，其 MSE 为 27，所以结果还算可以让人接受。如果增加层数呢？我们试着增加一个隐藏层：

```
def createModel():
    model = Sequential()
    model.add(Dense(32, input_shape=(13,), activation='relu'))
    model.add(Dense(16, activation='relu'))
    model.add(Dense(1))
    model.compile(loss='mean_squared_error', optimizer='adam')
    return model
```

这次添加了一层，再看看结果：

```
# Epoch 9999/10000
# 404/404 [==============================] - 0s 64us/sample - loss: 1.1444
# Epoch 10000/10000
# 404/404 [==============================] - 0s 66us/sample - loss: 0.9892
# ['loss']
# 102/102 [==============================] - 0s 176us/sample - loss: 20.1909
# 20.19088176652497
```

这次 MSE 减少到了 20.19，效果不错，我们来看看测试集中前 10 项的预测结果：

```
for i in range(10):
    y_pred = model.predict([[x_test[i]]])
    print("predict: {}, target: {}".format(y_pred[0][0], y_test[i]))
```

输出如下：

```
predict: 11.072909355163574, target: 7.2
predict: 20.068275451660156, target: 18.8
predict: 20.760414123535156, target: 19.0
predict: 31.071605682373047, target: 27.0
predict: 21.493732452392578, target: 22.2
predict: 21.203548431396484, target: 24.5
predict: 26.775787353515625, target: 31.2
predict: 21.803157806396484, target: 22.9
predict: 20.411075592041016, target: 20.5
predict: 21.540142059326172, target: 23.2
```

可以看到，预测值尽管和实际值存在差异，但绝大部分的差距都比较小，对于只有 13 个特征来源的模型来说，已经足够了。如果我们希望再提高准确率，则除了增加网络的复杂度，更重要的是增加数据的特征和数据量。实际上，人们在工作中越来越发现增加训练数据（包括特征和数据总数）比增加网络复杂度（包括深度和广度）更直接、更准确。

3.5 本章小结

在本章中，我们首先快速介绍了 Keras 的概念，然后通过 3.2 节的示例描述了 Keras 在深度学习中的基本使用流程。在 3.3 节中，我们针对 Keras 核心的 Model、Layer、Loss 和 optimizer 这 4 个概念，以图表、代码、公式及概念描述等多种形式进行了介绍。在 3.4 节中，我们先通过一个普通感知器无法解决的预测问题，快速用 Keras 建立了对应的神经网络模型并获得理想结果，随后使用真实的数据集实现了一个房价预测模型，并通过结果证明了其有效程度。

Keras 是一个复杂而灵活的机器学习框架，这里并不期望读者靠短短几节就完全熟悉 Keras 的使用方法，但相信通过本章的实战和概念讲解，读者对 Keras 的使用流程已经有了一个大致的理解。实际上，读完本章后，读者已经具备了用 Keras 实现大量的简单数据分类和预测工作的技术基础。

从第 4 章开始，我们将针对机器学习在不同领域的应用分别进行深入讲解：第 4、5 章讲解数据处理和推荐系统；第 6 章讲解 NLP；第 7、8 章讲解图像分类及识别；第 9 章讲解模型转换和部署。读者可以根据自身需要挑选感兴趣的章节阅读，也可以按序通读。

3.6 本章参考文献

[1] https://www.tensorflow.org/guide/Keras

[2] https://www.Keras.io

第 4 章

预测与分类：简单的机器学习应用

在前面的章节中，我们开始接触深度神经网络方面的知识，用 Keras 实现深度神经网络并解决一些简单的问题。在这个过程中，我们也学习了神经网络的一些主要概念和基本原理，但对其中的一些细节并没有进行讨论，例如分类的评价方式、逻辑回归的具体原理、梯度下降的深入分析，等等。要对这些概念和原理进行讨论，我们的学习范围就不单是深度神经网络了，还涉及机器学习的基本概念。

这里并不想完全采用数学推导形式来解释机器学习的各种概念，而是采用原理简述与代码描述相结合的形式。

本章的理论及概念较多，读者不必死记硬背，可以将本章作为对机器学习理论的深入学习，暂时不理解部分概念也不会影响后续的学习。

4.1 机器学习框架之 sklearn 简介

工欲善其事，必先利其器。在工程应用中，我们用 Python 手敲代码从头实现一个算法的可能性非常低，这样做不仅耗时耗力，还不一定能够写出架构清晰、稳定性强的模型。在更多情况下，我们一般分析采集到的数据，根据数据的特征选择合适的算法，在工具包中调用算法并调整算法的参数以获取需要的信息，从而实现算法使用的方便程度、运行效率和计算效果之间的平衡。前面介绍过的 Keras 框架更适合面向复杂问题的深度神经网络开发，并不适合机器学习应用（例如 Keras 并不包括 SVM、Decision Tree 等机器学习中的常见算法）。而 scikit-learn（后简称 sklearn）正是一个可以帮助我们高效实现算法应用的工具包。

sklearn 是一个 Python 第三方提供的非常强大的机器学习库，包含了从数据预处理到训练模型的各个方面。在实际应用中使用 sklearn 可以帮我们大大减少代码编写时间及代码量，让我们有更多的精力去分析数据分布、调整模型和修改模型设置中的各种超参（如 batch size、epoch 次数、learning rate 等）。sklearn 还提供了强大的开源数据[1]，我们可以直接下载和使用这些开源数据。

4.1.1 安装 sklearn

确认系统中已安装 Python（2.6 或 3.3 以上版本）、Numpy（1.6.1 以上版本）、Scipy（0.9 以上版本）。注意，sklearn 0.20 是支持 Python 2.7 和 Python 3.4 的最后一个版本，sklearn 0.21 只支持 Python 3.5 以上版本。

如果已经安装了 Numpy 和 Scipy，那么安装 sklearn 的最简单方法就是使用 pip 或者 conda 命令：

```
pip install -U scikit-learn
conda install scikit-learn
```

4.1.2 sklearn 中的常用模块

sklearn 中的常用模块有分类、回归、聚类、降维、模型选择和预处理。

◎ 分类：识别某个对象属于哪个类别，常用的算法有 SVM（基于支持向量机的分类器）、Nearest Neighbors（最近邻）和 Random Forest（随机森林），常见的应用有垃圾邮件识别和图像识别。

◎ 回归：预测与对象相关联的连续值属性，常用的算法有 SVR（基于支持向量的回归算法，Support Vector Regressor）、Ridge Regression（岭回归）和 Lasso，常见的应用有药物反应和预测股价。

◎ 聚类：将相似的对象自动分组，常用的算法有 k-means、Spectral Clustering 和 Mean-Shift，常见的应用有客户细分和分组实验结果。

◎ 降维：减少要考虑的随机变量的数量，常用的算法有 PCA（主成分分析）、Feature Selection（特征选择）和 Non-negative Matrix Factorization（非负矩阵分解），常见的应用有可视化。

◎ 模型选择：比较、验证，以及选择参数和模型，目的是通过调整参数提高精度。常用的模块有 Grid Search（网格搜索）、Cross Validation（交叉验证）和 Metrics（度量）。

◎ 预处理：特征提取和归一化，常用的模块有 Preprocessing 和 Feature Extraction，常见的应用有将输入的数据（如文本）转换为机器学习算法可用的数据。

4.1.3 对算法和模型的选择

sklearn 实现了很多算法，面对这么多算法，我们该如何选择呢？其实，主要考虑需要解决的问题及数据量的大小即可。sklearn 官方提供了机器学习算法引导图，将其翻译后如图 4-1 所示。

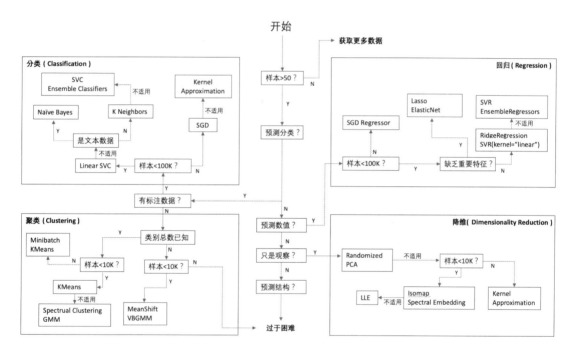

图 4-1 机器学习算法引导图

通常来说，我们可以按照图 4-1 选择一个比较合适的解决方法或者模型，但对模型的选择并不是绝对的。事实上，在很多情况下，我们会实验很多模型，才能比较出适合该问题的模型。

4.1.4 对数据集的划分

有时对模型单独进行一次实验,其实验结果会有一定的偶然性,并不能代表模型的平均性能。为此,我们可以使用交叉验证或划分数据集的其他方法对数据集进行多次划分,以得出模型的平均性能。sklearn 有很多划分数据集的方法,在 model_selection 里面可以找到,常用的方法如下。

(1) K 折交叉验证。

- ◎ KFold:普通 K 折交叉验证。
- ◎ StratifiedKFold:保证每一类的比例相等。

(2) 留一法。

- ◎ LeaveOneOut:留一。
- ◎ LeavePOut:留 P 验证,当 P 为 1 时变成 LeaveOneOut。

(3) 随机划分法。

- ◎ ShuffleSplit:随机打乱后划分数据集。
- ◎ StratifiedShuffleSplit:随机打乱后划分数据集,每个划分类的比例与样本的原始比例一致;同时,StratifiedShuffleSplit 和 ShuffleSplit 不同,它并不保证每组划分出的数据是不同的。

以上只是对 sklearn 做了一些简单介绍,在本章参考文献[2]中可以找到更详细的使用方法及参数介绍。

4.2 初识分类算法

本节将正式结合实际案例,介绍机器学习的知识和代码细节。

分类算法作为常见的机器学习算法,应用非常广泛,并且非常适合作为算法入门选材。根据训练数据是否拥有标记信息,学习任务可大致分为监督学习和非监督学习两类,分类算法和回归算法是前者的代表,聚类算法是后者的代表。

详细地说,监督学习其实就是对输入的样本经过模型训练后有明确的输出预期,而非监督学习是对输入的样本经过模型训练后得到什么输出完全没有预期。对于分类算法,输入的训练数据有特征(Feature)和标签(Label),训练的过程在本质上就是找到特征和标签间的关系。这样，当有特征而无标签的未知数据被输入时，我们就可以通过已有的关系得到其标签。

本节主要以分类算法中常见的几种模型为切入点，详细介绍我们在工作中可能会用到的分类模型，并结合具体的例子和代码，对机器学习尤其是分类算法有更加直观、深刻的理解。

4.2.1 分类算法的性能度量指标

常见的分类算法有朴素贝叶斯、决策树、支持向量机、逻辑回归等，这些算法也会因为自身的特点在不同大小的数据集上有不同的表现。本节主要介绍分类算法中的一些常见度量指标如正确率、召回率、特意度、ROC 曲线和 AUC 等。有了这些指标，我们就可以对每个算法都做一个定量的结论，从而比较这些算法在同一数据集上的不同表现。

1. 混淆矩阵

混淆矩阵是数据科学、数据分析和机器学习中总结分类模型预测结果的情形分析表，以矩阵形式将数据集中的记录按照真实的类别（Ground Truth）与分类结果进行汇总。以二元分类问题为例，数据集将实例分为正类（Positive）和负类（Negative）两种类别，而对分类模型的预测可能做出阳性判断（预测属于正类）或阴性判断（预测属于负类）两种判断。混淆矩阵是一个 2 × 2 的情形分析表，根据实际结果和不同的预测结果总共有 4 种可能性。

- 真阳性（True Positive，TP）：实际是正类，预测也是正类。
- 假阳性（False Positive，FP）：实际是负类，预测是正类。
- 真阴性（True Negative，TN）：实际是负类，预测也是负类。
- 假阴性（False Negative，FN）：实际是正类，预测是负类。

表 4-1 给出了混淆矩阵的结果。

表 4-1 混淆矩阵的结果

预测 \ 实际		阳 性	阴 性
诊断结果	阳性	真阳性（TP）	假阳性（FP）
	阴性	假阴性（FN）	真阴性（TN）

围绕混淆矩阵，分类算法的主要指标如下。

（1）正确率（Precision）：衡量预测是正类，有多少预测结果是准确的。

$$\text{Precision} = \frac{TP}{TP + FP}$$

（2）灵敏度（Sensitivity）或召回率（Recall）：衡量所有正类有多少被准确检索出来。

$$\text{Sensitivity} = \text{Recall} = TPR = \frac{TP}{TP + FN}$$

（3）特异度（Specificity）：衡量所有负类有多少被准确检索出来。

$$\text{Specificity} = TNR = \frac{TN}{FP + TN}$$

在某些数据集上，Precision 和 Recall 可能会有矛盾，即 Precision、Recall 呈现一高一低的情况。例如，某个班级有 80 个男生，20 个女生，共计 100 个人，我们训练一个模型来找出所有的女生。现在，某人挑选出 50 个人，其中有 20 个女生，有 30 个男生被误判为女生，作为评估者的我们需要评估（Evaluation）这个人的挑选结果。当然，我们的评估结果是：正确率是 40%，即 20 个女生/(20 个女生+30 个被误判为女生的男生)；召回率是 100%，即 20 个女生/(20 个女生+ 0 个被误判为男生的女生)。

一般来说，想要覆盖更多的样本（Sample），该模型就有可能出错。在这种情况下，模型会有很高的召回率，但是正确率较低（我们称之为 Overfit，即过拟合）。如果模型很保守，只对它很确定的采样样本做出预测，其正确率就会很高，但是召回率会相对低一些（我们称之为 Underfit，即欠拟合）。

为了克服这种问题，F1-Measure 应运而生：

F1-Measure：

$$\frac{2}{F_1} = \frac{1}{P} + \frac{1}{R}, P = \text{Precision}, R = \text{Recall}$$

调整一下就是：

$$F_1 = \frac{2PR}{P + R} = \frac{2TP}{2TP + FP + FN}$$

所以在上一个例子中，挑选女生的 F_1 分数为

$$F_1 = \frac{2TP}{2TP + FP + FN} = \frac{2 \times 0.4 \times 1}{0.4 + 1} = 57.143\%$$

2. ROC 曲线

ROC（Receiver Operating Characteristic，接收者操作特征）曲线上的每个点都反映了对同一信号刺激的感受性。简单地说，ROC 是以 FPR（False Positive Rate）为横轴，以 True Positive Rate（TPR）为纵轴，通过不同的阈值点绘制而成的。

$$FPR = 1 - Specificity = \frac{FP}{FP + TN}$$

假设我们采用逻辑回归分类器，并计算出每个实例为正类的概率，设定一个阈值如 0.6，使概率大于等于 0.6 的为正类，小于 0.6 的为负类，就可以对应地算出一组(FPR,TPR)，在平面中得到对应的坐标点。随着阈值的逐渐减小，越来越多的实例被划分为正类，但是在这些正类中同样掺杂着真正的负类，即 TPR 和 FPR 会同时增大，阈值最大时，对应的坐标点为(0,0)；阈值最小时，对应的坐标点为(1,1)。如图 4-2 所示的实线为 ROC 曲线，线上的每个点都对应一个阈值。

◎ 横轴（FPR）：FPR= 1-TNR，FPR 越大，预测结果为正类，但实际的负类越多。
◎ 纵轴（TPR）：TPR=Sensitivity（正类覆盖率），TPR 越大，预测结果为正类并且实际的正类越多。
◎ 理想目标：TPR=1，FPR=0，即图中的(0,1)点，故 ROC 曲线越靠近(0,1)点、越偏离 45°对角线、Sensitivity 及 Specificity 越大，效果越好。

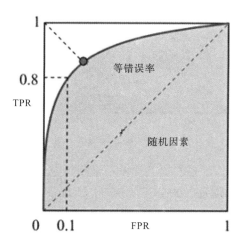

图 4-2 ROC 曲线

3. AUC

AUC（Area Under Curve）被定义为 ROC 曲线下的面积，它的意义是什么？假设我们有一个分类器，输出的是样本为正类的概率，则所有样本都会有一个相应的概率，这样就可以得到图 4-3，其中，横轴表示预测为正类的概率，纵轴表示样本数。所以，灰色区域表示所有负类的概率分布，黑色区域表示所有正类的概率分布。显然，如果我们希望分类效果最好的话，那么黑色区域越接近 1 越好，灰色区域越接近 0 越好。

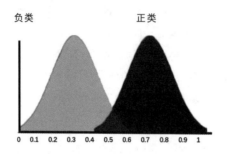

图 4-3　AUC

为了验证分类器的效果，需要选择一个阈值，使比这个阈值大的预测为正类，比这个阈值小的预测为负类，如图 4-4 所示。

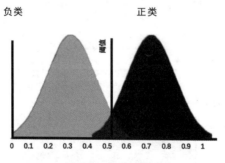

图 4-4　阈值选择 0.5

在图 4-4 中阈值为 0.5，于是左边的样本都被认为是负类，右边的样本都被认为是正类。可以看到，灰色区域与黑色区域是有重叠的，所以当阈值为 0.5 时，我们可以计算出准确率为 90%。

现在引入 ROC 曲线。如图 4-5 所示的左上角就是 ROC 曲线，其中的横轴就是 FPR，纵轴就是 TPR。

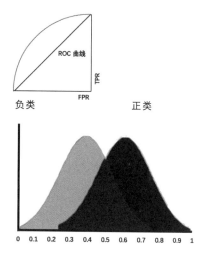

图 4-5 ROC+AUC

我们在 AUC 坐标系中选择不同的阈值,就可以对应 ROC 坐标系中曲线上的一个点,如图 4-6 所示。当阈值为 0.8 时,对应图 4-6 左图箭头所指的点;当阈值为 0.5 时,对应图 4-6 右图箭头所指的点。这样,不同的阈值就对应不同的点,最后,所有的点就可以连成一条曲线,就是 ROC 曲线。

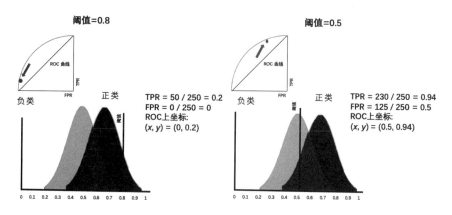

图 4-6 不同阈值的比较

现在我们来看看,如果灰色区域与黑色区域发生变化,那么 ROC 曲线会怎么变化呢?如图 4-7 所示,在其左图中,灰色区域与黑色区域重叠的部分不多,ROC 曲线距离该图左上角很近;在其右图中,灰色区域与黑色区域基本重叠,ROC 曲线就接近 $y=x$ 这条线了。

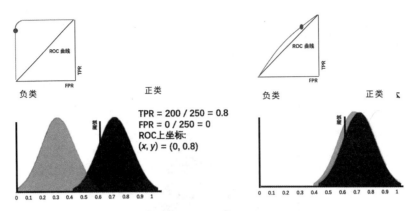

图 4-7 区域重叠后的变化

所以，如果我们想要用 ROC 曲线来评估分类器的分类质量，就可以通过计算 AUC 来评估了，这就是 AUC 的意义所在。其实，AUC 表示的是正类排在负类前面的概率。

如图 4-8 所示，第 1 个坐标系的 AUC 值表示所有正类都排在负类前面；第 2 个 AUC 值表示有 80%的正类排在负类前面；第 3 个 AUC 值表示有 50%的概率正类排在负类前面。我们知道，阈值可以取不同的值，也就是说，分类的结果会受到阈值的影响，如果使用 AUC，则因为考虑到了阈值变动的情况，所以评估效果更好。

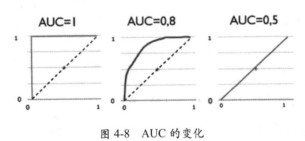

图 4-8 AUC 的变化

4.2.2 朴素贝叶斯分类及案例实现

朴素贝叶斯分类是基于贝叶斯定理与特征条件独立假设的分类方法，源于古典数学理论，有稳定的数学基础和分类效率，它是一种十分简单的分类算法。当然，简单并不代表不好用。朴素贝叶斯的思想基础是这样的：对于给出的待分类项，求解在此待分类项出现的条件（特征）下各个类别出现的概率，哪个类别出现的概率最大，就认为此待分类项属于哪个类别。比如，你在一个屋子里面看到一个浑身湿漉漉的人走进来，你大概率会猜测现在可能下雨了。当然，也有可能是这个人在外面正好被泼了水或者是因为洒水车经过而被淋湿了。但在没有其他可用信息的情况下，我们会选择条件概率最大的类别，这就是朴素贝叶斯的思想基础。

朴素贝叶斯分类算法的实质就是计算条件概率的公式。在事件 B 发生的条件下，事件 A 发生的概率用 $P(A|B)$ 来表示：

$$P(A|B) = \frac{P(AB)}{P(B)} = \frac{P(B|A)P(A)}{P(B)}$$

让我们换个形式来表达：

$$P(类别|特征) = \frac{P(特征|类别)P(类别)}{P(特征)}$$

而正式的朴素贝叶斯算法的定义步骤如下。

（1）设 $X = \{x_1, x_2, x_3, \cdots, x_n\}$ 为一个未知分类的集合，其中，x_n 为集合中每一个训练数据的一个特征属性。

（2）有已知的类别集合 $C = \{y_1, y_2, \cdots, y_n\}$。

（3）计算 $P(y_1|x), P(y_1|x), \ldots, P(y_n|x)$，即不同训练数据下标签 y 的分布概率。

（4）在预测未知标签的数据时，我们选取概率最大的一个标签作为这个训练数据的标签，即 $x \in y_k$，$P(y_k|x) = \max\{P(y_1|x), P(y_2|x), \cdots, P(y_n|x)\}$。

在上面第 3 步中各个 $P(y_n|x)$ 的条件概率可以通过下面的步骤得到。

（1）找到一个已知分类的待分类项集合，这个集合叫作训练样本集 S。

（2）通过统计得到各类别下各个特征属性的条件概率估计，即

$P(x_1|y_1), P(x_2|y_2), \cdots, P(x_n|y_1); P(x_1|y_2), P(x_2|y_2), \cdots, P(x_n|y_2); \cdots; P(x_1|y_1), P(x_2|y_2),$
$\cdots, P(x_n|y_m)$。

（3）如果各个特征属性是条件独立的，则根据贝叶斯定理有如下推导：

$$P(y_i|x) = \frac{P(x|y_i)P(y_i)}{P(x)}$$

因为分母对于所有类别为常数，所以只需将分子最大化即可。又因为各特征的属性是条件独立的，所以有：

$$P(x|y_i)P(y_i) = P(x_1|y_1), P(x_2|y_2) \cdots P(x_n|y_i)P(y_i) = P(y_i)\prod_{j=1}^{n}P(x_j|y_i)$$

通过上面这个过程，就可以计算每个 x 对应不同标签的概率，然后将 x 归属到概率最大的那个标签中即可。

下面通过一个具体的例子来更清晰地了解整个算法。假设有以下一组训练集，其中的天气和温度为特征，而标签为"是否出去玩"，如表 4-2 所示。

表 4-2　一组训练集例子

天　气	温　度	是否出去玩
晴天	热	No
晴天	热	No
阴天	热	Yes
雨天	适中	Yes
雨天	冷	Yes
雨天	冷	No
阴天	冷	Yes
晴天	适中	No
晴天	冷	Yes
雨天	适中	Yes
晴天	适中	Yes
阴天	适中	Yes
阴天	热	Yes
雨天	适中	No

这里以计算当天气是阴天、气温是适中的情况下，"是否出去玩"的值分别为 Yes、No 的概率为例：$P(\text{Play} = \text{Yes}|\text{天气} = \text{阴天}, \text{气温} = \text{适中}) = P(\text{天气} = \text{阴天}, \text{气温} = \text{适中}|\text{Play} = \text{Yes})P(\text{Play} = \text{Yes})$。

按照上面的第 3 步，$P(\text{Play} = \text{Yes}|\text{天气} = \text{阴天}, \text{气温} = \text{适中}) = P(\text{天气} = \text{阴天}|\text{Play} = \text{Yes})P(\text{气温} = \text{适中}|\text{Play} = \text{Yes})P(\text{Play} = \text{Yes})$，因为 $P(\text{Yes}) = \frac{9}{14} = 0.64$，$P(\text{阴天}|\text{Yes}) = \frac{4}{9} = 0.44$，$P(\text{适中}|\text{Yes}) = \frac{4}{9} = 0.44$，所以 $P(\text{Play} = \text{Yes}|\text{天气} = \text{阴天}, \text{气温} = \text{适中}) = 0.44 \times 0.44 \times 0.64 = 0.124$。

同理，$P(\text{Play} = \text{No}|\text{天气} = \text{阴天}, \text{气温} = \text{适中}) = P(\text{天气} = \text{阴天}, \text{气温} = \text{适中}|\text{Play} = \text{No})P(\text{Play} = \text{No}) = P(\text{天气} = \text{阴天}, \text{气温} = \text{适中})P(\text{Play} = \text{No}) = P(\text{天气} = \text{阴天}|\text{Play} = \text{No})P(\text{气温} = \text{适中}|\text{Play} = \text{No})P(\text{Play} = \text{No})$，所以$P(\text{No}) = 5/14 = 0.36$。

因为 $P(\text{天气} = \text{阴天}|\text{Play} = \text{No}) = 0/9 = 0$，$P(\text{气温} = \text{适中}|\text{Play} = \text{No}) = 2/5 = 0.4$，所以$P(\text{Play} = \text{No}|\text{天气} = \text{阴天}, \text{气温} = \text{适中}) = P(\text{天气} = \text{阴天}, \text{气温} = \text{适中}|\text{Play} = \text{No}) = 0×0.4×0.36 = 0$。

案例实现如下：

```
from sklearn import preprocessing
import pandas as pd
import numpy as np
from sklearn.naive_bayes import GaussianNB
# 声明两列特征数据（weather、temp）和标签数据（play），共14组数据:
weather=['Sunny','Sunny','Overcast','Rainy','Rainy','Rainy','Overcast','Sunny','Sunny',
'Rainy','Sunny','Overcast','Overcast','Rainy']
temp=['Hot','Hot','Hot','Mild','Cool','Cool','Cool','Mild','Cool','Mild','Mild','Mild','Hot','Mild']
play=['No','No','Yes','Yes','Yes','No','Yes','No','Yes','Yes','Yes','Yes','Yes','No']
# 将字符串数据通过label encoding转成数字。如果特征天气对应的值可能有overcast、rainy、sunny，则通过label encoding转换后分别对应0、1、2。scikit-learn里面的LabelEncoder库提供了这种方法
le = preprocessing.LabelEncoder()
wheather_encoded=le.fit_transform(weather)
temp_encoded=le.fit_transform(temp)
label=le.fit_transform(play)
# 转换后的特征和标签分别为
# wheather_encoded: [2 2 0 1 1 1 0 2 2 1 2 0 0 1]
# temp_encoded: [1 1 1 2 0 0 0 2 0 2 2 2 1 2]
# label: [0 0 1 1 1 0 1 0 1 1 1 1 1 0]
# 通过pandas的concat方法将两列特征合并
df1 = pd.DataFrame(wheather_encoded, columns = ['wheather'])
df2 = pd.DataFrame(temp_encoded, columns = ['temp'])
result = pd.concat([df1, df2], axis=1, sort=False)
# 合并后的特征为[(2, 1), (2, 1), (0, 1), (1, 2), (1, 0), (1, 0), (0, 0), (2, 2), (2, 0), (1, 2), (2, 2), (0, 2), (0, 1), (1, 2)]
# 生成朴素贝叶斯分类模型，并将数据代入模型中进行训练
model = GaussianNB()
```

```
trainx = np.array(result)
model.fit(trainx, label)

# 用生成的模型预测天气为overcast、温度为mild时的结果
predicted= model.predict([[0,2]]) # 0:Overcast, 2:Mild
print("Predicted Value:", predicted)
```

可以看到预测的结果是1。

通过这个例子，我们可以看到朴素贝叶斯分类的整个算法计算简单，并且易于理解和实现，但只能被运用于小数据集，对大数据集则表现欠佳。同时，其算法认为各特征之间相互独立、没有影响，因此在处理相关性较大的特征时表现不好。

4.3 决策树

决策树（Decision Tree）属于机器学习有监督学习分类算法，是根据数据的属性采用树状结构建立的一种决策模型，表示对象属性和对象值之间的一种映射。树中的每一个节点都表示对象属性的判断条件，其分支表示符合节点条件的对象，树的叶子节点表示对象所属的预测结果。

4.3.1 算法介绍

决策树常常用来解决分类和回归问题，常见的算法包括 CART（Classification And Regression Tree）、ID（3）、C4.5 等。如图 4-9 所示是一个简单的决策树，用于预测用户某一天是否出去玩网球。是否出去玩网球主要依据三个属性：天气、湿度及是否有风。每一个非叶子节点都表示一个属性条件判断，表示用户这一天是否会出去玩网球。例如：今天天气是晴天，通过决策树的根节点判断，符合左边分支（天气为"晴天"）；再判断湿度情况，今天湿度是 60，符合左边分支（湿度≤70，为'是'）；最后的结果落在"玩"的叶子节点上，所以预测用户今天出去玩网球。

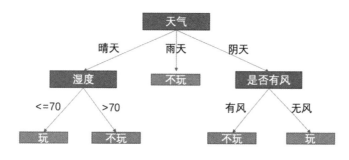

图 4-9 一个简单的决策树

4.3.2 决策树的原理

决策树是一个树结构（可以是二叉树或非二叉树），每个非叶子节点都表示一个特征属性上的测试，每个分支都代表这个特征属性在某个值域上的输出（比如在图 4-9 中，湿度左边的分支代表湿度这一特征中值不大于 70 的所有数据，右边的分支则是湿度大于 70 的所有数据）。而每个叶子节点都存放了一个类别。使用决策树进行决策是从根节点开始的，会测试待分类项中相应的特征属性，并按照其值选择输出分支，直到到达叶子节点，最后将叶子节点存放的类别作为决策结果。决策树算法的核心思想是选择一个合适的特征作为判断节点，可以快速地对数据集进行分类，减少决策树的深度。在上面的例子中，天气、湿度、是否有风是这个数据集的三个特征。选择特征的目的是使分类后的数据集纯度较高。纯度其实是用来度量信息中含有信息量多少的。常用的三种基本的信息度量方法有信息增益、增益比率、基尼指数。在了解这三种基本的信息度量方法之前，先介绍一些基本概念。

1. 信息量

信息量是对信息的度量，就跟时间的度量是秒一样，信息的多少是通过信息量来衡量的，也与具体发生的事件有关。发生概率越小的事件发生后产生的信息量越大，比如买彩票中奖了；发生概率越大的事件发生后产生的信息量越小，比如在交通高峰期被堵在路上。因此，一个具体事件的信息量应该随着其发生概率的增加而递减，且不能为负。

信息量的公式如下：

$$h(x) = -\log_2 p(x)$$

$p(x)$ 为 x 发生的概率,信息量的展现形式如图 4-10 所示。

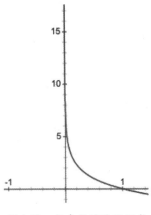

图 4-10 信息量的展现形式

2. 信息熵

信息量是一个具体事件发生所带来的信息,熵(Entropy)则是在结果出来之前对可能产生的信息量的期望,它考虑到了该随机变量所有的可能值,即所有可能发生的事件所带来的信息量的期望,公式如下:

$$\text{Ent}(x) = -\text{sum}(p(x)\log_2 p(x))$$

即

$$\text{Ent}(X) = -\sum_{k=1}^{|K|} p_{xi} \log_2 p_{xi}$$

其中,X 表示样本的集合,$|K|$ 表示该样本中的类别数量,p_{xi} 表示第 k 种分类发生的概率。Ent(X)的值越小,X 的纯度越高。比如有 A 和 B 两个同学,A 同学的成绩非常好,每次都考 100 分;B 同学的成绩比较一般,10 次考试中会有 5 次不及格。那么,A、B 同学考试及格的信息熵分别为

$$\text{Ent}(A) = -1 \times 0 = 0$$

$$\text{Ent}(B) = -\frac{1}{2} \times \log_2 \frac{1}{2} - \frac{1}{2} \times \log_2 \frac{1}{2} = 0.301$$

可以看出,Ent(x)越小,信息的纯度越高。

3. 条件熵

设有随机变量(X,Y)，其联合概率分布为

$$p(X = x_i, Y = y_i) \quad i = 1,2,\cdots,n; \quad j = 1,2,\cdots,m$$

条件熵$H(Y|X)$表示在已知随机变量X的条件下随机变量Y的不确定性，其推导公式为

$$H(Y|X) = \sum_{x \in X} p(x)H(Y|X = x)$$
$$= -\sum_{x \in X} p(x) \sum_{y \in Y} p(y|x)\log p(y|x)$$
$$= -\sum_{x \in X}\sum_{y \in Y} p(x,y)\log p(y|x)$$

4. 信息增益

信息增益 = 信息熵−条件熵，即信息增益代表某一条件下信息复杂度减少的程度。换句话说，信息增益就是在决策树算法中，使用某一个属性 a 进行划分后纯度提高的程度。如果在选择一个特征后信息增益最大（信息不确定性减少的程度最大），我们就选择这个特征。下面通过如表4-3所示的例子来更好地理解信息增益。

表4-3 理解信息增益的例子

收 入	公 积 金	是否已婚	是否买房子
中	有	是	是
低	无	是	否
低	有	否	否
高	有	是	是
中	有	是	否
高	有	是	是

可以求得随机变量X（是否买房子）的信息熵为

$$\text{Ent}(X) = -\frac{1}{2}\log\frac{1}{2} - \frac{1}{2}\log\frac{1}{2} = 0.301$$

假设我们选取收入作为下一个特征,则收入的可能取值有低、中、高。在数据集中,低收入对应买房的个数为 0,不买房的个数为 2。中收入对应买房的个数为 1,不买房的个数为 1。高收入对应不买房的个数为 0,买房的个数为 2。可以得出条件熵为

$$H(Y|X=低) = -\frac{2}{2}\log\frac{2}{2} = 0$$

$$H(Y|X=中) = -\frac{1}{2}\log\frac{1}{2} - \frac{1}{2}\log\frac{1}{2} = 0.301$$

$$H(Y|X=高) = -\frac{2}{2}\log\frac{2}{2} = 0$$

$$H(是否买房|收入) = \frac{2}{6} \times 0.301 + \frac{2}{6} \times 0 + \frac{2}{6} \times 0 = 0.1003$$

最终的信息增益为

$$\text{Gain}(买房, 收入) = 0.301 - 0.1003 = 0.2007$$

信息增益的定义如下:

$$\text{Gain}(D, a) = \text{Ent}(D) - \sum_{v=1}^{|V|} \frac{|D^v|}{|D|} \text{Ent}(D^v)$$

简单来说,信息增益就是指划分前后信息熵的变化。

5. 信息增益率

在信息增益中,Gain 越大,划分的效果越好,因为决策树算法在本质上就是找出每一列的最佳划分及不同列划分的先后顺序。但信息增益也有其局限性,通常来说,信息增益在面对类别较少的离散数据时效果较好,上例中的收入、公积金等数据都是离散数据,而且每个类别都有一定数量的样本,在这种情况下使用信息增益与增益率的区别并不大。但如果面对连续的数据(如体重、身高、年龄、距离等),或者每列数据都没有明显的类别之分(最极端的例子是该列所有的数据都独一无二)的情况,信息增益的效果会怎么样呢?我们知道信息增益的公式为

$$\text{Gain}(D, a) = \text{Ent}(S) - \text{Ent}(A)$$

因为 Ent(S)为初始 label 列的信息熵,所以 Gain(D,a)的大小取决于 Ent(A)的大小,Ent(A)越小,Gain(D,a)越大。而信息增益偏向选择那些取值较多的特征。主要原因是当特征的取值较多时,根据此特征划分更容易得到纯度更高的子集,因此信息增益更大。

在极端情况下，$Ent(A) = \sum_{i=1} \frac{1}{n}\log_2(1) = 0$，这样 $Ent(A)$ 最小，$Gain(D,a)$ 最大。但事实上，这样划分的效果较差。

为了解决该问题，这里引入了信息增益率（Gain-ratio），首先计算某个行为带来的信息：

$$Info = -\sum_{v \in value(A)} \frac{num(S_v)}{num(S)} \log_2 \frac{num(S_v)}{num(S)}$$

接着计算该行为下的信息增益率：

$$Gain\_ratio = \frac{Gain(D,a)}{info}$$

这样就减小了划分行为本身的影响。同样以买房的例子为例，首先计算收入行为带来的信息：

$$info(收入) = -\sum_{v \in value(A)} \frac{num(S_v)}{num(S)} \log_2 \frac{num(S_v)}{num(S)} = -\frac{1}{2} \times \log_2 \frac{1}{2} - \frac{1}{2} \times \log_2 \frac{1}{2} - \frac{1}{2} \times \log_2 \frac{1}{2}$$
$$= 0.1505$$

接着计算买房带来的信息增益率：

$$Gain\_ratio = \frac{0.2007}{0.1505} = 1.33$$

6. 基尼值

基尼值 $Gini(D)$ 反映了从数据集中随机抽取两个样本，其类别标记不一致的概率。数据集的纯度越高，每次抽到不同类别标记的概率越小。打个比方，在一个袋子里装 100 个乒乓球，其中有 99 个白球、1 个黄球，则随机从中抽取两个球时，有很大概率抽到两个白球。

所以，数据集 D 的纯度可以用基尼值来度量，其定义如下：

$$Gini(D) = \sum_{k=1}^{|y|} \sum_{k' \neq k} p_k p_{k'} = 1 - \sum_{k=1}^{|y|} p_k^2$$

7. 基尼指数

基尼指数是针对属性定义的，反映的是使用属性 a 划分后，所有分支中（使用基尼值度量的）纯度的加权和。

属性 a 的基尼指数定义如下：

$$\text{Gini\_index}(D, a) = \sum_{v=1}^{V} \frac{|D^v|}{|D|} \text{Gini}(D^v)$$

我们在属性集合 A 中选择划分属性时，就选择使得划分后基尼指数最小的属性作为最优划分属性。CART 就是用基尼指数来选择划分属性的。

4.3.3 实例演练

本节会使用加州大学尔湾分校（University of California at Irvine）提供的隐形眼镜数据，数据的下载地址见本章参考文献[3]。这组数据主要根据 4 个特征（年龄、近视还是远视、是否散光、是否经常流泪）将病人分为 3 类：不适合佩戴隐形眼镜、适合佩戴软隐形眼镜、适合佩戴硬隐形眼镜。

代码部分如下：

```python
from collections import defaultdict, namedtuple
from math import log2
from sklearn import tree
import pydot

def split_dataset(dataset, classes, feat_idx):
    ''' 根据某个特征及特征值划分数据集
    :param dataset: 待划分的数据集，由数据向量组成的列表
    :param classes: 数据集对应的类型，与数据集有相同的长度
    :param feat_idx: 特征在特征向量中的索引
    :param splited_dict: 保存分割后数据的字典特征值：[子数据集, 子类型列表]
    '''
    splited_dict = {}
    for data_vect, cls in zip(dataset, classes):
        feat_val = data_vect[feat_idx]
        sub_dataset, sub_classes = splited_dict.setdefault(feat_val, [[], []])
        sub_dataset.append(data_vect[: feat_idx] + data_vect[feat_idx + 1:])
        sub_classes.append(cls)
    return splited_dict

def get_majority(classes):
```

```python
    ''' 返回类型中占比最多的类型
    '''
    cls_num = defaultdict(lambda: 0)
    for cls in classes:
        cls_num[cls] += 1
    return max(cls_num, key=cls_num.get)

def get_shanno_entropy(values):
    ''' 根据给定列表中的值计算其香农熵
    '''
    uniq_vals = set(values)
    val_nums = {key: values.count(key) for key in uniq_vals}
    probs = [v/len(values) for k, v in val_nums.items()]
    entropy = sum([-prob*log2(prob) for prob in probs])
    return entropy

def choose_best_split_feature(dataset, classes):
    ''' 根据信息增益确定划分数据的最好特征
    :param dataset: 待划分的数据集
    :param classes: 数据集对应的类型
    :return: 划分数据增益最大的属性索引
    '''
    base_entropy = get_shanno_entropy(classes)
    feat_num = len(dataset[0])
    entropy_gains = []
    for i in range(feat_num):
        splited_dict = split_dataset(dataset, classes, i)
        new_entropy = sum([
            len(sub_classes) / len(classes) * get_shanno_entropy(sub_classes)
            for _, (_, sub_classes) in splited_dict.items()
        ])
        entropy_gains.append(base_entropy - new_entropy)
    return entropy_gains.index(max(entropy_gains))

def create_tree(dataset, classes, feat_names):
    ''' 根据当前数据集递归创建决策树
    :param dataset: 数据集
    :param feat_names: 数据集中数据对应的特征名称
    :param classes: 数据集中数据相应的类型
    :param tree: 以字典形式返回决策树
    '''
```

```python
        # 如果在数据集中只有一种类型，则停止树分裂
        if len(set(classes)) == 1:
            return classes[0]
        # 如果遍历完所有特征，则返回比例最多的类型
        if len(feat_names) == 0:
            return get_majority(classes)
        # 分裂创建新的子树
        tree = {}
        best_feat_idx = choose_best_split_feature(dataset, classes)
        feature = feat_names[best_feat_idx]
        tree[feature] = {}
        # 创建用于递归创建子树的子数据集
        sub_feat_names = feat_names[:]
        sub_feat_names.pop(best_feat_idx)
        splited_dict = split_dataset(dataset, classes, best_feat_idx)
        for feat_val, (sub_dataset, sub_classes) in splited_dict.items():
            tree[feature][feat_val] = create_tree(sub_dataset, sub_classes, sub_feat_names)
        tree = tree
        feat_names = feat_names
        return tree

    def build_decisiontree_using_sklearn(X, Y):
        clf = tree.DecisionTreeClassifier()
        clf = clf.fit(X, Y)
        n_nodes = clf.tree_.node_count
        children_left = clf.tree_.children_left
        children_right = clf.tree_.children_right
        feature = clf.tree_.feature
        threshold = clf.tree_.threshold
        dot_data = tree.export_graphviz(clf, out_file=None)
        graph = pydot.graph_from_dot_data(dot_data)
        print(n_nodes)
        print(children_left)
        print(children_right)
        print(feature)
        print(threshold)
        graph[0].write_dot('iris_simple.dot')
        graph[0].write_png('iris_simple.png')
        return clf
```

```python
if __name__ == '__main__':
    lense_labels = ['age', 'prescript', 'astigmatic', 'tearRate']
    X = []
    Y = []
    with open('data/decisiontree/lenses_num.txt', 'r', encoding='utf-8-sig') as f:
        for line in f:
            comps = line.strip().split(',')
            X.append(comps[: -1])
            Y.append(comps[-1])
    dt_model = build_decisiontree_using_sklearn(X, Y)
```

以上代码实现了通过 ID3 算法选择最佳特征的决策树，并通过 Graphviz 将决策树可视化。但在实际业务中使用该方法生成的决策树往往发生过拟合，也就是说，将该决策树运用到训练数据上可以得到很小的错误率，运用到测试数据上却得到非常大的错误率，其主要原因如下。

◎ 在训练数据中存在噪声数据，决策树的某些节点将噪声数据作为分割标准，导致决策树无法代表真实数据。
◎ 建模样本抽取错误，包括样本数量太少、抽样方法错误等。
◎ 决策树的生长没有得到合理限制，导致每个叶子都只包含单纯的事件数据。

所以，为了避免过拟合的发生，我们通常会采用决策树剪枝和随机森林这两种优化方案，4.3.4 节会详细讲解这两种优化方案。

4.3.4 决策树优化

1. 决策树剪枝

在分类模型建立的过程中很容易发生过拟合。对决策树的过拟合可以通过剪枝（Pruning）进行一定的修复。剪枝分为预先剪枝和后剪枝两种，如下所述。

（1）预先剪枝指在决策树生长的过程中使用一定的条件进行限制，使得决策树在过拟合前就停止生长。预先剪枝的判断方法也有很多，比如信息增益在小于一定的阈值时通过剪枝使决策树停止生长。但如何确定一个合适的阈值也需要一定的依据，阈值太高会导致模型拟合不足，阈值太低又会导致模型过拟合。

（2）后剪枝指在决策树生长完成之后，按照自底向上的方式修剪决策树。后剪枝有两种方式：一种方式是用新的叶子节点替换子树，该节点的预测类由子树数据集中的多数类决定；另一种方式是用子树中最常用到的分支代替子树。因为预先剪枝可能会因为过早终止决策树的生长导致模型的拟合能力不足，所以后剪枝对于大多数数据集能够有更好的效果。

2. 随机森林

随机森林（Random Forest）顾名思义就是用随机的方式建立一个由很多决策树组成的森林。随机森林的每一棵决策树之间是没有关联的。在得到随机森林之后，当有一个新的输入样本进入时，就让随机森林中的每一棵决策树分别进行判断，看看这个样本应该属于哪一类（对于分类算法），然后看看哪一类被选择得最多，就预测这个样本为哪一类。随机森林既可以处理属性为离散值的量如 ID3 算法，也可以处理属性为连续值的量如 C4.5 算法，还可以用来进行无监督学习聚类和异常点检测。

假设在原始样本集中共有 N 个样本，每个样本都有 M 个特征，则随机森林的构建过程如下。

（1）从原始的 N 个样本集中抽取 n 个训练样本（$n < N$）（在训练集中，有些样本可能被多次抽取，有些样本可能一次都没被抽取），这 n 个训练样本被作为一个子集训练一个新的决策树。

（2）当新的决策树的每个节点都需要分裂时，则随机从原始的 M 个特征中抽取 m 个特征（$m << M$），然后从这 m 个特征中采用某种策略（比如说信息增益）来选择 1 个特征作为该节点的分裂特征。

（3）重复第 2 步，一直到新的决策树不能再分裂为止。

（4）重复第 1 步到第 3 步 k 次（k 通常取决于数据量的大小），这样就构成了随机森林。

相较于普通的决策树，随机森林有以下优点。

◎ 由于两个随机性（随机选取 n 个数据集和 m 个特征集）的引入，使得随机森林不容易过拟合。
◎ 在当前的很多数据集上，由于两个随机性的引入，使得随机森林具有很好的抗噪声能力。
◎ 能够处理很高维度特征的数据，并且不用进行特征选择，对数据集的适应能力强：既能处理离散型数据，也能处理连续型数据，数据集无须规范化。
- ◎ 训练速度快，可以得到变量的重要性排序。
- ◎ 整个过程容易并行化。
- ◎ 实现简单。

4.4 线性回归

4.4.1 算法介绍

1. 线性模型的基本形式

线性模型形式简单、易于建模。许多功能强大的非线性模型可在线性模型的基础上通过引入层级结果或高维度映射得到。

给定由 n 个特征描述的集合：$x = (x_1, x_2, \cdots, x_n)$，其中，$x_i$ 是 x 在第 i 个属性上的取值，线性模型试图学习到一个通过特征的线性组合来预测的函数，即

$$f(x) = w_1 x_1 + w_2 x_2 + \cdots + w_n x_n + b$$

2. 线性回归

给定数据集 $D = \{(x_1, y_1), (x_2, y_2), \cdots, (x_n, y_n)\}$，其中，$x_i = (x_{i1}, x_{i2}, \cdots, x_{id})$，$y \in R$，则线性回归通过对训练集中标签数值的拟合，来尽可能预测测试集中的输出值。

4.4.2 实例演练

本节从简单的数据集入手，实现线性回归模型。在 sklearn 的 datasets 中提供了一些轻量级的训练数据，我们可以使用这些数据进行分类或者回归模型的练习。

这里用到的数据是美国人口普查局收集的马萨诸塞州波士顿住房价格的相关信息（详细介绍见第 3 章最后的 Keras 实战案例）。数据读取和线性回归模型的搭建如下：

```
from __future__ import print_function
from sklearn import datasets
from sklearn.linear_model import LinearRegression
```

```python
from sklearn.metrics import mean_squared_error
from sklearn.model_selection import ShuffleSplit

if __name__ == '__main__':
    loaded_data = datasets.load_boston()
    feature = loaded_data['feature_names']
    X = loaded_data.data
    y = loaded_data.target
    model = LinearRegression()
    best_model = model
    best_test_mse = 100
    cv = ShuffleSplit(n_splits=3, test_size=.1, random_state=0)
    for train, test in cv.split(X):
        model.fit(X[train], y[train])
        train_pred = model.predict(X[train])
        train_mse = mean_squared_error(y[train], train_pred)
        test_pred = model.predict(X[test])
        test_mse = mean_squared_error(y[test], test_pred)
        print('train mse:' + str(train_mse) + 'test mse:' + str(test_mse))
        if test_mse < best_test_mse:
            best_test_mse = test_mse
            best_model = model
    print('lr best mse score: ' + str(best_test_mse))
```

4.5 逻辑回归

逻辑回归（Logistic Regression）是一种广义线性模型（Generalized Linear Model）。线性模型能对连续值的结果进行预测，而在现实生活中还存在常见的分类问题，比如判断用户是否会点击或者购买某个商品、判断比赛的胜负、病人是否生了某种病等。逻辑回归是机器学习中的一种分类模型，其算法简单、高效，应用非常广泛。

4.5.1 算法介绍

我们在工作中可能会遇到这样的二分类问题：预测一个用户是否会点击特定的商品、判断用户的性别等。要解决这些问题，我们通常会用到一些已有的分类算法，比如逻辑回归或者支持向量机。它们都属于有监督的学习，因此在使用这些算法之前，必须先收集已批注好的数据作为训练集。

假设有一组训练数据：

$$S = (x_1y_1 + x_2y_2 + \cdots + x_ny_n)$$

其中，x_i 是一个 m 维的向量，$x_i=[x_1, x_2, \cdots, x_m]$，$y$ 在 {0, 1} 中取值。

逻辑回归与线性回归都是一种广义线性模型。逻辑回归假设因变量 y 服从伯努利分布，线性回归则假设因变量 y 服从高斯分布。因此逻辑回归与线性回归有很多相同之处，若去除假设函数（Hypothesis Function）sigmoid，则逻辑回归就是线性回归。可以说，逻辑回归是以线性回归为理论基础的，但是逻辑回归通过 sigmoid 激活函数引入了非线性因素，因此可以轻松处理 0/1 分类问题。

1. 假设函数（Hypothesis Function）

设计一个分类模型，首先要给它设定一个学习目标。考虑一个二分类问题，训练数据是一堆(特征,标签)组合：(x_1,y_1)，(x_2,y_2)，…，(x_n,y_n)，其中，x_i 是特征向量，y 是标签（$y=1$ 表示正类，$y=0$ 表示负类）。LR 首先定义一个条件概率 $p(y|x;w)$ 表示给定特征 x 时标签 y 的概率分布，其中的 w 是 LR 的模型参数。有了这个条件概率，就可以在训练数据上定义一个似然函数，然后通过最大似然来学习 w，这是 LR 模型的基本原理。

接下来的问题是如何定义这个条件概率，这时 sigmoid 激活函数就派上用场了。我们知道，对于大多数（或者说所有）线性分类器，响应值小于 w，x 大于 w 和 x 的内积，这代表了数据 x 属于正类（$y=1$）的置信度（Confidence）。<w, x>越大，该数据属于正类的可能性就越大；<w, x>越小，该数据属于负类的可能性就越大。<w, x>在整个实数范围内取值。

现在，我们需要用一个函数把<w, x>从实数空间映射到条件概率 $p(y=1|x, w)$，并且希望<w, x>越大，$p(y=1|x, w)$越大；<w, x>越小，$p(y=1|x, w)$越小（等同于 $p(y=0|x, w)$越大）。而 sigmoid 激活函数恰好能实现这一功能：首先，它的值域是（0,1），满足概率的要求；然后，它是一个单调上升函数。最终，$p(y=1|x, w)$=sigmoid (<w, x>)。sigmoid 激活函数的原型如下：

$$g(z) = \frac{1}{1+e^{-z}}$$

sigmoid 激活函数的曲线如图 4-11 所示。可以看到，sigmoid 激活函数是一个 s 形的曲线，它的取值为[0, 1]，在远离 0 的地方，函数的值会很快接近 0 或者 1。它的这个特性对于解决二分类问题十分重要。

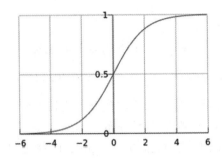

图 4-11 sigmoid 激活函数的曲线

2. 决策函数

一个机器学习模型实际上是把决策函数限定在某组限定条件下,这组限定条件决定了模型的假设空间。当然,我们还希望这组限定条件简单而合理。而逻辑回归模型所做的假设是

$$P(y=1|x;\theta) = g(\theta^T x) = \frac{1}{1+e^{-\theta^T x}}$$

这里的 $g(h)$ 是前面提到的 sigmoid 激活函数,相应的决策函数为

$$y'=1, \text{ if } P(y=1|x)>0.5$$

选择 0.5 作为阈值是通常的做法,在实际应用时对于特定的情况可以选择不同的阈值,如果对正类的判别准确性要求高,则可以选择大一些的阈值;如果对正类的召回要求高,则可以选择小一些的阈值。

3. 参数求解

在模型的数学形式确定后,剩下的就是如何去求解模型中的参数。在统计学中常用的一种方法是最大似然估计,即找到一组参数,使数据的似然度(概率)更大。在逻辑回归模型中,似然度可表示为

$$L(\theta) = P(D|\theta) = \prod P(y|x;\theta) = \prod g(\theta^T x)^y (1-g(\theta^T x))^{1-y}$$

取对数可以得到对数似然度:

$$l(\theta) = \sum y \log g(\theta^T x) + (1-y)\log(1-g(\theta^T x))$$

另一方面,在机器学习领域,我们更经常遇到损失函数的概念,其衡量的是模型预

测错误的程度。常用的损失函数有 0-1 损失、log 损失、hinge 损失等，其中，log 损失在单个数据点上的定义为

$$L(y) = -y\log p(y|x) - (1-y)\log 1 - p(y|x)$$

如果取整个数据集上的平均 log 损失，则可以得到

$$J(\theta) = -\frac{1}{N}l(\theta)$$

即在逻辑回归模型中，最大化似然函数和最小化 log 损失函数实际上是等价的。对于该优化问题存在多种求解方法，这里以梯度下降为例进行说明。梯度下降又叫作最速梯度下降，是一种迭代求解的方法，通过在每一步选取使目标函数变化最快的一个方向调整参数的值来逼近最优值，基本步骤如下：

（1）选择下降方向（梯度方向为 $J(\theta)$，∇ 为损失函数对参数 θ 的求导）；

（2）选择步长，更新参数 $\theta^i = \theta^{i-1} - \alpha^i \nabla J(\theta^{i-1})$；

（3）重复以上两步直到满足终止条件。

其效果如图 4-12 所示。

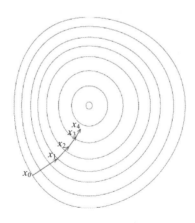

图 4-12 梯度下降

其中，损失函数的梯度计算方法为

$$\frac{\partial J}{\partial \theta} = -\frac{1}{n}\sum_{i}(y_i - y_i^*)x_i + \lambda\theta$$

沿梯度负方向选择一个较小的步长可以保证损失函数是减小的，另一方面，逻辑回归的损失函数是凸函数（加入正则项后是严格凸函数），可以保证我们找到的局部最优值同时是全局最优值。此外，常用的凸优化方法都可以用于求解该问题，例如共轭梯度下降、牛顿法、LBFGS 等。

4. 分类边界

在知道如何求解参数后，我们来看看模型得到的最终结果如何。我们可以从 sigmoid 激活函数中很容易地看出，当 $\theta^T x > 0$ 时，$y=1$，否则 $y=0$。$\theta^T x = 0$ 是模型隐含的分类平面（在高维空间中是超平面）。所以，逻辑回归在本质上是一个线性模型，但这并不意味着只有线性可分的数据能通过 LR 求解（对于二分类问题的数据集来说，如果存在一条直线，能够把这两个分类完美区分，那么这个数据集就是线性可分的），实际上，我们可以通过特征变换的方式把低维空间转换到高维空间，而在低维空间线性不可分的数据在高维空间中线性可分的概率会大一些。如图 4-13 所示为线性可分和线性不可分（通过特征映射）的对比。

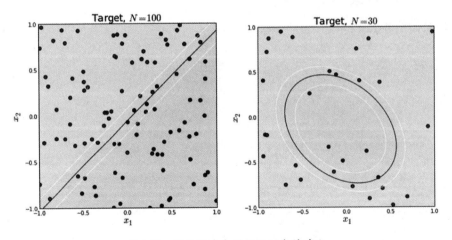

图 4-13 线性可分和线性不可分的对比

如图 4-13 左图所示是一个线性可分的数据集。如图 4-13 右图所示，原始空间中线性不可分，但是在特征转换 $[x_1, x_2] => [x_1, x_2, x_1^2, x_2^2, x_1 x_2]$ 后的空间是线性可分的，对应的原始空间中的分类边界是一条类椭圆曲线。

4.5.2 多分类问题与实例演练

本节采用了经典的鸢尾属植物数据集，该数据集是由英国统计和生物学家 Ronald Fisher 在 1936 年提出的。在这个数据集中包括三类不同的鸢尾属植物：Iris Setosa、Iris Versicolour、Iris Virginica。

详细代码如下：

```python
import numpy as np
import pandas as pd
from sklearn import preprocessing
from sklearn.linear_model import LogisticRegression
from sklearn.preprocessing import StandardScaler, PolynomialFeatures
from sklearn.pipeline import Pipeline
import matplotlib.pyplot as plt
import matplotlib as mpl
import matplotlib.patches as mpatches


if __name__ == "__main__":
    # 数据文件路径
    path = 'iris.data'
    data = pd.read_csv(path, header=None)
    data[4] = pd.Categorical(data[4]).codes

    x, y = np.split(data.values, (4,), axis=1)

    # 仅使用前两列特征
    x = x[:, :2]
    lr = Pipeline([('sc', StandardScaler()),
                   ('poly', PolynomialFeatures(degree=3)),
                   ('clf', LogisticRegression()) ])
    lr.fit(x, y.ravel())
    y_hat = lr.predict(x)
    y_hat_prob = lr.predict_proba(x)
    np.set_printoptions(suppress=True)
    print('y_hat = \n', y_hat)
    print('y_hat_prob = \n', y_hat_prob)
    print('准确度：%.2f%%' % (100*np.mean(y_hat == y.ravel())))
```

该实验结果的准确度为 80.67%。

4.6 神经网络

4.6.1 神经网络的历史

自 2012 年 ImageNet 大赛技惊四座后，深度学习已经成为近年来机器学习和人工智能领域中备受人们关注的技术。在深度学习出现之前，人们借助 SIFT、HOG 等算法提取具有良好区分性的特征，再结合 SVM 等机器学习算法进行图像识别。然而 SIFT 这类算法提取的特征是有局限性的，导致当时比赛的最好结果的错误率也在 26%以上。卷积神经网络的首次亮相就将错误率由 26%降低到 15%。同样在 2012 年，在微软团队发布的论文中显示，通过深度学习可以将 ImageNet 2012 资料集的错误率降到 4.94%。

在随后几年里，深度学习在多个应用领域都取得了令人瞩目的进展，例如语音识别、图像识别、自然语言处理等。鉴于深度学习的潜力，各大互联网公司也纷纷投入资源进行研究与应用。人们意识到，在大数据时代，更加复杂且强大的深度模型能深刻揭示海量数据里所承载的复杂而丰富的信息，可对未来或未知的事件做更精准的预测。

笔者所在的公司也在深度学习方面进行了一些探索：在自然语言处理领域，我们将深度学习技术应用于文本分析、语义匹配、搜索引擎的排序模型等；在计算机视觉领域，我们将深度学习技术应用于文字识别、图像分类、图像质量排序等。

1. 神经网络的概念

神经网络是一种模拟人脑的神经网络以期实现类人工智能的机器学习技术。人脑中的神经网络是一个非常复杂的组织，在成人的大脑中大约有超过 1000 亿个神经元。一个神经元通常具有多个树突，主要用来接收传入的信息；而轴突只有一条，在轴突尾端有许多轴突末梢可以给其他多个神经元传递信息；轴突末梢跟其他神经元的树突产生连接，从而传递信号，其连接位置在生物学上叫作"突触"。人脑中的神经元形状可以简单地用图 4-14 表示。

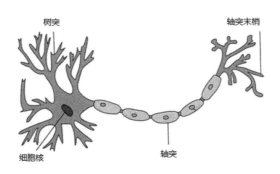

图 4-14 生物学中的神经元

机器学习中的神经网络结构也与人脑中的神经网络结构相符。如图 4-15 所示是一个经典的三层神经网络结构,包含输入层、隐藏层和输出层。其中,输入层有两个单元,隐藏层有 3 个单元,输出层有 2 个单元。每一个单元就是一个神经元。

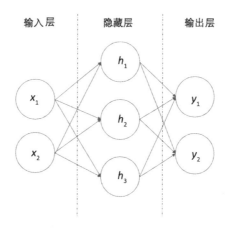

图 4-15 三层神经网络

如图 4-15 所示的每个圆圈都是一个神经元,每条线都表示神经元之间的连接。可以看到,上面的神经元被分成了多个层,层与层之间的神经元都有连接,而层内之间的神经元没有连接。最左边的层叫作输入层,负责接收输入数据;最右边的层叫作输出层,我们可以从该层获取神经网络的输出数据;输入层和输出层之间的层叫作隐藏层。

隐藏层比较多(大于 2)的神经网络叫作深度神经网络,而深度学习就是使用深层架构(比如深度神经网络)的机器学习方法。

除了以上特点,神经网络还有其他特点:

◎ 同一层的神经元之间没有连接；
◎ 第 N 层的每个神经元和第 N-1 层的所有神经元相连（这就是连接的含义），第 N-1 层神经元的输出就是第 N 层神经元的输入；
◎ 每个连接都有一个权值（见图 4-16）。

上面的规则定义了全连接神经网络的结构。事实上还存在很多其他结构的神经网络，比如卷积神经网络、循环神经网络（Recurrent Neural Network，RNN），它们都具有不同的连接规则。

那么，深层网络与浅层网络相比有什么优势呢？简单地说，深层网络的表达力更强。事实上，仅有一个隐藏层的神经网络就能拟合任何一个函数，但是它需要很多神经元，而深层网络用少得多的神经元就能拟合同样的函数。

但是，简单地增加神经网络的层数在很多场合下并不能解决问题，其原因主要有以下 3 个。

（1）在面对大数据或者复杂数据时（例如图片、语音等），传统的神经网络需要大量的输入特征。比如对于一张 1024×768 的灰度图片，第 1 层就要处理 786 432 个特征，会大量提取无用的特征，并浪费很多计算资源。

（2）想要更精确的近似复杂的函数，就必须增加隐藏层的层数，这就导致了梯度扩散问题和过拟合问题。

（3）多层神经网络不包含时间参数，无法处理时间序列数据（比如音频）。随着人工智能需求的提升，我们想要做复杂的图像识别、自然语言处理、语义分析翻译等，使用多层神经网络显然力不从心。

为了解决这些问题，人们又在多层神经网络的基础上创造了深度学习模型。深度学习除了强调了模型结构的深度，还引入了新的结构，明确突出了特征学习的重要性。通过逐层特征变换，将样本在原空间的特征表示变换到一个新的特征空间，使分类或预测更加容易。与人工规则构造特征的方法相比，利用大数据来学习特征，更能够刻画数据的丰富内在信息。

深度学习克服了之前多层神经网络的缺点，如下所述。

（1）深度学习自动选择原始数据的特征。举一个图像的例子，将像素值矩阵输入深度网络（这里指常用于图像识别的卷积神经网络），网络的第 1 层表征物体的位置、边缘、亮度等初级视觉信息；第 2 层会将第 1 层的边缘特征整合成物体的轮廓特征；之后的层会表征更加抽象的信息，如猫或狗这样的抽象信息。所有特征完全在网络中自动呈现，并非出自人工设计。

（2）在深度网络的学习算法中，一种是改变网络的组织结构，比如用卷积神经网络代替全连接（Full Connected）网络，训练算法仍依据反向传播梯度的基本原理；另一种则是彻底改变训练算法，例如 Hessian Free Optimization、Recursive Least Squares（RLS）等。

（3）使用带反馈和时间参数的循环神经网络（Recurrent Neural Network，RNN）处理时间序列数据。从某种意义上讲，循环神经网络可以在时间维度上展开成深度网络，有效处理音频信息（语音识别和自然语言处理等），或者用来模拟动力系统。

那么，为了理解神经网络，我们应该先理解神经网络的组成单元，即神经元。神经元也叫作感知器，感知器算法在 20 世纪 50～70 年代很流行，也成功解决了很多问题。

2. 神经元的定义

神经元模型是一个包含输入、输出与计算功能的模型。我们可以将输入类比为神经元的树突，将输出类比为神经元的轴突，将计算类比为细胞核。如图 4-16 所示是一个典型的神经元模型，包含两个输入、1 个输出和 1 个计算功能。

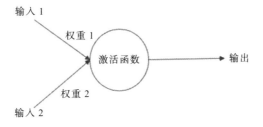

图 4-16　神经元

注意图 4-16 中间带箭头的线，这些线被称为"连接"，在每个连接上都有一个权值。一个神经网络的训练算法就是通过调整权重的值，使整个网络的预测效果最好。

激活函数是用来加入非线性因素的，因为线性模型的表达能力不够。神经网络中常用的激活函数有 relu、sigmoid、tanh 等。

下面介绍神经网络的计算流程，如图 4-17 所示。

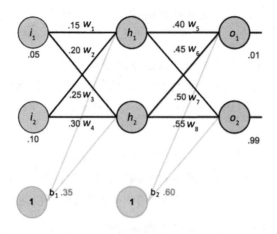

图 4-17 计算神经网络输出流程图

在图 4-17 中，输入层有两个节点，我们将其依次编号为 i_1、i_2；隐藏层有两个节点，我们将其依次编号为 h_1、h_2（假设激活函数为 sigmoid）；输出层有两个节点，我们将其依次编号为 o_1、o_2。因为这个神经网络是全连接网络，所以可以看到每个节点都和上一层的所有节点有连接。所以，隐藏层的节点 h_1 的值为

$$h_1 = \text{sigmoid}(w_1 i_1 + w_2 i_2)$$

$$\because i_1 = 0.05, i_2 = 0.1,$$

初始权重为

$$w_1 = 0.15, w_2 = 0.20, w_3 = 0.25, w_4 = 0.30, w_5 = 0.40, w_6 = 0.45, w_7 = 0.50, w_8 = 0.55$$

隐藏层 h_1 的输出值为

$$\text{out}_{h1} = \frac{1}{1 + e^{w_1 \times i_1 + w_2 \times i_2 + b_1 \times 1}} = 0.5932$$

同理，h_2 的输出值为

$$\text{out}_{h2} = \frac{1}{1 + e^{w_3 \times i_1 + w_4 \times i_2 + b_1 \times 1}} = 0.5968$$

隐藏层到输出层 o_1 的计算与之类似，输出层 o_1 的输出值为

$$\text{out}_{h1} = \frac{1}{1 + e^{w_5 \times h_1 + w_6 \times h_2 + b_2 \times 1}} = 0.7513$$

同理，o_2 的输出值为

$$\text{out}_{h2} = \frac{1}{1+e^{w_7 \times h_1 + w_8 \times h_2 + b_2 \times 1}} = 0.7729$$

3. 神经网络的训练算法

接下来介绍神经网络的训练算法：反向传播算法。

首先根据上一节介绍的神经网络计算流程。这里用样本的特征计算出神经网络中每个隐藏层节点的输出，以及输出层每个节点的输出。对于单个输出层节点的误差项计算如下：

$$\delta_i = \sum \frac{1}{2}(\text{target}_i - \text{output}_i)^2$$

其中，δ_i 是节点 i 的误差项，output 是节点的输出值，target 是样本对应节点的目标值。于是 o_1、o_2 和总误差分别为

$$\delta_{o_1} = \sum \frac{1}{2}(\text{target}_{o_1} - \text{output}_{o_2})^2$$

$$\delta_{o_2} = \sum \frac{1}{2}(\text{target}_{o_1} - \text{output}_{o_2})^2$$

$$\delta_{\text{total}} = \delta_{o_1} + \delta_{o_2}$$

下面更新隐藏层到输出层的权重。

神经网络中权重的更新可以用之前介绍的随机梯度下降算法：

$$w_i' = w_i - \mu \frac{\partial \delta_{\text{total}}}{\partial w_i}$$

其中，w_i' 为更新后的权重；μ 为学习率，这里将其设为 0.5；$\frac{\partial \delta_{\text{total}}}{\partial w_i}$ 是误差 $\partial \delta_{\text{total}}$ 对每个权重 ∂w_i 的偏导数。

以权重 w_5 为例，根据链式法则：

$$\frac{\partial \delta_{\text{total}}}{\partial w_5} = \frac{\partial \delta_{\text{total}}}{\partial \text{output}_{o_1}} \times \frac{\partial \text{output}_{o_1}}{\partial \text{net}_{o_1}} \times \frac{\partial \text{net}_{o_1}}{\partial w_5}$$

下面分别计算每个子项的值。

首先计算 $\frac{\partial \delta_{\text{total}}}{\partial \text{output}_{o_1}}$：

$$\because \delta_{\text{total}} = \frac{1}{2}(\text{target}_{o_1} - \text{out}_{o_1})^2 + \frac{1}{2}(\text{target}_{o_2} - \text{out}_{o_2})^2$$

$$\therefore \frac{\partial \delta_{\text{total}}}{\partial \text{output}_{o_1}} = 2 \times \frac{1}{2}(\text{target}_{o_1} - \text{out}_{o_1})^{2-1} \times -1 + 0$$

$$\frac{\partial \delta_{\text{total}}}{\partial \text{output}_{o_1}} = -(\text{target}_{o_1} - \text{out}_{o_1}) = -(0.01 - 0.7513) = 0.7413$$

然后分别计算 $\frac{\partial \text{output}_{o_1}}{\partial \text{net}_{o_1}}$ 和 $\frac{\partial \text{net}_{o_1}}{\partial w_5}$：

$$\because \text{out}_{o_1} = \frac{1}{1 + e^{-\text{net}_{o_1}}}$$

$$\therefore \frac{\partial \text{output}_{o_1}}{\partial \text{net}_{o_1}} = \text{out}_{o_1}(1 - \text{out}_{o_1}) = 0.7513(1 - 0.7513) = 0.1868$$

$$\because \text{net}_{o_1} = w_5 \times \text{out}_{h_1} + w_6 \times \text{out}_{h_2} + b_2 \times 1$$

$$\therefore \frac{\partial \text{net}_{o_1}}{\partial w_5} = 1 \times \text{out}_{h_1} \times w_5^{(1-1)} + 0 + 0 = \text{out}_{h_1} = 0.5932$$

得到 $\partial E_{\text{total}}$ 对权重 ∂w_5 的偏导数为

$$\therefore \frac{\partial \delta_{\text{total}}}{\partial w_5} = \frac{\partial \delta_{\text{total}}}{\partial \text{output}_{o_1}} \times \frac{\partial \text{output}_{o_1}}{\partial \text{net}_{o_1}} \times \frac{\partial \text{net}_{o_1}}{\partial w_5} = 0.7413 \times 0.1868 \times 0.5932 = 0.0821$$

最后，更新 w_5 的权重：

$$w_5' = w_5 - \mu \frac{\partial E_{\text{total}}}{\partial w_5} = 0.4 - 0.5 \times 0.0821 = 0.3589$$

4.6.2 实例演练

神经网络涉及的参数很多，包括神经网络的层数、每一层的隐藏单元数、激活函数、损失函数等，这里以一个简单的例子入手，详细介绍每个参数及如何选择参数。

这个例子的数据集来自美国糖尿病、消化和肾脏疾病研究所，用于基于数据集中的诊断结果构建模型，以预测患者是否患有糖尿病。该数据集一共有 768 个实例、8 个特征。数据的样例如表 4-4 所示。

表 4-4 数据的样例

孕期	2小时口服葡萄糖耐量实验中的血浆葡萄糖浓度	血压	舒张压	胰岛素	体重指数	糖尿病血系功能	年龄	是否患有糖尿病
1	85	66	29	0	26.6	0.351	31	0
8	183	64	0	0	23.3	0.672	21	0
1	89	66	23	94	28.1	0.167	21	0

因此，它是二元分类问题（患者患有糖尿病的标签为 1，反之为 0）。在这个例子中使用 Keras 作为深度学习框架。前几章已经对 Keras 做了较详细的介绍，这里不再赘述。

具体代码如下：

```
1   from tensorflow.keras.models import Sequential
2   from tensorflow.keras.layers import Dense
3   import numpy
4   numpy.random.seed(7)
5   # 读取糖尿病训练数据
6   dataset = numpy.loadtxt("data/dnn/pima-indians-diabetes.data.csv",
7   delimiter=",")
8   # 将数据分为训练数据和标签，前8列为特征
9   X = dataset[:,0:8]
10  Y = dataset[:,8]
11  # 创建模型，这边创建3层神经网络，分别为输入层、隐藏层、输出层
12  model = Sequential()
13  model.add(Dense(4, input_dim=8, activation='relu'))
14  model.add(Dense(2, activation='relu'))
15  model.add(Dense(1, activation='sigmoid'))
16  # 编译模型
17  model.compile(loss='binary_crossentropy', optimizer='adam',
18  metrics=['accuracy'])
19  # 将特征和标签放入模型中
20  model.fit(X, Y, epochs=10, batch_size=32)
21  # 衡量模型效果
22  scores = model.evaluate(X, Y)
23  print("\n%s: %.2f%%" % (model.metrics_names[1], scores[1]*100))
```

seed 函数用于指定随机数生成时所用算法一开始的整数值，如果使用相同的 seed 值，则每次生成的随机数都相同，如果不设置这个值，则系统根据时间自己选择这个值，这时每次生成的随机数都因时间的差异而不同，例如：

```
from numpy import *
num=0
while(num<3):
    random.seed(7)
    print(random.random())
    num+=1
```

将输出：

```
0.07630828937395717
0.07630828937395717
0.07630828937395717
```

在上面代码实例的第 12 行，我们首先创建了一个 Sequential 实例，Sequential 模型是多个网络层的线性叠加。随后我们向 Sequential 中添加了 3 个层，整个网络结构如图 4-18 所示。

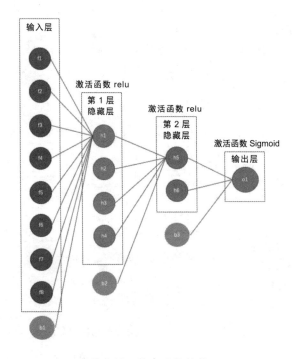

图 4-18　整个网络结构

Dense 是常用的全连接层。第 1 层的 dense 指定激活函数、输入数据的特征维度、输出节点的数量；中间的 Dense 层（隐藏层）只需指定输出单元的数量即可（从理论上来说，更深的网络可以得到更好的结果。但是通过简单叠加隐藏层的方式来增加网络深度，可能引来梯度消失或梯度爆炸的问题，感兴趣的读者可以自行阅读相关文献）；网络的最后是输出层，因为这是一个二分类问题，所以最后的激活函数选择 sigmoid。在搭建整个网络时，要做的第 1 件事是确保输入层有正确数量的输入。Input_dim 是第 1 层神经网络的输入特征个数，因为我们的数据有 8 个特征，所以 input_dim 为 8。

在搭建完网络的整体框架后，需要对模型进行编译：

```
model.compile(loss='binary_crossentropy', optimizer='adam', metrics=['accuracy'])
```

compile 函数会通过 Keras 后端（Theano 或 Tensorflow）根据设备的硬件条件 CPU、GPU 或分布式选择最佳的方式编译模型。在编译时需要指定训练网络时所需的一些参数。

- ◎ 优化函数（optimizer）：告诉模型往哪个方向优化。常用的方法有梯度下降等，详细介绍请参考 4.6.3 节。
- ◎ 损失函数（loss）：模型试图最小化的目标函数，常见的有交叉熵（categorical_crossentropy）或均方误差（mean square error）。
- ◎ 评估标准（metrics）：用于评估当前模型的性能。

最后，通过调用模型上的 fit 函数可以加载数据用于训练模型。如下所示，X、Y 分别对应训练集和标签：

```
model.fit(X, Y, epochs=10, batch_size=32)
```

其中，当一个完整的数据集通过神经网络一次并且返回一次时，这个过程就被称为一个 epoch；在不能将数据一次性通过神经网络时，就需要将数据集分成几个 batch。batch-size 就是一个 batch 中的样本总数。

4.6.3 深度学习中的一些算法细节

很多同学在学习深度学习时，都会盲目尝试一些参数或者函数，忽视了一些算法细节。本节重点讲解深度学习中比较重要且我们应该掌握的算法细节。

1. optimizer

4.6.1 节介绍了神经网络的计算过程。其实整个网络的训练过程就是计算合适的 w 和 b 的过程，即尽可能减少预测值和真实值的误差。优化函数 optimizer 就是告诉我们往哪个方向去优化。同时，选择合适的优化器会加速整个神经网络的训练过程，避免在训练过程中遇到鞍点（局部最优解）。

1）随机梯度下降

随机梯度下降是一种常见的优化方法，即每次都迭代计算 mini batch 的梯度，然后对参数进行更新。其公式为

$$\theta_{t+1} = \theta_t - \mu\nabla_\theta J(\theta)$$

其中，μ 是 learning rate，控制模型的学习进度；$J(\theta)$ 是我们定义的损失函数；∇_θ 是对损失函数中的变量 θ 求导。随机梯度下降的精髓是只用一个训练数据近似所有样本，来调整 θ。因而随机梯度下降会带来一定的问题，因为计算得到的并不是准确的梯度。对于最优化问题，虽然不是每次迭代得到的损失函数都朝着全局最优方向，但整体是朝着全局最优解方向的，最终的结果往往在全局最优解附近。但是相对于其他方法，随机梯度下降更快，其缺点是对损失方程有比较严重的振荡，并且容易收敛到局部最小值。

2）Momentum

为了克服 SGD 振荡比较严重的问题，Momentum 将物理中的动量概念引入 SGD 中，通过积累之前的动量来替代梯度。即

$$\theta_t = \gamma\theta_{t-1} + \mu\nabla_\theta J(\theta)$$

相较于 SGD，Momentum 就相当于从山坡上不停地向下走，如果没有阻力，它的速度就会越来越快，但是如果遇到了阻力，速度就会变慢。也就是说，在训练时，在梯度方向不变的维度上，训练速度变快，在梯度方向有所改变的维度上，训练速度变慢，这样就可以加快收敛并减小振荡。

3）Adagrad

相较于 SGD，Adagrad 相当于对学习率多加了一个约束，即

$$\theta_{t+1,i} = \theta_{t,i} - \frac{\mu}{\sqrt{\sum g_{t,i}} + \varepsilon}$$

Adagrad 的优点是，在训练初期，由于 $g_{t,i}$ 较小，所以约束项能够加速训练。而在后期，随着 $g_{t,i}$ 的变大，分母也会不断变大，最终训练提前结束。

4）Adam

Adam 是 Momentum 与 Adagrad 相结合的产物，既考虑到利用动量项来加速训练过

程,又考虑到对学习率的约束,并利用梯度的一阶矩估计和二阶矩估计动态调整每个参数的学习率。Adam 的优点主要在于经过偏置校正后,每一次迭代的学习率都有个确定的范围,使得参数比较平稳。其公式为

$$\theta_{t+1} = \theta_t - \frac{\mu}{\sqrt{v_t^1} + \varepsilon} m_t^1$$

其中:

$$m_t^1 = \frac{m_t}{1 - \beta_1^t}$$

$$v_t^1 = \frac{v_t}{1 - \beta_2^t}$$

$$m_t = \beta_1 m_{t-1} + (1 - \beta_1) g_t$$

$$v_t = \beta_2 v_{t-1} + (1 - \beta_2) g_t^2$$

实践证明,Adam 结合了 Adagrad 善于处理稀疏梯度和 Momentum 善于处理非平稳目标的优点,相较于其他几种优化器效果更好。

2. epoch

当一个完整的数据集通过了神经网络一次并且返回了一次时,这个过程就被称为一个 epoch。然而,当一个 epoch 对于计算机而言太庞大时,就需要把它分成多个小块。

为什么要使用多于一个 epoch?这一开始听起来会让人觉得很奇怪。在神经网络中传递一次完整的数据集是不够的,而且我们需要将完整的数据集在同样的神经网络中传递多次。但请记住,我们使用的是有限的数据集,并且使用了一个迭代过程即梯度下降,该优化学习过程如图 4-19 所示,因此仅仅更新权重一次或者说使用一个 epoch 是不够的。

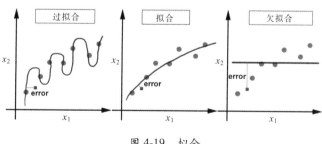

图 4-19 拟合

随着 epoch 数量的增加，神经网络中权重的更新次数也增加，曲线从欠拟合变得过拟合。

3. batch_size

深度学习的训练过程将在 epoch 中运行固定数量的迭代，我们必须使用 epoch 参数指定训练需要的 epoch 数。但在很多实际应用中，我们很难将所有数据一次性放入神经网络中去训练。这时就需要将数据集分成几个 batch。每个 batch 中训练数据的数量就是 batch_size。

在之前的代码中，我们对糖尿病数据集设置 10 轮训练（epoch=10）。一次训练使用的训练数据是 32 条（batch_size = 32），所以训练一轮总共需要迭代 24 次（768/32）。训练 10 轮一共需要 240 次迭代。

选择一个适合的 batch_size 有什么好处呢？如果数据集足够充分，那么用部分数据训练出来的模型与用全部数据训练出来的模型几乎是一样的。

4.7 本章小结

本章对机器学习的主要算法做了简要介绍和代码说明，对前面没有深入讲解的内容从概念到理论做了分析和实践。结合本章所讲的机器学习相关概念和理论，以及前面章节对深度网络应用开发的介绍，我们现在对机器学习算法的使用应该不再陌生，能够开始对现实项目中的部分问题自己开发、解决了。

从第 5 章开始，我们将进入机器学习、深度学习的不同应用领域，对相关技术在真正业界难题上如何应用建立基础，并提供技术参考和实现。

4.8 本章参考文献

[1] https://scikit-learn.org/stable/modules/classes.html#module-sklearn.datasets

[2] https://scikit-learn.org/stable/

[3] https://archive.ics.uci.edu/ml/datasets/lenses

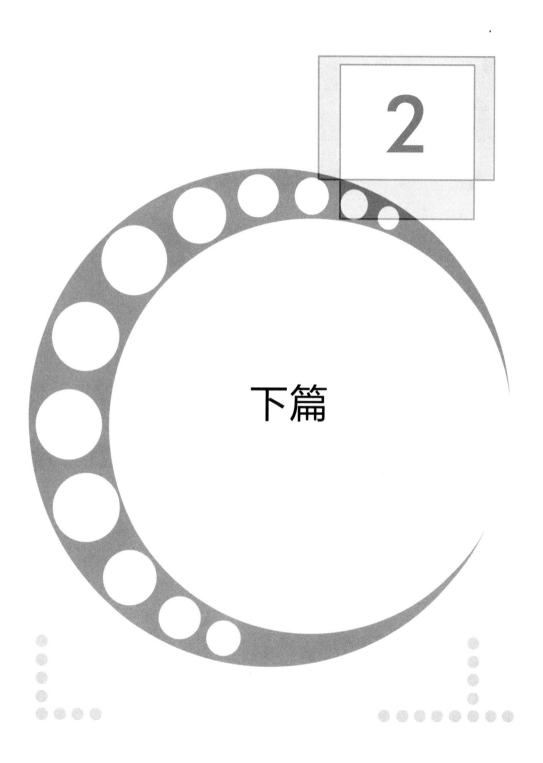

2

下篇

第 5 章
推荐系统基础

推荐系统是机器学习最重要的应用领域之一,Google、Facebook、淘宝、头条、抖音等无一不将庞大而精准的推荐系统作为基础。

推荐系统从早期的协同过滤到现在基于深度学习的方案,发生了巨大的变化,这里集中讲解两种经典的实现方案:协同过滤和逻辑回归,希望读者能对推荐系统的实现有一个基本的认知。

本章内容比较精简,建议读者对本章实例亲自计算并尝试,而不要只阅读、不实践。

5.1 推荐系统简介

从业务上来说,推荐系统通常指应用数据分析技术找出用户最可能喜欢的内容,并将相应的内容推荐给用户;从技术上来说,推荐系统通常指应用数据分析技术从海量数据中根据一定条件筛选数据,并优先提供最匹配的数据。因此,在推荐系统中包括以下 3 个关键实现步骤:

◎ 如何在海量(千万级别以上)数据中进行快速筛选;
◎ 如何对数据的匹配程度进行判断(打分);
◎ 如何在挑选出来的匹配结果中进行再次处理,让最匹配的结果优先展示。

了解数据库操作的读者也许会立刻想到:这不就是数据库的常见 SELECT 操作吗?例如在社交软件中,在推荐可能有共同话题的其他用户时,可能只需选择年龄范围即可:

```
SELECT * FROM users WHERE age>=20 AND age<30 ORDER BY age ASC LIMIT 10
```

上面这条 SQL 语句用于在用户表中选择年龄为 20~30 的所有用户，按照年龄从小到大排序，挑选年龄最小的前 10 位用户。这基本上就完成了上面所说的 3 个步骤：在大量数据（用户表）中筛选；按照年龄范围进行匹配；排序后选择前 10 位作为结果（优先展示最匹配的结果）。

这样的实现在大量应用和系统中都可以获得很好的效果，也是数据库的基本功能之一，能够充分满足数据量较小时的各种业务需求。然而，在数据量达到一个量级，例如 user 表达到千万条记录之上后，同时查询条件不仅仅局限于年龄范围，还包括地理位置、兴趣爱好、工作职位、毕业学校及用户的其他诸多相关属性时，查询就变成一个相当耗时且复杂的难题。

首先，这是个非常耗时的大数据处理问题。如果要同时处理千万甚至上亿的用户搜索，则给数据库带来的压力是巨大的，也并非是单一数据库服务器所能承载的，我们要考虑数据的分片（Sharding）和水平扩容（Horizontal Scaling），以及如何高效地并发处理用户数据，这些更多地偏向工程问题，这里不再赘述。

其次，这把用户搜索变成了一个没有固定答案的算法挑战。当我们可以利用的用户属性越多时，如何决定正确的匹配条件就成了一个开放性问题，假如根据年龄和地理位置匹配，那么在排序时应该年龄优先还是地理位置优先呢？如果加上用户的其他信息如毕业学校、学历、专业、兴趣爱好等，条件就更加复杂。社交软件中的用户推荐还可以基于一些特有属性，或者让用户自行设定搜索条件去完成，不至于给应用的体验产生太大差异。进入信息流时代后，我们需要主动为用户提供最匹配的信息，主动针对用户的特点采用不同的匹配算法，这时不同的实现方案带来的就是截然不同的体验，甚至会直接决定一个产品在市场上的存亡，这也是为什么推荐系统会成为机器学习算法最典型、最成功的应用领域。

目前应用比较广泛和成熟的推荐算法是协同过滤（Collaborative Filtering，CF），该算法的基本思想是根据用户之前的喜好及兴趣相近的用户的选择来向用户推荐内容。在讲解算法之前，我们先从整体架构上看看推荐系统的工作流程，如图 5-1 所示。

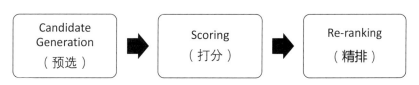

图 5-1 推荐系统的工作流程

图 5-1 出自 Google 开发者网站，它把推荐系统的工作流程分为以下三个阶段。

（1）预选阶段。在该阶段，对应的模型将在大量的数据中快速选出待用数据，例如在淘宝上的所有商品中快速选出几万个可用选项。该阶段的模型包括多种算法，每种都针对某个特定类型的选项。

（2）打分阶段。在该阶段，另一个模型会对第 1 阶段的待用选项进行更精细的打分并排序。因为此时的数据已经减少到我们可接受的阶段，所以模型能使用更细致的方式来处理。

（3）精排阶段。在该阶段，系统通常会引入一些额外的信息，例如用户曾明确注明不想要的选项等，或者强化最新的内容，保证最终结果的多样性、时效性和公正性。

所有算法都是针对这 3 个阶段设计的。严格地说，打分阶段和精排阶段是对数据的精细调整，需要结合业务的特点做有针对性的工作。比如，在精排阶段，我们很可能要做专业的异常检测来判断即将展示给用户的内容是否包含敏感信息，抑或最后检测金融相关的数据是否是虚假数据等。因此这里只关注预选阶段的工作。

在预选阶段主要采用了过滤算法，该算法主要包括以下两种方法。

（1）基于内容的过滤（Content-based Filtering）：该方法只将备选项本身的相似度作为推荐依据，例如用户查看的两个物品都是平面电视机，系统就会为该用户推送大量的平面电视产品。

（2）协同过滤：在协同过滤中决定推荐结果的除了备选项本身的相似度，还包括用户自身的相关信息等。例如，用户 A 和用户 B 的身份信息相似（年龄、性别、地区），如果用户 B 买了某件商品，那么系统很有可能也会把该商品推荐给用户 A。

注意，在上述两种方法中，"相似"这个词语被多次提及。实际上，无论是协同过滤还是基于内容的过滤，其根本内容都是如何计算相似度，下面会进行具体讲解。

5.2　相似度计算

我们可以把图 5-2 看作只有 2 维的向量空间（尽管在实际应用中一个商品属性的向量空间远远大于 2 维）。假设 A、B、C 分别是 3 个商品的向量，则对于向量搜索查询，我们只需找到距离 query 向量最近的商品即可。

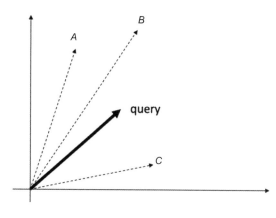

图 5-2 相似度

于是,我们可以使用的相似度度量方法有以下 3 种。

(1)余弦相似度(Cosine,也叫作余弦距离)。直接比较二者的夹角余弦值:

$$S(q,x) = \cos(q,x)$$

(2)点积距离(Dot)。直接对二者做点积运算:

$$S(q,x) = \sum_{1}^{n} q_i \cdot x_i$$

(3)欧氏距离(Euclidean)。向量空间中的欧氏距离为

$$S(q,x) = \sqrt{\sum_{1}^{n} (q_i - x_i)^2}$$

实际上,我们可以根据不同的情况选择合适的相似度衡量,一般常用的是余弦相似度,下面会提到其中的缘由。

5.3 协同过滤

协同过滤是目前应用最广泛也比较基础的推荐算法,可分为以下三类。

(1)基于记忆(Memory-based)的协同过滤:通过用户打过分的数据计算用户或商品之间的相似度关系,比较经典的有基于用户(User-based)的协同过滤和基于物品

（Item-based）的协同过滤。

（2）基于模型（Memory-based）的协同过滤：通常会使用数据挖掘、机器学习方法搭建模型，并预测用户对于未使用过的商品的一个可能的打分，比较经典的有贝叶斯网络（Bayesian Network）、聚类模型（Clustering Model）等。

（3）基于混合模型的协同过滤：通过基于记忆和模型的协同过滤，来克服在传统的协同过滤中数据稀疏与信息损失的主要问题，同时提高预测的准确度。目前大部分商用推荐系统都用到了该类算法。

5.3.1 基于用户的协同过滤

基于用户的协同过滤算法先使用相似度计算公式得到与目标用户有相同喜好的 K 个最相似用户（Nearest Neighbor），然后根据这些相似用户的喜好生成对目标用户的推荐。它在计算上，就是将一个用户对所有物品的偏好作为一个向量来计算用户之间的相似度。在找到 K 个最相似邻居后，根据这些邻居的相似度权重及其对物品的偏好，预测当前用户对未接触过的物品的喜好程度，最后计算得到一个已排序的物品列表作为推荐。例如，我们把电影当作某种物品，如表 5-1 所示则是用户 A、B、C 对 5 部电影的评分。

表 5-1 用户 A、B、C 对 5 部电影的评分

	电影 A	电影 B	电影 C	电影 D	电影 E	平均值
用户 A	4	1	-	4	-	3
用户 B	-	4	-	2	3	3
用户 C	-	1	-	4	4	3

在这个例子中，对于目标用户 A，我们通过计算用户 A 和 B 及 A 和 C 之间的相似度，得到与用户 A 最相近的一个用户 C，然后将用户 C 喜欢的电影 A 推荐给用户 A。这里比较一下欧氏距离和余弦相似度的差别。

（1）对欧氏距离的计算如下：

$$d(x,y) = \sqrt{(\sum (x_i - y_i)^2)} \qquad \text{sim}(x,y) = \frac{1}{1 + d(x,y)}$$

例如，我们要计算用户 A 和用户 B，以及用户 A 和用户 C 的相似度，则

$$d(A,B) = \sqrt{(1-4)^2 + (4-2)^2} = 3.6$$

$$d(A,C) = \sqrt{(1-1)^2 + (4-4)^2} = 0$$

可见用户 A 和用户 C 更相似。

（2）对余弦相似度的计算如下：

$$T(x,y) = \frac{x \cdot y}{\|x\|^2 \times \|y\|^2} = \frac{\sum x_i y_i}{\sqrt{\sum x_i^2}\sqrt{\sum y_i^2}}$$

其中，x_i、y_i 分别是不同的用户向量。

同样，我们来看用户 A、B 及用户 A、C 的余弦距离：

$$d(A,B) = \frac{1 \times 4 + 4 \times 2}{\sqrt{1^2 + 4^2} \times \sqrt{4^2 + 2^2}} = 1.40$$

$$d(A,C) = \frac{1 \times 1 + 4 \times 4}{\sqrt{1^2 + 4^2} \times \sqrt{1^2 + 4^2}} = 1.01$$

可以看到，仍然是用户 A 和 C 更加相似，而且相似度比用欧氏距离计算更明显。

图 5-3 展示了欧氏距离和余弦相似度这两种方法的主要区别：欧氏距离衡量的是空间各点间的绝对距离，与各点所在的位置坐标（即个体特征维度的数值）直接相关；余弦相似度衡量的是空间向量的夹角，更加体现方向上的差异，而不是位置。

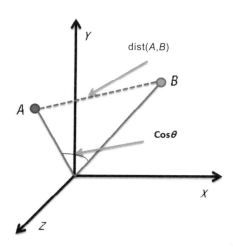

图 5-3 相似度计算

在图 5-3 中，如果保持 A 点的位置不变，将 B 点朝原方向远离坐标轴原点，那么这

时余弦相似度 $\cos\theta$ 是保持不变的，因为夹角不变；而 A、B 两点的距离显然在发生改变。所以，欧氏距离被更多地用于从维度的数值大小中体现差异的分析，例如使用用户的行为指标分析用户价值的相似度或差异；而余弦相似度更能从方向上区分差异，而对具体方向上的绝对数值不敏感，被更多地用于使用用户对内容的评分来区分用户兴趣的相似度和差异，同时修正了用户之间可能存在的度量标准不统一的问题（因为余弦相似度对绝对数值不敏感）。在本章后续的例子和代码中会统一使用余弦相似度。

5.3.2 基于物品的协同过滤

基于用户的协同过滤随着用户数量的增多，计算时间就会变长，所以在 2001 年，Sarwar 等人提出了基于物品的协同过滤。基于物品的协同过滤的原理和基于用户的协同过滤类似，只是用物品（Item）之间的相似度来代替用户之间的相似度，即基于用户对物品的偏好找到相似的物品，然后根据用户的历史偏好推荐相似的物品给他（她）。从计算的角度来看，就是将所有用户对某个物品的偏好作为一个向量来计算物品之间的相似度，在得到物品的相似物品后，根据用户的历史偏好预测用户当前没有偏好的物品，计算得到一个已排序的物品列表作为推荐。

还是以 5.3.1 节的例子来说明。首先，计算各电影之间的相似度，在基于物品的协同过滤中，除了可以使用之前介绍的余弦相似度方法，还可以使用杰卡尔德相似度（Jaccard Similarity）方法，公式如下：

$$w_{i,j} = \frac{|N(i) \cap N(j)|}{|N(i) \cup N(j)|}$$

这里，分母是分别喜欢物品 i 和物品 j 的用户数，分子是同时喜欢两个物品的用户数。根据上面这个公式，我们可以算出 5 部电影之间的相似度分数（注意，这里暂时忽略电影分数，只把是否看过作为喜欢和不喜欢的依据），如表 5-2 所示。

表 5-2 5 部电影之间的相似度分数

	电影 A	电影 B	电影 C	电影 D	电影 E
电影 A	0	0.33	0	0.33	0
电影 B	0.33	0	0	1.0	0.66
电影 C	0	0	0	0	0
电影 D	0.33	1.0	0	0	0.66
电影 E	0	0.66	0	0.66	0

在得到物品之间的相似度后，我们可以根据如下公式计算用户 u 对未看过的电影 j 的兴趣（u、j 为变量）：

$$P_{AE} = \sum_{i \in N(u) \cap S(j,K)} w_{ji} r_{ui}$$

$$\{p_1, p_2, p_3 \ldots \ldots\} \subseteq \{M - N\}$$

这里，$N(u)$ 是用户喜欢的电影的集合，$S(j,K)$ 是和电影 j 最相似的 K 个电影的集合，w_{ji} 是电影 j 和 i 的相似度，r_{ui} 是用户 u 对电影 i 的兴趣（对于隐反馈数据集，如果用户 u 对电影 i 有过行为，比如看过电影 i，即可令 $r_{ui}=1$）。和用户历史上感兴趣的电影越相似的电影，就越有可能在用户的推荐列表中获得比较靠前的排名。

例如，用户 B 已经看过电影 B、D、E，若想向其推荐下一部电影，那么根据计算，在剩下的电影 A、C 里面，只有 A 的得分较高，所以向用户 B 推荐电影 A。

5.3.3 算法实现与案例演练

下面通过一个实际案例详细介绍基于用户的协同过滤及其实现，其中的数据集使用了由 GroupLens 研究组提供的 MovieLens 数据集。MovieLens 是一个收集了用户对已看过电影进行评分的数据集合，共有 3 种不同的数据大小，分别被命名为 1M、10M 和 20M。最大的数据集有约 14 万用户的数据，覆盖约 27000 部电影。在本案例中会使用 10M 的数据集（下载地址见本章参考文献[1]）。除了评分，MovieLens 数据还包含类似"Western"的电影流派信息和用户应用的标签，例如"over the top"和"Arnold Schwarzenegger"。这些流派标记和标签在构建内容向量方面是有用的。

下面的代码主要介绍如何读取这一数据集，以及如何应用这一数据集去做协同过滤算法。其中，getRatingInformation(ratings)读取用户的打分数据 u.data，并将其载入一个 List 中，u.data 的每一行分别对应用户 ID、电影 ID 和用户评分。代码如下：

```
def getRatingInformation(ratings):
    rates=[]
    for line in ratings:
        rate=line.split("\t")
        rates.append([int(rate[0]),int(rate[1]),int(rate[2])])
    return rates
#
#   生成用户评分的数据结构
```

```
#
#   输入:索引数据 [[2,1,5],[2,4,2]...]
#   输出:①用户打分字典,②电影字典
#   使用字典,key 是用户 ID,value 是用户对电影的评价,
#   rate_dic[2]=[(1,5),(4,2)]... 表示用户 2 对电影 1 的评分是 5,对电影 4 的评分是 2
def createUserRankDic(rates):
    user_rate_dic={}
    item_to_user={}
    for i in rates:
        user_rank=(i[1],i[2])
        if i[0] in user_rate_dic:
            user_rate_dic[i[0]].append(user_rank)
        else:
            user_rate_dic[i[0]]=[user_rank]
        if i[1] in item_to_user:
            item_to_user[i[1]].append(i[0])
        else:
            item_to_user[i[1]]=[i[0]]
    return user_rate_dic,item_to_user
```

recommendByUserCF(test_rates)是基于用户协同过滤的主函数:

```
#
#   使用 UserFC 进行推荐
#   输入:文件名、用户 ID、邻居数量
#   输出:推荐的电影 ID、输入用户的电影列表、电影对用户的序列表、邻居列表
#
def recommendByUserCF(file_name,userid,k=5):
    # 读取文件数据
    test_contents=readFile(file_name)
    # 将文件数据格式化成二维数组 List[[用户 ID,电影 ID,电影评分]...]
    test_rates=getRatingInformation(test_contents)
    # 格式化成字典数据
    #   1.用户字典:dic[用户 ID]=[(电影 ID,电影评分)...]
    #   2.电影字典:dic[电影 ID]=[用户 ID1,用户 ID2...]
    test_dic,test_item_to_user=createUserRankDic(test_rates)
    # 寻找 K 个相似用户
    neighbors=calcNearestNeighbor(userid,test_dic,test_item_to_user)[:k]
    recommend_dic={}
    for neighbor in neighbors:
        neighbor_user_id=neighbor[1]
        movies=test_dic[neighbor_user_id]
```

```
        for movie in movies:
            if movie[0] not in recommend_dic:
                recommend_dic[movie[0]]=neighbor[0]
            else:
                recommend_dic[movie[0]]+=neighbor[0]
    # 建立推荐列表
    recommend_list=[]
    for key in recommend_dic:
        recommend_list.append([recommend_dic[key],key])
    recommend_list.sort(reverse=True)
    user_movies = [ i[0] for i in test_dic[userid]]
    return [i[1] for i in
recommend_list],user_movies,test_item_to_user,neighbors
```

5.4 LR 模型在推荐场景下的应用

第 4 章介绍了逻辑回归模型及其在分类场景下的一些应用。同样，LR 模型常常被应用于推荐系统中，作为与其他模型比较的基础模型。本节依然选用 movielens 的数据作为训练数据，通过训练一个推荐模型，向用户推荐他没看过但是可能感兴趣的电影。为了得到更好的推荐效果，我们引入了更多的特征到模型中。这里考虑将电影类型加入，新数据集的下载地址见本章参考文献[2]。

在新数据集中主要有两个文件：rating.csv 和 movies.csv。

rating.csv 文件的内容格式如图 5-4 所示。

userId	movieId	rating	timestamp
1	1	4	964982703
1	3	4	964981247

图 5-4 rating.csv 文件的内容格式

movies.csv 文件的内容格式如图 5-5 所示。

movieId	title	genres
1	Toy Story (1995)	Adventure|Animation|Children|Comedy|Fantasy
2	Jumanji (1995)	Adventure|Children|Fantasy
3	Grumpier Old Men (1995)	Comedy|Romance

图 5-5 movies.csv 文件的内容格式

genres 是电影类型，有 20 种：'Horror'、'Western'、'(no genres listed)'、'Romance'、'Action'、'Thriller'、'War'、'Comedy'、'Musical'、'IMAX'、'Film-Noir'、'Documentary'、'Fantasy'、'Children'、'Adventure'、'Animation'、'Mystery'、'Crime'、'Drama'和'Sci-Fi'。

接下来需要对数据进行处理，将数据变成训练数据，主要步骤如下。

（1）将用户评分 rating 转换成 label。在这里规定评分小于 3 的电影，是用户不喜欢的电影，即 label = 0，反之 label = 1。

（2）将 genres 通过 One-hot 转换成 0、1 特征，代码如下：

```python
# 将 genres 转换成 One-hot 特征
def convert_2_one_hot(df):
    genres_vals = df['genres'].values.tolist()
    genres_set = set()
    for row in genres_vals:
        genres_set.update(row.split('|'))
    genres_list = list(genres_set)
    row_num = 0
    df_new = pd.DataFrame(columns=genres_list)
    for row in genres_vals:
        init_genres_vals = [0] * len(genres_list)
        genres_names = row.split('|')
        for name in genres_names:
            init_genres_vals[genres_list.index(name)] = 1
        df_new.loc[row_num] = init_genres_vals
        row_num += 1

    df_update = pd.concat([df, df_new], axis=1)
    return df_update
# 将 rating 转换成 0、1 分类
def convert_rating_2_labels(ratings):
    label = []
    ratings_list = ratings.values.tolist()
    for rate in ratings_list:
        if rate >= 3.0:
            label.append(1)
        else:
            label.append(0)
    return label
```

（3）将处理后的训练数据和标签放到 LR 模型中训练，完整的代码如下：

```python
1   import pandas as pd
2   from sklearn.linear_model import LogisticRegression
3   from sklearn.metrics import roc_auc_score
4   from sklearn.model_selection import train_test_split
5
6   movies_path = './movies.csv'
7   ratings_path = '. /ratings.csv'
8
9   # 将rating转换成0、1分类
10  def convert_rating_2_labels(ratings):
11      label = []
12      ratings_list = ratings.values.tolist()
13      for rate in ratings_list:
14          if rate >= 3.0:
15              label.append(1)
16          else:
17              label.append(0)
18      return label
19
20  # 将genres转换成One-hot特征
21  def convert_2_one_hot(df):
22      genres_vals = df['genres'].values.tolist()
23      genres_set = set()
24      for row in genres_vals:
25          genres_set.update(row.split('|'))
26      genres_list = list(genres_set)
27      row_num = 0
28      df_new = pd.DataFrame(columns=genres_list)
29      for row in genres_vals:
30          init_genres_vals = [0] * len(genres_list)
31          genres_names = row.split('|')
32          for name in genres_names:
33              init_genres_vals[genres_list.index(name)] = 1
34          df_new.loc[row_num] = init_genres_vals
35          row_num += 1
36
37      df_update = pd.concat([df, df_new], axis=1)
38      return df_update
39
40  # 构建逻辑回归模型
41  def training_lr(X, y):
```

```
42      model = LogisticRegression(penalty='l2', C=1, solver='sag', max_iter=500,
43  verbose=1, n_jobs=8)
44      X_train, X_test, y_train, y_test = train_test_split(X, y, test_size = 0.1,
45      random_state = 42)
46      model.fit(X_train, y_train)
47      train_pred = model.predict_proba(X_train)
48      train_auc = roc_auc_score(y_train, train_pred[:, 1])
49
50      test_pred = model.predict_proba(X_test)
51      test_auc = roc_auc_score(y_test, test_pred[:, 1])
52
53      # print(model.score())
54      print('lr train auc score: ' + str(train_auc))
55      print('lr test auc score: ' + str(test_auc))
56
57  # 读取数据
58  def load_data():
59      movie_df = pd.read_csv(movies_path)
60      rating_df = pd.read_csv(ratings_path)
61      df_update = convert_2_one_hot(movie_df)
62      df_final = pd.merge(rating_df, df_update, on='movieId')
63      ratings = df_final['rating']
64      df_final = df_final.drop(columns=['userId', 'movieId', 'timestamp', 'title',
65  'genres', 'rating'])
66      labels = convert_rating_2_labels(ratings)
67      trainx = df_final.values.tolist()
68      return trainx, labels
69  if __name__ == '__main__':
70      trainx, labels = load_data()
71      training_lr(trainx, labels)
```

我们看看以上代码都做了什么。

第 1~38 行：对数据中的 genres 和 rating 进行转换和编码，这在前面已经讲过。

第 42~54 行：核心步骤，建立逻辑回归模型，设定参数并开始训练。我们可以注意到，这里用的是 sklearn 中的逻辑回归模型，实际上 sklearn 中的逻辑回归模型和前几章介绍的 Keras 中的逻辑回归模型非常相似。有兴趣的读者可以尝试用 Keras 复现。

第 57~66 行：读取 csv 文件中的数据。前面已经展示过对应的两个文件的内容和格式，这里只是在读取后调用前面的函数进行一些处理，并返回训练所需的数据及 labels。

第 70～71 行：正式运行程序。在这个案例中，LR 模型的训练数据 AUC 为 0.62，测试数据 AUC 为 0.6。

5.5 多模型融合推荐模型：Wide&Deep 模型

第 4 章介绍了如何利用线性模型搭建一个基础推荐系统。在一般情况下，具有非线性特征转换的广义线性模型被广泛用于特征比较稀疏的大规模回归和分类问题。但近几年随着数据量和特征量都呈现爆炸式增长，线性模型的缺点逐渐暴露出来。

线性模型通常能记住历史数据中那些常见、高频的数据组合，但缺点是线性模型不能发现历史数据中未出现过的数据组合，因此线性模型需要做大量的特征工程，根据人工经验、业务背景，产生大量的特征及特征组合并将其放入线性模型中。

最近几年，随着数据量的保障性增长，我们越来越需要推荐系统能够从历史数据中发现低频、长尾的数据组合，从而挖掘用户的潜在兴趣点。本节主要通过介绍 2016 年 Google 推出的 Wide & Deep 模型的原理和实现，让读者对推荐系统有进一步的理解。

5.5.1 探索-利用困境的问题

旧时赌场的老虎机有一个绰号叫单臂强盗，因为它即使只有一只摇杆（胳膊），也会把你的钱拿走。多臂老虎机（或多臂强盗）的名称就从这个绰号引申而来。假设你进入一个赌场，面对一排老虎机（多臂），而不同老虎机的期望收益和期望损失不同，你采取什么老虎机选择策略来保证你的总收益最高呢？这就是经典的多臂老虎机问题。

如图 5-6 所示为多臂老虎机示意图。多臂老虎机由一个盛着金币的箱子、K 个摇臂（图中为 3 个摇臂）组成。玩家通过按压摇臂来获得金币（回报）。玩家需要回答按压哪个摇臂能获得最大的回报。在这里按压摇臂后，获得的回报服从不同的概率分布。比如按压摇臂 1，获得金币的概率是 0.8；按压摇臂 2，获得金币的概率是 0.3；按压摇臂 3，获得金币的概率是 0.6。那么显而易见，在这里按压摇臂 1 获得的回报最大。

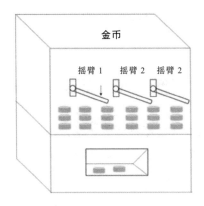

图 5-6 多臂老虎机示意图

现在把问题复杂化，玩家并不知道按压每个摇臂获得回报的概率，这时候应该按压哪个摇臂呢？

这就引出了多臂老虎机的探索-利用困境的问题：刚开始你并不知道按压哪个摇臂给出回报的概率大，所以你很可能对每个摇臂都试了试，然后会记住按压每个摇臂的结果。根据这些结果，你会粗略估计每个摇臂给出回报的概率。假如已经把每个摇臂都按压了几次，并观察、记录按压每个摇臂时的回报，那么下一步你该按压哪个摇臂来获得最大的回报呢？有如下两种方案。

（1）利用（Exploitation）：如果你按压在前几轮中获得回报概率最高的那个摇臂，那么这就是你在采取"利用"策略。但是，因为回报是随机的，所以你对每个摇臂的回报概率的估计并不准确，或许回报概率最高的那个摇臂并非当前你用几轮数据估计的那个摇臂。

（2）探索（Exploration）：你并不去按压在前几轮中获得回报的那个摇臂，而是继续随机按压不同的摇臂，目的是得到每个摇臂给出回报更精确的概率估计，从而可能得到真实的最优的摇臂。

假如你按压摇臂的次数有限，那么为了得到最大的回报，对这两种方案你会选哪个？

其实，折中的策略是大部分时间去利用，但同时以一定的概率去探索，这就是关于探索和利用的平衡。

5.5.2 Wide&Deep 模型

早在 2016 年，Google 就推出了结合线性模型和深度模型分别在"利用"和"探索"上进行优势组合得到的混合模型：Wide&Deep 模型。在文献中，Google 将线性模型称为 Wide 模型，将深度模型称为 Deep 模型。Wide 模型的优势是能记住历史数据中那些常见、高频的数据组合，然后学习到这些数据之间的权重，做一些数据筛选。比如对于电商网站，<中国人,春节,饺子>、<美国人,感恩节,火鸡>、<夏天,冰激凌>都是常见模式，匹配上任何一条都有推荐价值，至于价值多少，在推荐列表中排名如何，就由 Wide 侧的学习权重决定了。

而一个推荐系统不能只向用户推荐其已经买过的东西或只向用户推荐其已经阅读过的文章，而是要替用户发现其兴趣。这就需要推荐系统从历史数据中发现低频、长尾的模式，发现用户潜在的兴趣点，即具备良好的"扩展"能力。

还是以电商为例，在历史数据中只有<中国人,春节,饺子>、<美国人,感恩节,火鸡>、<夏天,冰激凌>这样的历史记录，如果推荐系统只会"记住"，那么对于<中国人,感恩节,火鸡>的组合，因为该组合和所有历史记录都不匹配，所以推荐系统只能打 0 分，并不会将该组合推荐给中国用户。

而在 Deep 侧，通过嵌入式词向量（Embedding Vector）及深层交互能够学到国籍、节日、食品等各种特征的最优的向量表示，推荐引擎对<中国人,感恩节,火鸡>这种新组合可能会打一个不低的分数（比<美国人,感恩节,火鸡>打分低，比<中国人,感恩节,冰激凌>打分高），从而有机会将该组合推荐给中国用户。简单来说，Deep 侧是通过 embedding 将特征向量化，将特征的精确匹配变为特征向量的模糊查找，使自己具备良好的"扩展"能力。

5.5.3 交叉特征

在推荐系统中大量运用的是离散类特征，但是单个离散特征的表达能力较弱。因此，在原论文中提出通过交叉特征以增强离散特征的表达能力。而围绕如何做特征交叉又衍生出各种算法，在原论文中给出的是 cross feature 的办法，具体做法为：假设有两个离散特征，即国家 country 和语言 language，country=USA 或者 country = China，language = English 或者 language = Chinese。如果对这两个特征矢量创建了特征组合 country x language，此特征组合是一个 4 元素独热矢量（USA and English, USA and

Chinese, China and English, China and Chinese)。该组合中的单个 1 表示国家与语言的特定连接（比如"USA = 1 and English = 1"代表你是美国人并且说英文）。然后，模型就可以了解到有关这种连接的特定关联性。

但这种方法也有局限性：如果两个离散特征的值很大，那么交叉后的向量也会非常稀疏（比如特征 A、B 各有 100 个离散值，那么交叉后的结果就是 10000 个交叉特征），这时可以通过因子分解机（Factorization Machine，FM）算法去解决，这里不再具体展开。

对于 Wide & Deep 模型，有以下两种思路去实现。

（1）Ensemble Training：在该模式下，Wide 模型和 Deep 模型被单独训练，只有在预测时才将这两部分的预测分数结合。

（2）Joint Training：通过同时在训练时间中考虑 Wide 和 Deep 部分及它们的总和的权重来优化所有参数。

同时，对于 Ensemble Training，由于训练是分开的，所以每个单独的模型大小通常需要更大（例如具有更多的特征和转换），以实现 Ensemble Training 工作的合理精度。相比之下，对于 Joint Training 训练而言，Wide 部分只需要用少量的叉积特征变换来补充 Deep 部分的薄弱环节，而不是全尺寸的宽模型，因此在下面的实现中采用了 Joint Training 方案，其损失函数是通过计算 Wide 部分和 Deep 部分一起得到的，代码如下：

```python
import tensorflow as tf

# 构建 Wide&Deep 模型
class WideAndDeepModel:
    def __init__(self, wide_length, deep_length, deep_last_layer_len, softmax_label):
        # 首先定义输入部分，包括 Wide 部分、Deep 部分及标签信息 y
        self.input_wide_part = tf.placeholder(tf.float32, shape=[None, wide_length], name='input_wide_part')
        self.input_deep_part = tf.placeholder(tf.float32, shape=[None, deep_length], name='input_deep_part')
        self.input_y = tf.placeholder(tf.float32, shape=[None, softmax_label], name='input_y')
        # 定义 Deep 部分的网络结构
        with tf.name_scope('deep_part'):
            w_x1 = tf.Variable(tf.random_normal([wide_length, 256], stddev=0.03), name='w_x1')
```

```
            b_x1 = tf.Variable(tf.random_normal([256]), name='b_x1')
            w_x2 = tf.Variable(tf.random_normal([256, deep_last_layer_len], stddev=0.03), name='w_x2')
            b_x2 = tf.Variable(tf.random_normal([deep_last_layer_len]), name='b_x2')

            z1 = tf.add(tf.matmul(self.input_wide_part, w_x1), b_x1)
            a1 = tf.nn.relu(z1)
            self.deep_logits = tf.add(tf.matmul(a1, w_x2), b_x2)

        # 定义Wide部分的网络结构
        with tf.name_scope('wide_part'):
            weights = tf.Variable(tf.truncated_normal([deep_last_layer_len + wide_length, softmax_label]))
            biases = tf.Variable(tf.zeros([softmax_label]))

            self.wide_and_deep = tf.concat([self.deep_logits, self.input_wide_part], axis = 1)
            self.wide_and_deep_logits = tf.add(tf.matmul(self.wide_and_deep, weights), biases)
            self.predictions = tf.argmax(self.wide_and_deep_logits, 1, name="prediction")

        # 定义损失函数
        with tf.name_scope('loss'):
            losses = tf.nn.softmax_cross_entropy_with_logits(logits=self.wide_and_deep_logits, labels=self.input_y)
            self.loss = tf.reduce_mean(losses)
        # 定义准确率
        with tf.name_scope("accuracy"):
            correct_predictions = tf.equal(self.predictions, tf.argmax(self.input_y, axis=1))
            self.accuracy = tf.reduce_mean(tf.cast(correct_predictions, tf.float32), name="accuracy")

import pandas as pd
import numpy as np
import csv
```

```python
# 读取训练数据和标签
def load_data_and_labels(path):
    data = []
    y = []
    total_q = []

    with open(path, 'r') as f:
        rdr = csv.reader(f, delimiter=',', quotechar='"')
        for row in rdr:

            emb_val = row[4].split(';')
            emb_val_f = [float(i) for i in emb_val]

            cate_emb = row[5].split(';')
            cate_emb_val_f = [float(i) for i in cate_emb]

            total_q.append(int(row[3]))
            data.append(emb_val_f + cate_emb_val_f)
            y.append(float(row[1]))
    data = np.asarray(data)
    total_q = np.asarray(total_q)
    y = np.asarray(y)

    bins = pd.qcut(y, 50, retbins=True)

# 将标签转换为数值区间
def convert_label_to_interval(y):
    gmv_bins = []
    for i in range(len(y)):
        interval = int(y[i] / 20000)
        if interval < 1000:
            gmv_bins.append(interval)
        elif interval >= 1000:
            gmv_bins.append(1000)

    gmv_bins = np.asarray(gmv_bins)
    return gmv_bins

y = convert_label_to_interval(y)

# 将标签转换为One-hot encoding
```

```python
def dense_to_one_hot(labels_dense, num_classes):
    num_labels = labels_dense.shape[0]
    index_offset = np.arange(num_labels) * num_classes
    labels_one_hot = np.zeros((num_labels, num_classes))
    labels_one_hot.flat[index_offset + labels_dense.ravel()] = 1
    return labels_one_hot

labels_count = 1001
labels = dense_to_one_hot(y, labels_count)
labels = labels.astype(np.uint8)
def dense_to_one_hot2(labels_dense, num_classes):
    num_labels = labels_dense.shape[0]
    index_offset = np.arange(num_labels) * num_classes
    labels_one_hot = np.zeros((num_labels, num_classes))
    labels_one_hot.flat[index_offset + labels_dense.ravel() - 1] = 1
    return labels_one_hot
total_q_classes = np.unique(total_q).shape[0]
total_q = dense_to_one_hot2(total_q, total_q_classes)


data = np.concatenate((data, total_q), axis=1)


return data, labels



def batch_iter(data, batch_size, num_epochs, shuffle=True):
    # 根据训练数据大小生成 batch
    data = np.array(data)
    data_size = len(data)
    num_batches_per_epoch = int((len(data) - 1) / batch_size) + 1
    for epoch in range(num_epochs):
        # Shuffle the data at each epoch
        if shuffle:
            shuffle_indices = np.random.permutation(np.arange(data_size))
            shuffled_data = data[shuffle_indices]
        else:
            shuffled_data = data
        for batch_num in range(num_batches_per_epoch):
            start_index = batch_num * batch_size
            end_index = min((batch_num + 1) * batch_size, data_size)
            yield shuffled_data[start_index:end_index]
```

```python
if __name__ == "__main__":
    load_data_and_labels("data/train.csv")
import tensorflow as tf
import data_helpers
import os
import datetime
import time
from WideandDeepModel import WideAndDeepModel

# 模型训练数据路径
tf.flags.DEFINE_string("train_dir", "../data/zutao2.csv", "Path of train data")
tf.flags.DEFINE_integer("wide_length", 133, "Path of train data")
tf.flags.DEFINE_integer("deep_length", 133, "Path of train data")
tf.flags.DEFINE_integer("deep_last_layer_len", 128, "Path of train data")
tf.flags.DEFINE_integer("softmax_label", 1001, "Path of train data")


# 设定模型训练参数
tf.flags.DEFINE_integer("batch_size", 32, "Batch Size")
tf.flags.DEFINE_integer("num_epochs", 5, "Number of training epochs")
tf.flags.DEFINE_integer("display_every", 100, "Number of iterations to display training info.")
tf.flags.DEFINE_float("learning_rate", 1e-3, "Which learning rate to start with.")
tf.flags.DEFINE_integer("num_checkpoints", 5, "Number of checkpoints to store")
tf.flags.DEFINE_integer("checkpoint_every", 500, "Save model after this many steps")


# 定义辅助参数
tf.flags.DEFINE_boolean("allow_soft_placement", True, "Allow device soft device placement")
tf.flags.DEFINE_boolean("log_device_placement", False, "Log placement of ops on devices")

FLAGS = tf.flags.FLAGS
```

```python
def train():
    with tf.device('/cpu:0'):
# 读取训练数据
        x, y = data_helpers.load_data_and_labels(FLAGS.train_dir)

    print('-' * 120)
    print(x.shape)
    print('-' * 120)

    with tf.Graph().as_default():
        session_conf = tf.ConfigProto(
            allow_soft_placement=FLAGS.allow_soft_placement,
            log_device_placement=FLAGS.log_device_placement)
        sess = tf.Session(config=session_conf)

        with sess.as_default():
            model = WideAndDeepModel(
                wide_length=FLAGS.wide_length,
                deep_length=FLAGS.deep_length,
                deep_last_layer_len=FLAGS.deep_last_layer_len,
                softmax_label=FLAGS.softmax_label
            )

            global_step = tf.Variable(0, name="global_step", trainable=False)
            train_op = tf.train.AdamOptimizer(FLAGS.learning_rate).minimize(model.loss, global_step=global_step)

            # 输出模型文件和临时 checkpoint
            timestamp = str(int(time.time()))
            out_dir = os.path.abspath(os.path.join(os.path.curdir, "runs", timestamp))

            checkpoint_dir = os.path.abspath(os.path.join(out_dir, "checkpoints"))
            checkpoint_prefix = os.path.join(checkpoint_dir, "model")
            if not os.path.exists(checkpoint_dir):
                os.makedirs(checkpoint_dir)
```

```python
            saver = tf.train.Saver(tf.global_variables(),
max_to_keep=FLAGS.num_checkpoints)

            # 初始化所有变量
            sess.run(tf.global_variables_initializer())

            # 为每一次的新训练都生成batch、size
            batches = data_helpers.batch_iter(
                list(zip(x, y)), FLAGS.batch_size, FLAGS.num_epochs)
            for batch in batches:
                x_batch, y_batch = zip(*batch)

                feed_dict = {
                    model.input_wide_part: x_batch,
                    model.input_deep_part: x_batch,
                    model.input_y: y_batch
                }

                _, step, loss, accuracy = sess.run(
                    [train_op, global_step, model.loss, model.accuracy],
feed_dict)

                if step % FLAGS.display_every == 0:
                    time_str = datetime.datetime.now().isoformat()
                    print("{}: step {}, loss {:g}, acc {:g}".format(time_str,
step, loss, accuracy))

                # 保存check-point
                if step % FLAGS.checkpoint_every == 0:
                    path = saver.save(sess, checkpoint_prefix, global_step=step)
                    print("Saved model checkpoint to {}\n".format(path))

            save_path = saver.save(sess, checkpoint_prefix)


def main(_):
    train()


if __name__ == "__main__":
    tf.app.run()
```

5.6 本章小结

本章快速介绍了推荐系统的基本概念，尤其是相似度计算的方式；然后迅速利用经典的电影评分案例讨论两种协同过滤的不同思路及做法，通过具体案例让读者基本理解协同过滤，并用代码体现了具体实现；之后的逻辑回归模型展示了如何利用神经网络完成推荐算法的实现；最后介绍了经典的 Wide&Deep 模型，并使用 TensorFlow 展示了其实现代码。

推荐系统是一个庞大的、不断发展的课题，这里只是让读者了解其基本原理。在此基础之上，更重要的是根据实际业务的特点，有针对性地对推荐结果再次进行排查和筛选。

5.7 本章参考文献

[1] https://grouplens.org/datasets/movielens/

[2] http//files.grouplens.org/datasets/movielens/ml-latest-small.zip

第 6 章

项目实战：聊天机器人

本章将设计并实现一个简单的自动聊天机器人模型。和其他章节类似，本章首先讲解聊天机器人（Chatbot）的发展历史；然后讲解深度学习背景下的 Seq2Seq 模型及自然语言处理（National Language Processing，NLP）中的核心概念 embedding；在此基础上，会模仿公开的语料库创建一个迷你训练集来构造一个 AI 模型，实现聊天机器人的功能；最后引入 Attention 的概念和针对一个简单问题的 Attention 实现。

本章内容较为深入，建议读者仔细理解本章的各个实例，将概念了解清楚后再去运行代码。

6.1 聊天机器人的发展历史

聊天机器人实际上很早就诞生了，可以说在计算机发展初期，研究人员就开始尝试和计算机对话。著名的"图灵测试"就是最好的例子。1950 年，在现代计算机诞生几年后，阿兰·图灵便提出了让人类和计算机通过自然语言对话的方式来测试机器的智能行为。从那时起，如何通过图灵测试便成为 AI 研究的一个关键领域。下面列举几个有趣的具有代表性的例子。

1. ELIZA（1966 年）

最早的一个人机对话程序叫作 ELIZA，由 MIT（麻省理工学院）的 Joseph Weizenbaum 教授于 1966 年开发。这个非常早期的人机对话程序的有趣之处在于，它并不是真正模仿正常人聊天，而是模仿心理治疗且以计算机提问为主的形式进行对话，比如：

ELIZA: How do you do!　　Please tell me your problem.

YOU:　　Just for fun.

ELIZA: Does talking about this bother you?

YOU:　　No. Why do you ask?

ELIZA: Are you saying no just to be negative?

YOU:　　Not really.

ELIZA: That is interesting. Please continue.

2. ALICE（1996年）

在很长一段时间内，人机对话程序都没有实质上的进步，始终是基于人为规则和预定义的反馈，其中最具有代表性的是于 1996 年开发的 ALICE。ALICE 基于 AIML（Artificial Intelligence Markup Language，人工智能标记语言）能生成数万种不同的句子，并且能在聊天过程中把用户的反馈存入自己的系统，丰富自己所给出的结果。AIML 能够灵活地定义对话模板，如下所示：

```
<category>
  <pattern>where are you from</pattern>
  <template>I'm from China</template>
</category>

<category>
  <pattern>My name is *</pattern>
  <template>
     Hello!<think><set name = "username"> <star/></set></think>
  </template>
</category>
```

3. Eugene Goostman（2014年）

历史上第 1 个通过图灵测试的聊天机器人 Eugene Goostman 是在 2014 年诞生的。这个聊天机器人在 2014 年的一次图灵测试比赛中，让 1/3 的评委都相信它是一个真实的人，这在当时引起了一定的轰动。尽管有人认为 Eugene Goostman 只是用一些技巧性的代码规则糊弄了人们，谈不上是真正的 AI，但这至少是第 1 个公认通过了图灵测试的聊天机器人。

4. 基于深度学习的聊天机器人

以上实现都基于规则和人工编码的方式，而我们的重点是讨论如何实现基于深度学习的聊天机器人。

一般来说，就机器学习模型而言，我们可以把针对聊天机器人的模型分为如下两类。

◎ Retrieval-based Model：使用预定义的答案库，根据问题来选择合适的预定义答案。这种方式较为简单，既可以选择使用硬编码规则实现，也可以选择使用传统机器学习的分类器实现。不管使用哪种方式，都不会产生全新的回答，只是在答案库中选择一个答案而已。

◎ Generative Model：这种方式较为复杂，并不预定义回答，而是自动生成新的答案。这种实现通常基于机器翻译技术，但并非把一种语言翻译为另一种语言，而是完成从问题到回答的转换。

尽管在以上两种模型中都可以应用深度学习技术，但目前人们更偏向于使用更灵活和更贴近真人的 Generative 模型。

6.2 循环神经网络

聊天机器人开发属于自然语言处理领域。前面简单介绍了传统方式的聊天机器人实现思路。在机器学习尤其是深度学习时代，循环神经网络及其各种变种成为几乎所有处理文本语言的基础算法，也是本节要重点讲解的内容。

6.2.1 Slot Filling

我们先通过一个简单的例子来看看循环神经网络是怎么工作的（为了方便演示，这里使用了英文示例）。

假如文本是：I'll be at **home** on **8 pm today.**

在这个文本中，重点词语是"home""8 pm""today"，因为这 3 个位置的词语变化最为频繁。

通过使用 Slot Filling 技术，我们可以定义两个 Slot，即 location 和 time：

```
location: home
time: 8 pm today
```

那么对大部分类似结构的句子，我们都可以找到 Slot 所对应的值：

```
I'll be in the company on 7 pm today.
location: company
time: 7 pm today

I'll be in the school for this afternoon.
location: school
time: afternoon
```

我们怎么使用神经网络预测每个词到底是不是 location 或者 time 呢？可以定义如图 6-1 所示的简单网络。

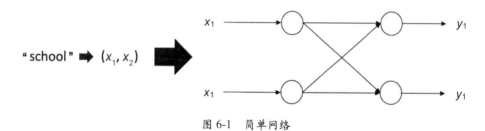

图 6-1　简单网络

在图 6-1 中构建了一个只有一层隐藏层的神经网络，将句子中的每个单词都作为 vector$[x_1,x_2]$ 输入，并输出 $[y_1,y_2]$，其中，y_1、y_2 代表属于两个不同 Slot 的概率。换句话说，在句子 "I'll be at home tomorrow" 中，假设神经网络被定义为 f，而 $y1$ 和 $y2$ 分别代表 location 和 time 的 Slot，则我们将得到：

```
f("I'll") = [0, 0]
f("be") = [0, 0]
f("at") = [0, 0]
f("home") = [1, 0]
f("tomorrow") = [0, 1]
```

那么，我们是怎么把一个单词转换为 $[x_1,x_2]$ 这样的数组的呢？记得在第 3 章中提到过的 Embedding 层吗？它其实就是在做类似的工作。6.2.2 节会讲解在 NLP 中是如何处理不同单词的。

6.2.2 NLP 中的单词处理

大致上,我们可以将 NLP 中的单词处理方式分为以下三种:

◎ One-hot encoding;

◎ n-gram;

◎ word2vec。

其中,One-hot encoding 最为简单。它把词典中的所有单词都取出来去重,可以得到一个数组,比如['dog','cat','animals']。那么:

```
'dog'=       [1, 0, 0, 0]
'cat' =      [0, 1, 0, 0]
'animals' =  [0, 0, 1, 0]
others =     [0, 0, 0, 1]    // 这里指不属于前 3 类的任何词语
```

尽管 One-hot encoding 的原理很简单,但是其数据过于稀疏,我们可以通过 n-gram 方式处理这样一个句子 "dog and cat are animals":

```
"dog and cat" => [1, 1, 0, 1]
"and cat are" => [0, 1, 0, 1]
"cat are animals" => [0, 1, 1, 1]
```

上面介绍了把文字词语 vector 化的两种方式,我们通常把这种处理方式称为 word embedding。然而以上两种并不是目前业界流行的方法。目前真正的业界标准是 Google 在 2013 年提出的 word2vec。

第 3 章在介绍 Keras 时提到过 softmax 函数,我们在理解 softmax 函数的概念后,就可以来理解 word2vec 的概念。实际上 word2vec 包含两种模型:CBOW 模型(Continuous Bag of Words Model,连续词袋模型)和 Skip Gram 模型(跳字模型)。

1. CBOW 模型

首先,BOW 模型(Bag of Words Model,词袋模型)和前面的 One-hot encoding 及 n-gram 类似,都是一种把句子 vector 化的方法。BOW 模型的特点如下:

◎ 只包括已知词语的集合,不关心具体位置;

◎ 计算词语出现的次数或频率。

从某种意义上来说，我们可以把 BOW 模型看作句子在频域上的表现形式。比如，对于上面的例子"dog and cat are animals"，我们就可以定义：

```
"dog and cat are animals" => [1, 1, 1, 2]
```

CBOW 模型所要做的，是把一个词的上下文作为输入，预测该词上下文的下一个词的内容。比如，在前面的例子中如果输入"cat and dog"，则应该预测下一个词是"are"。

我们先看一个简单的 CBOW 模型，如图 6-2 所示，这个模型只接收一个单词作为输入。

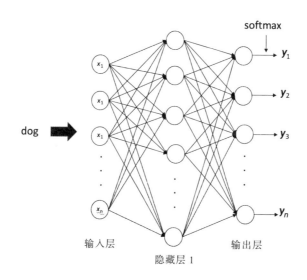

图 6-2 一个简单的 CBOW 模型

图 6-2 中展示了一个简单的 CBOW 模型，它接收一个 One-hot encoding 的 vector 输入，通过一个隐藏层输出一个同样长度的 vector，再对其应用 softmax 函数后得到最终的结果。

在实际应用中，我们不会只用一个单词来预测，而是用多个相邻词语来预测。因此，我们可以将一个更接近真实应用的模型设计为如图 6-3 所示。

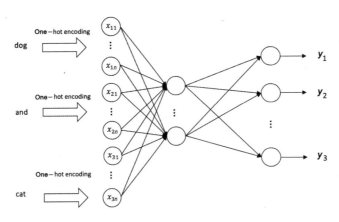

图 6-3 一个更接近真实应用的模型

2. Skip Gram 模型

我们可以将 Skip Gram 模型看作 CBOW 模型的反转：CBOW 模型是根据上下文的相关词语推导出下一个可能的词，而 Skip Gram 模型是根据一个给出的词语推导出其相邻位置的词语的可能性分布（Probability Distribution）。我们先来看看如图 6-4 所示的 Skip Gram 模型。

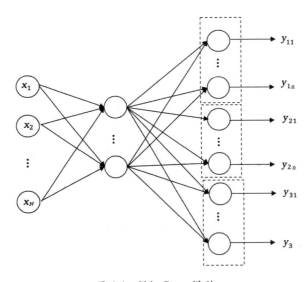

图 6-4 Skip Gram 模型

图 6-4 几乎就是图 6-3 中模型的反转，我们输入一个词的 One-hot encoding 向量，通

过 softmax 函数输出了 3 个相邻位置的词语的可能性分布。这里对每个位置的输出都是一个对应 One-hot encoding vector 的向量，但该向量中的每个元素不再是 One-hot encoding 中的整数，而是通过 softmax 函数计算后的对应分布概率，例如：

$$y = \begin{bmatrix} [0.2, 0.5, 0.3] \\ [0.6, 0.2, 0.2] \\ [0.1, 0.01, 0.89] \end{bmatrix}$$

而对应的词典是["dog", "cat", "animals"]，这就意味着第 1 个词有 50%的可能是 cat，第 2 个词有 60%的可能是 dog，第 3 个词有 89%的可能是 animals。

6.2.3 循环神经网络简介

回到先前的例子：

I'll be at **home** on **8 pm today.**

我们找到了关键词"home"和"8 pm today"，但是如果仅仅靠这两个词，我们很可能会被误导。比如句子变成"I'll leave home on 8 pm today"，这时意思就全变了。当然，我们也可以对"I'll"之后的动词进行另一个 Slot 处理，但对于这个位置的词就存在太多的不确定性了，而且对于更复杂的句子更难创建 Slot。

因此，我们注意到现在定义的 location 和 time 这两个 Slot，其具体意义要依赖前文的相关信息来理解。换句话说，我们需要一个具有"记忆功能"的神经网络，能够把之前处理过的数据以某种形式体现在后续的计算上，这也就是循环神经网络（后统称 RNN，见图 6-5）被提出的初衷。

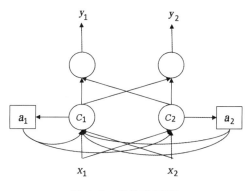

图 6-5 简单的 RNN

当我们用图 6-5 所示的简单 RNN 处理句子"I'll arrive home tomorrow"时,每次的输出都被作为下一次的输入,如图 6-6 所示。

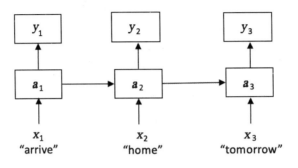

图 6-6　重复使用同一个 RNN

在图 6-5 和图 6-6 中,为了方便理解,我们只描述了一个单层的简单网络。当然,我们也可以把图 6-5 中的 C_1、C_2 或者图 6-6 中的 a_1、a_2 根据需要改为多层网络,在此不再赘述。因为在实际使用中,我们更多地使用下面介绍的 LSTM 网络。

6.2.4　LSTM 网络简介

LSTM(Long Short-Term Memory,长短期记忆)网络顾名思义,指它对数据具有短时间的记忆功能。我们先来看图 6-7 中的一个简单的 LSTM 网络的结构。

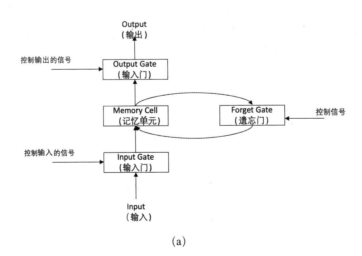

(a)

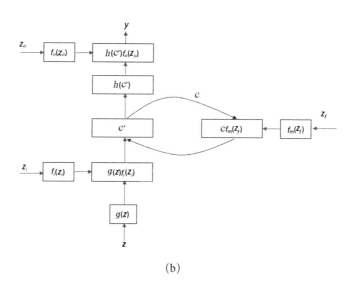

(b)

图 6-7 一个简单的 LSTM 网络的结构

图 6-7 展示了 LSTM 网络的基本结构，首先，我们有以下 4 个输入。

◎ Z：当前要处理的数据。

◎ Z_i：控制输入门的信号，通常决定是否产生输出。

◎ Z_o：控制输出门的信号，通常决定是否接收输入。

◎ Z_f：控制前一组数据留在记忆单元中的历史数据的处理。

我们可以将图 6-7(b)中的 C 和 C' 看作记忆单元中的值，其中，C 为处理前的旧数值，C' 为更新后的新数值。在我们目前的讨论中，可以把图 6-7 中的 $g(z)$、$h(C')$、$f_i(Z_i)$、$f_o(Z_o)$、$f_m(Z_f)$ 等激活函数当作 sigmoid 函数对待。在了解这些定义后，我们通过一个实例来看看 LSTM 具体是怎么运行的。

我们定义输入为$[x_1, x_2, x_3]$，输出为 y，其中：

```
if x2 = 0,  C' = C+x1
if x2 = -1, C' = 0
if x3 = 1,  y = C'
```

这里不讲解具体的模型训练细节（仍然基于梯度下降），而是假设已经有训练好的参数，看看上述 LSTM 网络是如何工作的。这里假定训练好的模型为

$g(z) = [w_{11}, w_{12}, w_{13}]^T \otimes [x_1, x_2, x_3] + b = 1*x_1 + 0*x_2 + 0*x_3 + 1$

$$f_i(z) = \text{sigmoid}(\ [w_{21},\ w_{22},\ w_{23}]^T \otimes [x_1,\ x_2,\ x_3]\ +\ b\ =\ 0*x_1\ +\ 100*x_2\ +\ 0*x_3\ -10)$$
$$f_o(z) = \text{sigmoid}(\ [w_{31},\ w_{32},\ w_{33}]^T \otimes [x_1,\ x_2,\ x_3]\ +\ b\ =\ 0*x_1\ +\ 0*x_2\ +\ 100*x_3\ -10)$$
$$f_m(z) = \text{sigmoid}(\ [w_{41},\ w_{42},\ w_{43}]^T \otimes [x_1,\ x_2,\ x_3]\ +\ b\ =\ 0*x_1\ +\ 100*x_2\ +\ 0*x_3\ +1)$$

我们实际上会得到如图 6-8 所示的 LSTM 网络。

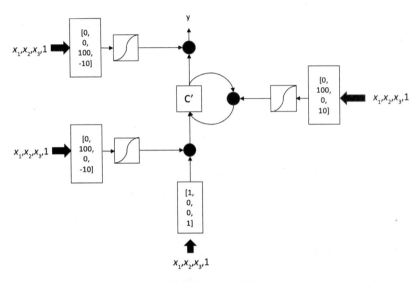

图 6-8　LSTM 网络

我们用 4 组数据来验证，这 4 组数据是[1,0,0]、[4, 2, 0]、[1, 0, 1]和[2, -1, 1]。

按照前面给出的 ground truth 定义，我们可以知道输出为 0, 0, 4, 0。

那么，把同样的 4 组数据输入图 6-8 所示的网络中，根据图 6-7(b)所示的流程进行计算，可得到各变量的值如表 6-1 所示。

表 6-1　各变量的值

输入	f_i	f_m	C'	f_o	Y（输出）
1,0,0	0	1	0	0	0
4,2,0	1	1	4	0	0
1,0,1	0	1	4	1	4
2,-1,1	0	0	0	1	0

可以看到，该网络的输出和 ground truth 是相符的。

我们在 6.2 节学习了 RNN 的重要概念和工作原理。从 6.3 节开始，我们将学习真实的用于机器翻译的神经网络 Seq2Seq 算法，直到开发出一个聊天机器人。

6.3　Seq2Seq 原理介绍及实现

Seq2Seq（Sequence to Sequence）是一个常见的便于理解的基于 LSTM 网络的模型，在 2015 年之前被广泛应用于文本翻译、聊天机器人等领域。尽管随着技术的发展，我们有更多、更好的模型去完成相关工作，但 Seq2Seq 仍不失为一种快速、有效的基于神经网络的 NLP 处理模型，更重要的是其中涉及的多个概念都是理解后面更复杂模型的基础。

6.3.1　Seq2Seq 原理介绍

Seq2Seq 的算法就是把一种字符序列（Character Sequence）转换为另一种字符序列，例如：

◎ "I want to go home" → seq2seq model → "我想回家"（用于翻译）；

◎ "Where are you from?" → seq2seq model → "I'm from China"（用于对话）。

在前面讨论的 RNN、LSTM 模型中，我们希望通过 input→RNN/LSTM→output 的简单流程实现翻译或者人机对话的转换。然而在实际应用中，直接用 RNN 或 LSTM 网络进行对不同长度的文字翻译或对话是难以成功的。

在由 k.cho 等人于 2014 年发表的论文 *Learning phrase representations using RNN encoder-decoder for statistical machine translation*[1]中，提出了使用叠加的 RNN 作为 encoder 或 decoder 来实现机器翻译的做法，它把输入序列通过第 1 个 RNN（encoder）转化为一个固定长度的向量 vector（在本章参考文献[1]中体现为读完序列后的隐藏状态 h，参考图 6-7(b)图），然后用另一个 RNN（decoder）将其转换为目标序列。而在另一篇论文 *Sequence to Sequence Learning with Neural Networks*[2]中，Google 把在本章参考文献[1]中所用的简单 RNN 用不同的两个 Deep LSTM 网络进行了替换，降低了训练的难度和预测的准确性，其大致思路如图 6-9 所示。

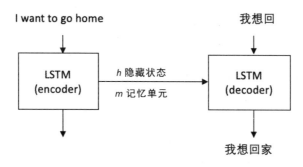

图 6-9 encoder-decoder 架构图

从图 6-9 可以看到，encoder 并没有把 LSTM 网络的输出导入 decoder 中，而是把 LSTM 网络的隐藏状态和记忆单元（即图 6-7(b)图中的 h 和 C）作为 decoder 的输入。其中，encoder 输出的隐藏状态和记忆单元可以被视为某种上下文（Context）或条件（Condition），来辅助 decoder 的 LSTM 网络预测输出。我们不妨假设并没有图 6-9 左边的 LSTM 网络（encoder），也没有 encoder 输出，只有右边单独的一个 LSTM 网络来预测下一个字符的输出。为了提升 decoder 的训练速度和预测效果，我们就在左边加上利用原文的完整句子训练的 encoder，将它的状态值作为 decoder 的初始值，起到更好的训练效果。

6.3.2 用 Keras 实现 Seq2Seq 算法

实际上在 Keras 中实现 Seq2Seq 算法非常容易，我们只需定义两个 LSTM 网络即可，重点在于如何把这两个网络通过输入及输出关联起来。

Keras 团队已经把 Seq2Seq 的实现开源在 GitHub[3]上，这里会在其基础上做较多改变，以体现在具体开发时如何处理。

首先，我们需要下载训练数据，在 manythings 网站的 anki 页面[3]可以看到各种语言，包括英语的对照词库，我们可以下载 fra-en.zip 并将其解压为我们的训练集。实际上，Seq2Seq 算法并不在意数据集是什么样的，因为数据集只是提供一个输入串到另一个输入串的参考关系而已。我们可以参考其格式打造一个很小的只有十多行内容的聊天迷你数据集，其中的每一行都包括两句对话，中间用"\t"隔开，我们将其中的内容存为 chat.txt 文件：

Hello.　Hello !

Are you ok?　Yes !

Good morning!　Morning !

Are you hungry?　Yes !

Did you have lunch?　No, I haven't !

Are you at home?　No, I'm not !

Help!　What's happening?

Are you coming with me?　I'd like to.

Cheers!　Cheers!

Have a nice day!　you too!

Have a nice weekend!　you too!

Enjoy the food!　Thanks.

Thank you so much!　No problem.

What's going on?　Nothing.

How old are you?　I'm 30 years old.

See you soon. Bye!

How do you feel?　It's great!

Good night!　Have a nice dream!

This is my father.　Nice to meet you.

The show is over.　Let's go back home!

现在开始编写我们的代码。我们的代码分为 trainer 和 inferencer 两部分，其中，trainer 负责训练模型和保存相关内容到本地文件中；inferencer 负责读取模型文件、重建模型及前向运算。整个实现流程如图 6-10 所示。

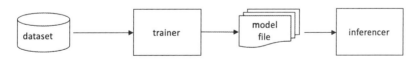

图 6-10　整个实现流程

首先是 trainer 的实现。我们创建一个新的 Python 文件 seq2seq_trainer.py，引入相关依赖库并定义超参（Hyper Parameters），其中，latent_dim 代表 LSTM 的输出向量的空间大小，因为有 256 个字符，因此被定义为 256：

```
1   import tensorflow as tf
2   import numpy as np
3
4   from tensorflow.keras.models import Model
5   from tensorflow.keras.layers import Input, LSTM, Dense
6   from tensorflow.keras.utils import plot_model
7
8   import json
9
10  batch_size = 64
11  epochs = 100
12  latent_dim = 256
13  max_num_samples = 20
```

然后处理之前定义的迷你对话数据库 chat.txt, 我们紧跟着用一个函数 init_dataset 来处理数据:

```
15  def init_dataset(num_samples):
16      data_path = './chat.txt'
17
18      # 对数据进行向量化处理
19      input_texts = []
20      target_texts = []
21      input_characters = set()
22      target_characters = set()
23      with open(data_path, 'r', encoding='utf-8') as f:
24          lines = f.read().split('\n')
25      for line in lines[: min(num_samples, len(lines) - 1)]:
26          input_text, target_text = line.split('\t')
27          # 我们用"\t"作为字符串的起始标志
28          # 将"\n"符号作为目标句子结束标志
29          target_text = '\t' + target_text + '\n'
30          input_texts.append(input_text)
31          target_texts.append(target_text)
32          for char in input_text:
33              if char not in input_characters:
34                  input_characters.add(char)
35          for char in target_text:
36              if char not in target_characters:
37                  target_characters.add(char)
38
```

注意，数据的格式是{input_text}\t{target_text}，因此在以上代码中，我们首先获取每一行，然后将每一行用 line.split 分割成 input_text 和 target_text（第 26 行），最后用 set()统计 input_text 和 target_text()的样本空间大小（在这个例子中，我们是按照字符进行处理的）。换句话说，我们在下面的代码中建立字符集索引，准备将每个句子向量化：

```
39  input_characters = sorted(list(input_characters))
40  target_characters = sorted(list(target_characters))
41  num_encoder_tokens = len(input_characters)
42  num_decoder_tokens = len(target_characters)
43  max_encoder_seq_length = max([len(txt) for txt in input_texts])
44  max_decoder_seq_length = max([len(txt) for txt in target_texts])
45
46  input_token_index = dict(
47      [(char, i) for i, char in enumerate(input_characters)])
48  target_token_index = dict(
49      [(char, i) for i, char in enumerate(target_characters)])
50
51  encoder_input_data = np.zeros(
52      (len(input_texts), max_encoder_seq_length, num_encoder_tokens),
53      dtype='float32')
54  decoder_input_data = np.zeros(
55      (len(input_texts), max_decoder_seq_length, num_decoder_tokens),
56      dtype='float32')
57  decoder_target_data = np.zeros(
58      (len(input_texts), max_decoder_seq_length, num_decoder_tokens),
59      dtype='float32')
```

其中，比较重要的是第 46～49 行，这几行把输入字符和输出字符各自做了索引。在第 51～59 行创建了如下 3 组向量。

◎ encoder_input_data：encoder 的输入句子向量。

◎ decoder_input_data：decoder 的输入句子向量。

◎ decoder_target_data：decoder 的目标句子向量。

和如图 6-9 所示的 encoder-decoder 架构图相比，我们可以看到上面的 3 组向量正好是图 6-9 中的输入和输出（有两个输入和 1 个输出）。所以下面的代码是利用前面建立的索引表，对 input_texts 和 target_texts 中的每组数据都建立对应的向量，最后把相关数据返回：

```
60      for i, (input_text, target_text) in enumerate(zip(input_texts,
61   target_texts)):
62          for t, char in enumerate(input_text):
63              encoder_input_data[i, t, input_token_index[char]] = 1.
64          for t, char in enumerate(target_text):
65              # decoder_target_data 比 decoder_input_data 要提前一步
66              decoder_input_data[i, t, target_token_index[char]] = 1.
67              if t > 0:
68                  # decoder_target_data 要提前一步,而且不会包括起始字符
69                  decoder_target_data[i, t - 1, target_token_index[char]] = 1.
70
71
72      return {
73          'encoder_input_data': encoder_input_data,
74          'decoder_input_data': decoder_input_data,
75          'decoder_target_data': decoder_target_data,
76          'num_encoder_tokens': num_encoder_tokens,
77          'num_decoder_tokens': num_decoder_tokens,
78          'input_token_index': input_token_index,
79          'target_token_index': target_token_index,
80          'max_encoder_seq_length': max_encoder_seq_length,
81          'max_decoder_seq_length': max_decoder_seq_length,
82      }
```

在前面的数据处理都完成后,我们就可以开始建立 Seq2Seq 模型。建立 Seq2Seq 模型的代码如下,主要利用了 Keras 自带的 LSTM 模型,这样我们的工作会简单很多:

```
87   dataset = init_dataset(max_num_samples)
88   num_encoder_tokens = dataset['num_encoder_tokens']
89   num_decoder_tokens = dataset['num_decoder_tokens']
90   encoder_input_data = dataset['encoder_input_data']
91   decoder_input_data = dataset['decoder_input_data']
92   decoder_target_data = dataset['decoder_target_data']
93
94   # 定义输入数据并处理
95   encoder_inputs = Input(shape=(None, num_encoder_tokens))
96   encoder = LSTM(latent_dim, return_state=True)
97   encoder_outputs, state_h, state_c = encoder(encoder_inputs)
98
99   # 去掉 'encoder_outputs',只保留状态
100  encoder_states = [state_h, state_c]
101  # 设置 decoder,使用 'encoder_states' 作为初始状态
```

```
102
103 decoder_inputs = Input(shape=(None, num_decoder_tokens))
104 # 设置decoder返回完整输出序列,
105 # 与此同时,decoder也需要把内部状态返回
106 # 我们并不在训练时使用内部状态,但在做预测时会使用
107 decoder_lstm = LSTM(latent_dim, return_sequences=True, return_state=True)
108 decoder_outputs, _, _ = decoder_lstm(decoder_inputs,
109                                       initial_state=encoder_states)
110 decoder_dense = Dense(num_decoder_tokens, activation='softmax')
111 decoder_outputs = decoder_dense(decoder_outputs)
112
113 model = Model([encoder_inputs, decoder_inputs], decoder_outputs)
114
115 model.compile(optimizer='rmsprop', loss='categorical_crossentropy')
116 model.fit([encoder_input_data, decoder_input_data], decoder_target_data,
117           batch_size=batch_size, epochs=epochs, validation_split=0.2)
```

我们看看上面的代码都做了什么。

第87～92行：引入相关数据和参数。

第94～100行：建立encoder网络。我们引入一个Input层作为LSTM网络的输入，但是只定义LSTM网络返回state，而不需要返回sequence（序列最终结果），如图6-9中的网络所设计的。然后我们在第97～100行获得LSTM encoder网络中的隐藏状态和记忆单元的值。

第103～111行：建立decoder网络。我们同样定义一个LSTM网络，但这次设定需要返回最终结果（return_sequences=True），最后把最终返回的结果（向量数据）输入一个全连接网络中，并使用softmax作为激活函数。

第113～117行：拼接网络、完成模型并进行训练。注意，我们在搭建从encoder到decoder的网络时，encoder的状态输出（隐藏状态和记忆单元）会被作为decoder的初始值，这意味着encoder在每次处理完一个输入串后，它的内部状态就会被用在decoder上进行第1个字符的输出。这也意味着encoder和decoder的LSTM网络必须保持同样的单元个数（在这个例子中是256，也就是latent_dim）。

然后，我们可以使用如下代码绘制并存储模型参数：

```
123 plot_model(model, to_file='s2s_1_model.png', show_shapes=True)
124
125 model.save('s2s_1.h5')
```

```
126
127 with open('s2s_1.json', 'w', encoding='utf8') as f:
128     f.write(model.to_json(indent=4))
129
130 config = {
131     "latent_dim": 256,
132     "max_num_samples": max_num_samples,
133     'num_encoder_tokens': num_encoder_tokens,
134     'num_decoder_tokens': num_decoder_tokens,
135     'input_token_index': dataset['input_token_index'],
136     'target_token_index': dataset['target_token_index'],
137     'max_encoder_seq_length': dataset['max_encoder_seq_length'],
138     'max_decoder_seq_length': dataset['max_decoder_seq_length'],
139 }
140
141 with open('s2s_1_config.json', 'w', encoding='utf8') as f:
142     f.write(json.dumps(config))
143
```

第 123 ~ 139 行：存储相关的参数。注意，在第 123 行中用 plot_model 函数绘制了如图 6-11 所示的模型架构。

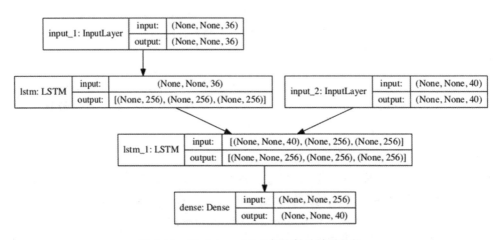

图 6-11　用 plot_model 函数绘制的模型架构

与在第 127 ~ 128 行中用 JSON 格式存储的模型描述文件相比，可以看到二者是一致的。但用代码中描述的方式存储模型，会对在后面的代码中读入配置和重建网络有很大的便利，在以下 inferencer 的实现中会详细讲述。

inferencer 的实现有如下两个关键问题：

◎ 如何重建网络？

◎ 如何对两个连接的 LSTM 网络实现 inference？

我们在 trainer 的代码中最后存储了如下 3 个文件。

◎ 模型权重（weights）文件：s2s_1.h5。

◎ 模型网络描述：s2s_1.json。

◎ 参数配置：s2s_1_config.json。

其中必不可少的是 s2s_1.h5 文件，这是 trainer 训练出来的网络权重，是重建模型的根本。s2s_1.json 实际上并不会在 inferencer 里被代码读入，但是对于编写 inferencer 时重建网络有重要的参考作用。s2s_1_config.json 则仅仅保存了一些运行参数设定，从算法角度来说它可有可无，完全可以通过硬编码写入程序，但对于工程产品来说需要共享一些共用参数。

现在我们看看 inferencer 的实现，将相关代码存为 seq2seq_inferencer.py 文件，如下所示：

```
1   import tensorflow as tf
2   import numpy as np
3
4   from tensorflow.keras.models import Model, load_model
5   from tensorflow.keras.layers import Input, LSTM, Dense
6   from tensorflow.keras.utils import plot_model
7
8   import json
9
10  config_file = './s2s_1_config.json'
11  model_file = './s2s_1.h5'
12
13  # 获取相关配置
14  config = {}
15  with open(config_file) as f:
16      config = json.load(f)
17
18  num_encoder_tokens = config['num_encoder_tokens']
19  num_decoder_tokens = config['num_decoder_tokens']
```

```
20  latent_dim = config['latent_dim']
21  max_num_samples = config['max_num_samples']
22
23  model = load_model(model_file)
```

以上代码的前两行,还是先引入依赖库,然后读取参数配置文件和模型文件。现在问题来了,我们该如何重构模型?

在 Keras 官方给出的实现[3]中并没有涉及这个环节,因为 training 和 inferencing 被写在一个文件中,所以在实现 inferencing 时直接引用 training 的 LSTM 网络就可以了。但在实际项目中不能这样操作,需要从训练出的权重文件中加载 weights,重新建立网络。

如何从权重文件中加载?或者说怎么知道在保存的.h5 文件中包含哪些内容?我们可以参考对应的 s2s_1.json 文件。实际上,我们在模型的 JSON 文件中只需关注 layers 部分,因为需要完成的工作其实只有一件事,即对每一层赋值:

```
"layers": [
        {
          "name": "input_1",
          "class_name": "InputLayer",
          // ...
        },
        {
          "name": "input_2",
          "class_name": "InputLayer",
          // ...
        },
        {
          "name": "lstm",
          "class_name": "LSTM",
          // ...
        },
        {
          "name": "lstm_1",
          "class_name": "LSTM",
          // ...
        },
        {
          "name": "dense",
          "class_name": "Dense",
          // ...
```

```
            }
        ],
```

可以看到，上面的数据描述恰好定义了5个层，分别对应如下内容。

◎ input_1：第1个输入（encoder）。

◎ input_2：第2个输入（decoder）。

◎ lstm：encoder网络（我们需要其输出中的states和cells）。

◎ lstm_1：decoder网络。

◎ dense：最后完成softmax的网络。

有了这些数据后，后面的网络构建便顺理成章了。我们首先从读取的模型参数中重构网络：

```
26  encoder_inputs = model.layers[0].input   # input_1
27  encoder_outputs, state_h_enc, state_c_enc = model.layers[2].output
28  encoder_states = [state_h_enc, state_c_enc]
29  encoder_model = Model(encoder_inputs, encoder_states)
30
31  decoder_inputs = model.layers[1].input   # input_2
32  decoder_state_input_h = Input(shape=(latent_dim,), name='input_3')
33  decoder_state_input_c = Input(shape=(latent_dim,), name='input_4')
34  decoder_states_inputs = [decoder_state_input_h, decoder_state_input_c]
35  decoder_lstm = model.layers[3]
36  decoder_outputs, state_h_dec, state_c_dec = decoder_lstm(
37      decoder_inputs, initial_state=decoder_states_inputs)
38  decoder_states = [state_h_dec, state_c_dec]
39  decoder_dense = model.layers[4]
40  decoder_outputs = decoder_dense(decoder_outputs)
41  decoder_model = Model( [decoder_inputs] + decoder_states_inputs,
42                         [decoder_outputs] + decoder_states)
```

我们再来看看以上代码都做了什么。

第26～29行：重构encoder网络。首先，从模型权重的第1个layers[0]中获得其input向量，并将其存为encoder_inputs；然后，从上面对JSON文件的浏览中发现encoder的LSTM网络被定义在layers[2]中，因此在第27～28行从layers[2]中获得所需要的输出（再次注意，这里只需要encoder中的隐藏状态和cells）；最后，定义encoder的输入和输出。

第 31~34 行：重构 decoder 网络，定义 inputs。同样，我们首先从 layers[1]中获得第 1 个输入 decoder_inputs。然而对 decoder 来说，除了自身的输入，还需要引入 encoder 的 hidden states 和 cells。这里并不直接引用，而是定义两个 input 向量作为 decoder_states_inputs。decoder 的这 3 个输入要在做具体的预测计算时再通过 encoder 运算后进行赋值，后面再谈这个问题。

第 35~37 行：重构 decoder 中的 LSTM 网络。同样先从 layers[3]中导入 LSTM 层。和 encoder 不同，这里需要 LSTM 包括运算后的 target sequence 结果，同时需要 decoder LSTM 的初始参数与在第 31~34 行中设定的 3 个输入一致，因此在这 3 行中的实现和上面的第 27 行不一样。

第 38~42 行：重构 decoder 中的全连接层和完整的 decoder 的输入和输出定义。和前面一样，我们首先从 layers[4]中获取网络设置，然后将前面的 decoder_outputs（decoder LSTM 计算后的 sequence vector）作为输入，更新 decoder_outputs，最后在第 41~42 行定义整个模型的输入和输出。

这样，我们完成了 Seq2Seq 网络在 inferencing 阶段的重构，但是还差一个重要的操作，这是在 training 阶段没有的操作。

将下面的图 6-12 与图 6-9 对比，我们可以发现：图 6-12 多出一条通道，decoder 的每次输出又成为下一次 decoder 的输入之一（另外两个输入是 encoder 的 hidden states 和 cells，即上面代码第 28 行中的[state_h_enc, state_c_enc]）。这是因为在 training 阶段，decoder 的顺序输入可以直接从训练集中获取，而在 inferencing 阶段只能从上一次的输出中获取。

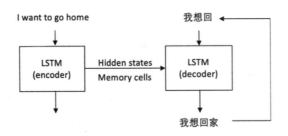

图 6-12　encoder-decoder inferencing

在 inference 阶段，我们需要对输入的一个句子进行以下处理。

（1）把输入的句子向量化。

（2）用encoder处理输入句子向量，并获取其内部状态作为decoder的初始值。

（3）使用句子的第1个字符作为decoder的输入，运行一次，decoder会输出预测的下一个字符。

（4）在decoder的输入中增加第3步中的输出，重复第3步。

我们可以看到，对一个句子而言，encoder只运行一次，在处理完整个句子后把内部状态对decoder作为初始值赋值，然后按单个字符循环运行decoder，并更新decoder的输入和状态，直到结束。这也就是预测推断（inference）的具体过程，其代码实现如下：

```
47  input_token_index = config['input_token_index']
48  target_token_index = config['target_token_index']
49  reverse_input_char_index = dict(
50      (i, char) for char, i in input_token_index.items())
51  reverse_target_char_index = dict(
52      (i, char) for char, i in target_token_index.items())
53
54
55  def decode_sequence(input_seq, max_decoder_seq_length):
56      # 首先用encoder模型对输入序列进行预测，获得其内部状态（即该模型输出）
57      states_value = encoder_model.predict(input_seq)
58
59      # 生成长度为1的空目标串
60      target_seq = np.zeros((1, 1, num_decoder_tokens))
61      # 设置第1个开始字符为'\t'的索引值
62      target_seq[0, 0, target_token_index['\t']] = 1.
63
64      stop_condition = False
65      decoded_sentence = ''
66      while not stop_condition:
67          output_tokens, h, c = decoder_model.predict(
68              [target_seq] + states_value)
69
70          # 获取一个token
71          sampled_token_index = np.argmax(output_tokens[0, -1, :])
72          sampled_char = reverse_target_char_index[sampled_token_index]
73          decoded_sentence += sampled_char
74
75          # 退出条件：达到最大长度或发现停止字符标记
76          if (sampled_char == '\n' or
```

```
77              len(decoded_sentence) > max_decoder_seq_length):
78             stop_condition = True
79
80         # 更新目标字符串
81         target_seq = np.zeros((1, 1, num_decoder_tokens))
82         target_seq[0, 0, sampled_token_index] = 1.
83
84         # 更新当前状态值
85         states_value = [h, c]
86
87     return decoded_sentence
```

我们看看上面的代码都做了什么。

第 47～52 行：和在前面的 trainer 中读取数据集类似，我们需要建立字符的索引表和反向索引，以便把句子用 One-hot encoding 向量化。

第 55 行：这里定义的函数 decode_sequence 负责对输入的句子向量进行处理后产生输出，其中的第 2 个参数决定了输出句子的最大长度（以免无限制生成）。

第 56～57 行：这里运行一次 encoder，对整个句子向量进行预测，并获得相关的内部状态 states_value。

第 60～62 行：定义 target_sequence。这里首先定义有 1 个字符的 target sequence，并用 '\t' 的索引值作为初始值（因为在数据集中是用 '\t' 作为开始符号的）。注意，target sequence 本身是一个三维数组，其维度为（1,1,num_decoder_tokens），最后这个 number_decode_tokens 是 One-hot encoding 的向量长度。

第 64～68 行：在定义了中止变量 stop_condition 和最终字符串 decoded_sentence 后，进入循环，不断用 decoder 进行下一个字符的预测。

第 70～71 行：将 decoder 作为预测模型，将 target_seq（初始值为 '/t'）加上前面 encoder 的内部状态 states_value 作为输入，获得预测结果（下一个字符向量）。

第 72～73 行：将预测的下一个字符向量通过反向索引表转换为正常字符，加入最终的字符串结果 decoded_sentence 中。

第 76～78 行：判断是否中止运算。

第 80～85 行：更新 decoder 的输入数据和状态，然后进入下一次循环。

第 87 行：返回最终结果。

上面仔细讲了 Seq2Seq 模型的实现，下面用一段测试代码看看其效果如何：

```
91  data_path = './chat.txt'
92
93  # 建立字符索引表
94  input_texts = []
95  input_characters = set()
96  with open(data_path, 'r', encoding='utf-8') as f:
97      lines = f.read().split('\n')
98
99  for line in lines[:len(lines) - 1]:
100     input_text, target_text = line.split('\t')
101     # 用'\t'作为开始标记
102     # 用'\n'作为结束标记
103     input_texts.append(input_text)
104     for char in input_text:
105         if char not in input_characters:
106             input_characters.add(char)
107
108 input_characters = sorted(list(input_characters))
109 num_encoder_tokens = len(input_characters)
110 max_encoder_seq_length = max([len(txt) for txt in input_texts])
111
112 input_token_index = dict([(char, i) for i, char in
113 enumerate(input_characters)])
114
115 def test(input_text):
116     input_data = np.zeros(
117         (1, max_encoder_seq_length, num_encoder_tokens), dtype='float32')
118
119     for t, char in enumerate(input_text):
120         input_data[0, t, input_token_index[char]] = 1.
121
122     response = decode_sequence(input_data, config['max_decoder_seq_length'])
123         print('input:{}, response:{}'.format(input_text, response))
124
125 test_data = [
126         'hello',
127         'hello world',
128         'how are you',
```

```
129                    'good morning',
130                    'cheers',
131                    'enjoy',
132             ]
133
134    for _, text in enumerate(test_data):
135        test(text)
```

第 91～113 行：从原来的训练数据集中重新读取文本，目的是建立输入字符的索引表，以便进行 One-hot encoding 向量化。

第 115～123 行：定义一个 test 函数，输入一个文本句子，获取结果并打印。在第 116～117 行首先定义一个 3 维向量来代表输入文本的向量化结果，设定最长的长度为 max_encoder_seq_length（由训练集中最长的句子决定），以及根据训练集得到的字符总数确定向量长度。在第 119～120 行根据输入文本的每个字符对向量赋值。在获得输入向量后，在第 122 行调用前面定义的 decode_sequence 进行运算，获得最终结果。

第 125～135 行：定义测试数据并调用 test 函数测试。

最终的测试输出如下：

```
input:hello, response:Helll

input:hello world, response:No, iikeeeroo.

input:how are you, response:No, 300yeerss dd.

input:good morning, response:No, 300yeerssod.

input:cheers, response:yotttoo!

input:enjoy, response:Cheerss!
```

因为我们只是手工打造了一个只包含 20 句对话的数据集，并且只训练了 100 次，所以最终结果并不理想。即便如此，我们从上面的代码中也能看出该网络能生成一些有一定意义的文字反馈。

在产品级别的对话机器人实现中，对于英语语言，我们可以采用康奈尔大学提供的电影对话数据集[4]进行训练，和前面简单的一问一答形式的数据集不同，该数据集并没有固定的问答形式，而是以连续的剧本对话形式存在的。由于该数据集中的原始数据还包括角色名称和剧本相关信息，不适合被直接用于机器学习训练，所以研究人员提供了清晰化后的包含一万行剧本对话的数据集[5]，部分内容如下：

> ...
> Let me see what I can do.
> Gosh, if only we could find Kat a boyfriend...
> That's a shame.
> Unsolved mystery. She used to be really popular when she started high school, then it was just like she got sick of it or something.
> Why?
> Seems like she could get a date easy enough...
> ...

对于类似上面例子的数据集，我们不妨把头两句作为一组"问答"训练数据，然后把该组的第 2 句作为第 2 组的第 1 句，以此类推，也就是把上面的剧本对话变为如表 6-2 所示。

表 6-2　训练数据示例

Encoder Input Sentence	Decoder Target Sentence
Let me see what I can do.	Gosh, if only we could find Kat a boyfriend...
Gosh, if only we could find Kat a boyfriend...	That's a shame.
That's a shame.	……

这里不再重复具体实现，根据不同的数据集结构有不同的处理方式。但正如图 6-9 中的架构所示，归根结底总是从 encoder input 到 decoder target 的映射关系，Seq2Seq 算法则是以深度学习的方式来拟合这种映射关系的一种有效方案。

6.4　Attention

前面介绍的 Seq2Seq，或者说 encoder-decoder 的实现，是自然语言处理中在 2015 年之前被证明非常有效的方案之一，被大量的相关应用采用。然而，尽管 Seq2Seq 可以达到不错的效果，但并不能说它是最佳方案。在 2015 年发表的论文 *Neural Machine Translation by Jointly Learning to Align and Translate*[5]中第一次提出了在 Seq2Seq 中加入

Attention 机制,并在 2017 年由 Google 发表的 *Attention Is All You Need*[6]论文中彻底抛开了 LSTM,纯粹使用基于 Attention 的 encoder-decoder 架构(Transformer)并达到了很好的效果。当然,NLP 是一个快速发展的领域,2018 年年末的论文 *BERT: Pre-training of Deep Bidirectional Transformers for Language Understanding*[8]进一步使用双向 Transformer 再次刷新业界记录。对业界的最新研究成果感兴趣的读者,可以自行根据本章参考文献阅读相关论文,这里并不打算对最新的前沿研究进行详细分析。但是,对其中的核心概念 Attention 机制进行一定的了解,有助于后续进行深入研究。

6.4.1 Seq2Seq 的问题

在 Seq2Seq 的实现中,我们把 encoder 对整个句子处理后的隐藏状态作为输入提供给 decoder 对每一个词进行处理,如图 6-13 所示。

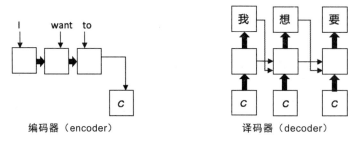

图 6-13 再看 Seq2Seq

在图 6-13 中可以看到,我们首先从 encoder 获得对句子整体处理后的相关信息,然后把整个句子的相关信息作为参数,提供给 decoder 进行每次的处理。这里的问题是图 6-13 中的 C 代表整个句子的信息,对于短句而言信息量有限,这样做是可以的,但对于较长的句子,我们在处理句子开头的词语时,并不真的需要关注句子末尾的内容。因此在处理长句时(或者任何长序列数据时),将完整句子的信息作为参数提供给 decoder,并不能达到很好的效果。因此在 *Attention Is All You Need*[6]这篇论文中提出了 Attention 机制,让 encoder 提供给 decoder 的不再是完整句子的隐藏状态,而是在完整句子的隐藏状态之上再添加一个步骤:找出每个词语在当前位置(Timestep)的一个权重关系。下面看看 Attention 的工作原理。

6.4.2　Attention 的工作原理

我们首先从整体讲一下 Attention 的工作原理：对于所处理的每个词，我们都需要获取针对当前词语的句子信息。也就是说，我们提供给 decoder 的句子信息，是根据当前词语而变化的不同 vector，而不是像在 Seq2Seq 里面那样是一个固定的 vector。

我们记这个 vector 为 C_i，其中，C 代表上下文（Context），i 代表句子中的位置（Timestep），那么如何获得这个 C_i 呢？在本章参考文献[6]中提到"The context vector C_i depends on a sequence of annotation ... . Each annotation contains information about the whole input sequence with a strong focus on the parts surrounding the i-th word of the input sequence"。根据这句话，我们的重点是对句子中的词语获得一个针对其位置 i 的 annotation，记为 A_i。

明白了 C_i 和 A_i 的概念，我们来一步一步地看具体怎么获得 C_i，又怎么将其提供给 decoder。

1. 获得每个字的隐藏状态

我们假设要翻译"深度学习"为"Deep Learning"，则我们仍然要有一个 encoder，其中的 RNN 对"深度学习"这 4 个字处理后分别获得 h_1、h_2、h_3 和 h_4 的隐藏状态，如图 6-14 所示。

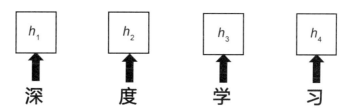

图 6-14　encoder 处理后的隐藏状态

2. 获得第 i 个词语的相关值 a_i

在获得图 6-14 中的隐藏状态之后，我们需要做如图 6-15 所示的操作。

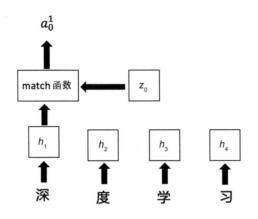

图 6-15 单个词处理

在图 6-15 中，我们可以将 (h_1, h_2, h_3, h_4) 看作一个初始 vector Z_0，其值需要在训练后确定。而对于每个词的相关值，则通过 match 函数获得：

$$a_j^i = match(h_i, z_j)$$

其中，match 函数的实现现在没有定论，可以使用多种不同的算法，比如直接算二者的余弦距离，设定一个简单的神经网络，最后输出单独的数值或者进行矩阵转换，只要确保最后输出一个数值即可[9]。

3. 获取 Annotation 和 Context

我们首先对在上面一步获取的 a_j^i 做 softmax 计算，所得到的数值即上文所介绍的 Annotation（在 memory j 输入时对应的位置 i 上）。

$$C_i = A_i^j h_i$$

然后，我们最终需要的 C_0 向量是所有 Annotation 与对应的 hidden states 的乘积之和，即

$$C_i = A_i^j h_i$$

其计算过程如图 6-16 所示。

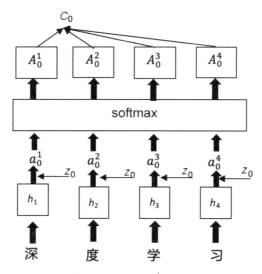

图 6-16 计算 Annotation A_i^j 和 Context C_i

在图 6-16 中，我们不妨假设 $A_0^1 = 0.5$，$A_0^2 = 0.5$，$A_0^3 = 0.5$，$A_0^4 = 0$，则有

$$C_0 = 0.5 \cdot h_1 + 0.5 \cdot h_2 + 0 \cdot h_3 + 0 \cdot h_4$$

4. 输入 decoder，获取第 1 个输出

在图 6-17(a)中，我们对比图 6-12 可以看到，实际上 Attention 机制和 Seq2Seq 的不同之处在于：Seq2Seq 对 decoder 的输入是 encoder 的隐藏状态和记忆单元；Attention 机制则是在隐藏状态上加了一层做了特殊处理，对 decoder 的输入是处理后的上下文 C_0 和记忆单元 z_0。

在图 6-17(b)中，我们把 decoder 的隐藏状态返回 encoder，并作为 z_1 向量又重复前面的第 2 步和第 3 步，和 h_1、h_2、h_3、h_4 各自配对并输入 match 函数中进行 softmax 操作，获得 Annotation A_1^1、A_1^2、A_1^3、A_1^4，并得到 C_1，再重复第 4 步，获得第 2 个输出，如图 6-18 所示。

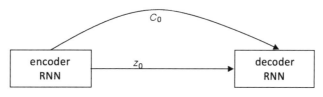

(a) 将 encoder 的记忆单元 z_0 和上下文 C_0 输入 decoder 中

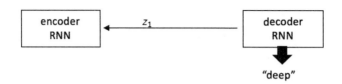

(b) ecoder 将其隐藏状态作为 z_1 输入 encoder，进行下一个 C_1 的计算

图 6-17　decoder 的工作

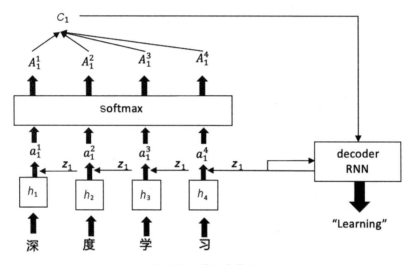

图 6-18　第 2 个输出

以上就是 Attention 机制在自然语言处理中的基本工作原理。实际上，我们可以用同样的思路进行图像生成（根据周围像素生成新的像素）等操作，在此不再赘述。

6.4.3　Attention 在 Keras 中的实现

前面讲了 Attention 机制的具体原理，本节将通过代码示例看看具体是如何用 Keras 实现的。

这里首先把在 3.2 节讲解的步骤用伪代码进行描述。假设我们的输入是 $[x_1, x_2, x_3]$，输出是 y_1，那么根据 3.2 节中的步骤，我们首先通过 encoder RNN 获得隐藏状态：

$$h_1, h_2, h_3 = encoder(x_1, x_2, x_3)$$

我们可以把这里的 h_1、h_2、h_3 作为 LSTM 网络的输出：

```
activations = LSTM(units, return_sequences=True)(embeddings)
```

然后需要通过 match 函数比较 decoder 的记忆单元输出 z_0 和每个 encoder 中隐藏状态的差别。对于 decoder 的第 1 个输出，我们可以将其设为 0：

```
e11 = match(0, h1)
e12 = match(0, h2)
e13 = match(0, h3)
```

这里的重点在于对 match 函数的选择。实际上，大多数 Attention 网络的实现都参考了本章参考文献[10]中的实现，使用将 tanh 作为激活函数的一个全连接网络，在 Keras 中可以进行如下实现：

```
a = Dense(1, activation='tanh', bias_initializer='zeros')(activations)
```

注意，我们将 bias 初始化为 0，bias 即对应预设的 decoder 输出。

紧接着进行 softmax 操作：

```
sum = exp(e11) + exp(e12) + exp(e13)
a11 = exp(e11)/sum
a12 = exp(e12)/sum
a13 = exp(e13)/sum
```

这里就可以直接使用 Keras 的 softmax 函数了：

```
a = Flatten()(a)
attention = Activation('softmax')(a)
attention = RepeatVector(units)(attention)
attention = Permute((2, 1))(attention)
```

以上代码中的第 3~6 行计算了每一个 timestep 在句子中的重要程度。

最后便可获得 Context vector：

$c_1 = a_{11} * h_1 + a_{12} * h_2 + a_{13} * h_3$

这在 Keras 中用 merge 函数只需一行代码即可实现：

```
Context = merge([activations, attention], mode='mul')
```

综合上面的代码，我们得到一个完整的 Attention Keras 实现：

```
activations = LSTM(units, return_sequences=True)(embeddings)
a = Dense(1, activation='tanh', bias_initializer='zeros')(activations)
a = Flatten()(a)
```

```
attention = Activation('softmax')(a)
attention = RepeatVector(units)(attention)
attention = Permute((2, 1))(attention)
context = merge([activations, attention], mode='mul')
```

Attention 机制在目前并没有一个标准实现,以上代码来自 GitHub 的讨论[11]。然而这并不意味着可以直接使用以上代码。6.4.4 节将结合一个简单的例子来看看如何在具体的代码中使用 Attention。

6.4.4　Attention 示例

我们先给出一个简单的例子:对于一个长度为 6 的整数数组,只保留前面的 3 个数字,而将后面的 3 个数字置 0。例如:

```
input: [1,2,3,4,5,6], output: [1,2,3,0,0,0]
input: [20,12,6,12,10,30], output: [20,12,6,0,0,0]
```

该例子源于本章参考文献[12]所给出的示例,它在本章参考文献[12]中用于对比 encoder-decoder 和 Attention 的效果,但因为其基于较早的 Keras 版本,所给的 Attention 实现已经无法在新版本的 Keras 中运行,所以这里根据 TensorFlow 自带的 Keras 版本对其进行了调整。

我们需要实现如下辅助函数:

◎　生成随机数组;

◎　One-hot encoding;

◎　One-hot decoding;

◎　生成训练数据。

因为需要做 One-hot encoding,所以为了加快训练速度,我们设定数字范围为 [0,50]。下面来看具体的代码实现。

创建 test_attention.py 文件:

```
1   from random import randint
2   from numpy import array
3   from numpy import argmax
4   from numpy import array_equal
```

```
5   from tensorflow.keras.models import Sequential, Model
6   from tensorflow.keras.layers import LSTM, Input, Dense, RepeatVector, Flatten
7   from tensorflow.keras.layers import Activation, Permute, multiply
```

可以看到，该文件的第 1~7 行引入了相关依赖。注意，第 6~7 行引入了需要的所有层类型：

```
8   # 生成一组随机整数
9   def generate_sequence(length, n_unique):
10      return [randint(0, n_unique-1) for _ in range(length)]
11
12  # 进行 One-hot encoding
13  def one_hot_encode(sequence, n_unique):
14      encoding = list()
15      for value in sequence:
16          vector = [0 for _ in range(n_unique)]
17          vector[value] = 1
18          encoding.append(vector)
19      return array(encoding)
20
21  # 对编码后的字符串进行 One-hot decoding
22  def one_hot_decode(encoded_seq):
23      return [argmax(vector) for vector in encoded_seq]
```

我们看看上面这段代码都做了什么。

第 9~10 行：根据给定的长度 length，生成[0, n_unique-1]区间的随机整数数组。

第 13~19 行：对所生成的整数数组进行 One-hot encoding。因为整个数值区间为[0, n_unique-1]，所以每个数的 encoding vector 长度都为 n_unique，根据所对应的数值所在位置，将该 vector 的对应值设为 1。最后生成一个 2D 数组，其中的每个元素都是不同的 encoding vector。例如，sequence 为[1,2,10]，则对应的 One-hot encoding 结果如下：

[[0,1,0,0,0,0,0,0,0,0,0,0,0,…], [0,0,1,0,0,0,0,0,0,0,0,0,0,…], [0,0,0,0,0,0,0,0,0,0,10,0,0,…]]

第 22~23 行：对 encoding vector 进行 decode（解码），将其恢复为对应的整数。从第 13~19 行的代码可以看到，一个整数的 encoding vector 只会有一个位置为 1，其他位置为 0，所以我们可以用 argmax 函数找到每个 vector 的最大值所在的位置，这就是所对应的整数，并作为对应的结果返回：

```
26  def get_pair(n_in, n_out, cardinality):
```

```
27         # 生成随机序列
28         sequence_in = generate_sequence(n_in, cardinality)
29
30         sequence_out = sequence_in[:n_out] + [0 for _ in range(n_in-n_out)]
31         # One-hot encoding
32         X = one_hot_encode(sequence_in, cardinality)
33         y = one_hot_encode(sequence_out, cardinality)
34         # 重组序列,变为三维数组
35         X = X.reshape((1, X.shape[0], X.shape[1]))
36         y = y.reshape((1, y.shape[0], y.shape[1]))
37         return X,y
```

上面的 get_pair 函数创建了训练数据 X 和 y。其中,X 是给定范围内的随机整数数组,y 是只包含前 n_out 个整数的处理后的结果。

第 28 行:创建随机整数数组作为输入,其中,n_in 指数组长度,cardinality 指数值维度(这里就是数值的取值空间[0,49],维度为 50)。

第 30 行:创建输出数组,取输入数组的前 n_out 个数字,然后用 0 填充剩余位置(保持和输入数组最终的长度一样)。

第 32~33 行:调用前面的 one_hot_encoder,将数组中的每个整数都转换为 vector。

第 35~36 行:调用 reshape 函数,将 X 和 y 转换为可作为模型训练输入的三维数组(样本数为 sample_number,样本长度为 sample_length,样本维度为 sample_dimension)。这里只生成了一组数据,因此样本数为 1,样本长度则为每个样本的 timestep,样本维度为之前定义的数据取值范围,因此分别为 X.shape[0]、X.shape[1]、y.shape[0] 和 y.shape[1]。

在定义好辅助数据的相关方法后,我们开始进行模型的具体实现:

```
39   def attention_model(n_timesteps_in, n_features):
40       units = 50
41       inputs = Input(shape=(n_timesteps_in, n_features))
42
43       encoder = LSTM(units, return_sequences=True, return_state=True)
44       encoder_outputs, encoder_states, _ = encoder(inputs)
45
46       a = Dense(1, activation='tanh', bias_initializer='zeros')(encoder_outputs)
47       a = Flatten()(a)
48       annotation = Activation('softmax')(a)
```

```
49            annotation = RepeatVector(units)(annotation)
50            annotation = Permute((2, 1))(annotation)
51
52            context = multiply([encoder_outputs, annotation])
53            output = Dense(n_features, activation='softmax', name='final_dense')(context)
54
55            model = Model([inputs], output)
56            model.compile(loss='categorical_crossentropy', optimizer='adam',
57  metrics=['acc'])
58            return model
```

我们看看上面这段代码都做了什么。

第 40 行：定义 LSTM 中的 units 个数。根据 Keras 的 LSTM 网络的定义，这是 LSTM 输出的空间维度，因为我们输出的是[0,49]每个数值的概率分布，所以维度为 50。

第 41～44 行：定义初始的 LSTM 网络，其中，Input 被定义为(n_timesteps, n_features)的二维数组，这是因为如前所述，每一个样本都由 timestep 决定长度，而每个 timestep 上的数据维度都为 n_features。

第 46～51 行：这是 6.4.3 节所描述的 Attention 实现，在此不再赘述。

第 52～53 行：上一节在讲解 Attention 实现时有一步没有提到，即当我们将 LSTM 输出和 Annotation 相乘后，其实得到的 context 还需要做一个 softmax 转换计算，其输出才是我们需要的[0,49]的概率分布。如果不加上第 52 行的处理，则虽然模型能运行，但无法得到预期的结果。

第 55～58 行：建立模型并返回。

我们再定义一种训练模型的方法：

```
59  def train_evaluate_model(model, n_timesteps_in, n_timesteps_out, n_features):
60      for epoch in range(5000):
61      X,y = get_pair(n_timesteps_in, n_timesteps_out, n_features)
62      model.fit(X, y, epochs=1, verbose=0)
63
64      total, correct = 100, 0
65      for _ in range(total):
66      X,y = get_pair(n_timesteps_in, n_timesteps_out, n_features)
67      yhat = model.predict(X, verbose=0)
68      result = one_hot_decode(yhat[0])
69      expected = one_hot_decode(y[0])
```

```
70          if array_equal(expected, result):
71              correct += 1
72
73      return float(correct)/float(total)*100.0
```

我们看看上面这段代码都做了些什么。

第 60~62 行：直接利用前面定义的 get_pair 方法生成一条训练数据，并调用 fit 函数对模型训练一次，一共生成 5000 次数据进行训练。

第 64~71 行：生成 100 条测试数据进行 accuracy 检测。第 66 行首先再次生成一条测试数据；第 67 行使用模型的 predict 方法进行预测；第 68~69 行将预测结果和所生成数据的真实结果进行 decode，将预测结果和真实结果都转换成类似[1,2,3,10,20,30]的数值数组，并在第 70~71 行进行比较，如果一致，则预测成功。最后在第 73 行返回预测的准确率。

下面我们来执行一下，看看效果：

```
75  n_features = 50
76  n_timesteps_in = 6
77  n_timesteps_out = 3
78  n_repeats = 5
79
80  for _ in range(n_repeats):
81      model = attention_model(n_timesteps_in, n_features)
82      accuracy = train_evaluate_model(model, n_timesteps_in, n_timesteps_out,
83  n_features)
84      print(accuracy)
```

第 75~78 行：定义全局参数。n_features 是数据维度[0,49]；n_timesteps_in 是数据长度；n_timesteps_out 是所截取的数据长度；n_repeats 是实验次数。

第 80~84 行：运行 n_repeats 所定义的实验次数。第 81 行建立 attention 模型；第 82~83 行进行训练和测试；第 84 行打印结果。

运行结果如下：

```
86.0
74.0
79.0
51.0
89.0
```

可以看到，因为每次的训练数据不同，所以最终模型的准确率变化较大，但整体平均在 75%以上。如果使用本章参考文献[12]中单纯基于 LSTM 的 encoder-decoder 模式，则其准确率不会超过 10%。

6.5 本章小结

本章针对自然语言处理领域，以聊天机器人为例子切入，首先介绍了如 BOW、Embedding、word2vec 等关键概念，然后仔细讲解了 RNN 和 LSTM 网络的工作原理。对这方面内容的介绍，重点参考了李宏毅教授的讲座[9]，推荐有兴趣的读者自行学习。

在介绍了和 NLP 相关的基本概念之后，我们以 Seq2Seq 模型为重点，讲解了语言翻译和聊天机器人的训练素材（语料库）组织形式及 Seq2Seq 代表的 encoder-decoder 的具体工作流程，最后用 Keras 实现了一个可用于生产环境的完整 Seq2Seq 模型，并展示了具体的运行效果。

本章最后引入了近年来 NLP 领域非常重要的 Attention 机制，讨论了其工作原理和 Keras 代码实现（推荐读者自行阅读本章参考文献[11]中关于 Attention 模型实现的讨论），然后通过一个简单的整数数组处理流程的代码实现，体现了 Attention 机制在实际应用中的具体使用方式。当然，因为机制的复杂性，Attention 在不同领域中的使用方式都不同，这里只是让读者有一个基本了解。若想对 Attention 有进一步的应用，则可以阅读本章参考文献[7][8]等自行学习。

6.6 本章参考文献

[1] "Learning phrase representations using RNN encoder-decoder for statistical machine translation", K. Cho, D. Bahdanau, F. Bougares, H. Schwenk, Y. Bengio, 2014

[2] "Sequence to Sequence Learning with Neural Networks", I. Sutskever, O. Vinyals, Q.V.Le, 2014

[3] https://github.com/keras-team/keras/blob/master/examples/lstm_seq2seq.py

[4] https://www.cs.cornell.edu/~cristian/Cornell_Movie-Dialogs_Corpus.html

[5] https://github.com/nicolas-ivanov/debug_seq2seq/blob/master/data/train/movie_

lines_cleaned_10k.txt

[6] "Neural Machine Translation by Jointly Learning to Align and Translate", Dzmitry Bahdanau, Kyunghyun Cho, Yoshua Bengio, 2015

[7] "Attention Is All You Need", Google, 2017

[8] "BERT: Pre-training of Deep Bidirectional Transformers for Language Understanding", Google, 2018

[9] "Attention-based Model", http://speech.ee.ntu.edu.tw/~tlkagk/courses_MLDS18.html, Hongyi-Li

[10] "Attention-Based Bidirectional Long Short-Term Memory Networks for Relation Classification", P. Zhou, W.Shi, et al, 2016

[11] https://github.com/keras-team/keras/issues/4962

[12] https://machinelearningmastery.com/encoder-decoder-attention-sequence-to-sequence-prediction-keras/

[13] http://www.manythings.org/anki/

第 7 章
图像分类实战

本章将介绍深度学习在图像分类中的应用,并以卷积神经网络为重点进行讲解。在了解其运行原理后,我们将基于 Keras 框架,使用交通图标数据集实现一个从模型训练到在线服务的完整流程。

本章将重点讲解卷积神经网络在图片分类中应用效果突出的原理,读者应仔细了解其实现原理,不必急于运行代码。另外,本章代码并不复杂,动手实现也有利于在第 8 章中更好地理解目标识别过程。

7.1 图像分类与卷积神经网络

7.1.1 卷积神经网络的历史

在过去很长一段时间内,图片分类一直都是 AI 研究的难题之一,直到 2011 年,在 IJCNN 图像分类比赛中,基于卷积神经网络的算法在表现上才首次超越了人类[1]。然后在 2012 年的 ImageNet 比赛中,基于卷积神经网络的 AlexNet 在大规模数据集上取得了令人瞩目的成绩。从那时开始,卷积神经网络就成为图像分类的主流算法。

基于深度学习的图像分类在原理上并不复杂,一个简单的例子如图 7-1 所示。

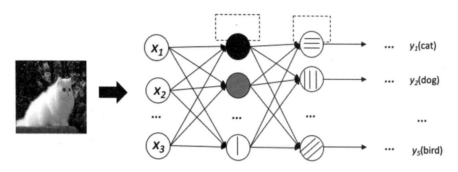

图 7-1 一个简单的例子

在图 7-1 中，我们把图片的像素值作为输入，在每一层都可以学到不同的图像特征，例如在第 1 层学到图像的局部颜色块和简单线条，在第 2 层学到稍微复杂的简单图案，以此类推，最后输出不同类别的概率，例如 y_1 代表猫的图像，y_2 代表狗的图像，等等。

但采用这种方式的问题在于要处理的数据量太大，假设我们要处理一张 100×100 大小的 RGB 图像，则输入的像素值有 30000（3×100×100）个，假设第 1 层的神经元有 1000 个，每个 a_i 的输入都为 $w_{i1} \times x_1 + w_{i2} \times x_2 + \cdots + w_{i30000} \times x_{30000}$，则一共有 1000×30000 个参数需要训练，而这只是第 1 层。尽管在理论上用深度学习来处理图像分类的逻辑是清晰的，但在卷积神经网络出现前并没有一种切实可行的方式使其得以普及。

7.1.2 图像分类的 3 个问题

卷积神经网络在图像分类上大放异彩并成为图像分类算法，这不光利用了一些图像分类的常识，而且和图像分类自身的一些特点分不开。人们在做图像分类时需要解决如下 3 个问题。

问题一：若某些有代表性的局部特征仅仅出现在极小的范围内，那么如何发现该类别特征而不用处理整张图片？

在图 7-2 中，(a)图为一辆汽车，我们可以发现轮胎是它较为典型的特征，如(b)图所示。换句话说，如果我们能发现类似轮胎的特征，则该图片属于汽车相关类别的概率较高。然而，该如何发现局部区域内存在的特征呢？

图 7-2　图片的局部特征

问题二：类似的局部特征会出现在图片的不同区域，该如何有效处理？

如图 7-3 所示，(a)图和(b)图都有类似的车头特征，然而(a)图的特征在图片的左边，(b)图的特征在图片的右边。若我们并不想强行设定对不同位置的局部特征分别进行处理，那么该如何自动发现分布在不同位置的相似特征呢？

图 7-3　分布在不同位置的相似特征

问题三：缩小图片（均匀采样）并不影响图片类别，那么能否利用这个思路来减少要处理的数据量？

在图 7-4 中，我们把图片缩小后并不会改变图片中物体的类别。图片缩小的过程实际上是一个采样（Sampling）的过程。正如前面利用全连接网络进行图像分类时所提到的，全连接网络的问题是需要处理的参数过多，那么我们能否利用采样方式来减少要处理的参数量呢？

图 7-4 不同大小的同样物体

7.2 节将基于这 3 个问题，讲解卷积神经网络是如何运行的，并介绍解决这 3 个问题的方法。

7.2 卷积神经网络的工作原理

从理论上讲，卷积神经网络的实现包括 3 个主要步骤：卷积运算（Convolution）、池化（Pooling）和检测（Detector）。

其中，检测的作用是把卷积运算后得到的结果输入非线性激活函数如 relu[2]中，如图 7-5 所示。

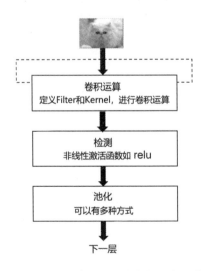

图 7-5 卷积神经网络的基本工作环节

如图 7-5 所示的卷积神经网络组成，参考了 MIT 出版社在 *Deep Learning* [2]一书中的描述,但我们在 Keras 和其他框架的实际开发中,往往无须把检测这个激活函数处理单独作为一层,因为在定义 Conv2D 层时可以直接指定所使用的 activation 函数:

```
model.add(Conv2D(64, (5, 5), activation='relu'))
```

因此在实现中,卷积神经网络是由多个卷积层及池化层叠加而成的。实际上,也可以在最后加入激活层,如图 7-6 所示。

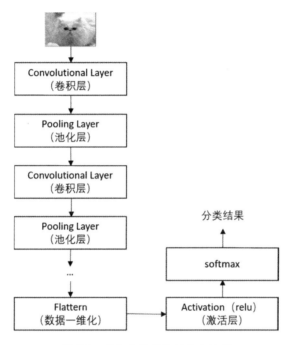

图 7-6 卷积神经网络的基本流程

本章的后面会仔细讨论代码实现,我们先把注意力集中在卷积运算和池化(后简称 Pooling)这两个主要概念上,如下所述。

7.2.1 卷积运算

卷积运算是图像处理领域存在已久的一种运算方式。假设有一个 3×3 矩阵 $A = \begin{bmatrix} 0 & 1 & 1 \\ 1 & 0 & 0 \\ 0 & 1 & 0 \end{bmatrix}$,以及一个 2×2 矩阵 $B = \begin{bmatrix} 1 & 0 \\ 0 & 1 \end{bmatrix}$。

我们从 A 的位置(0,0)开始,以 2×2 的窗口大小,从左到右、从上到下,将窗口内 A

的子矩阵同 **B** 做点积运算（Dot Production），如图 7-7 所示。

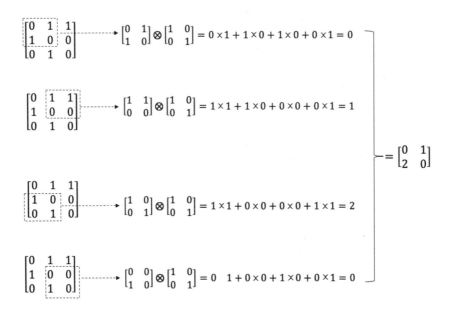

图 7-7 卷积运算示例

在如图 7-7 所示的卷积运算中还需要定义几个术语，方便后面进行讲解，如图 7-8 所示。

◎ Input：输入数据。

◎ Kernel：一个矩形区域，以滑动窗口形式在 Input 上从左到右、从上到下进行点积运算。

◎ Filter：在信号处理和传统图像处理中也有 Filter 的概念，例如 Low Pass Filter、High Pass Filter 等。在图 7-7 中，Kernel 所使用的矩阵 $\begin{bmatrix} 0 & 1 \\ 1 & 0 \end{bmatrix}$ 也就是其使用的 Filter。这里要注意 Kernel 和 Filter 的差别。在图 7-7 中只有一个通道，其输入 Input 实际上是一个维度为[3,3,1]的 tensor，Kernel 也是一个维度为[2, 2, 1]的 tensor。我们可以看到其实输入 Input 和 Filter 都在一个平面上，因此对应 tensor 的最后一个维度都是 1，这时 Kernel 和 tensor 实际上是等同的。但如果这时处理彩色图片，就会有 RGB 图像，共 3 个通道（可视为 3 个平面），那么 Kernel 仍然是一个 $k×k×1$ 的 tensor，Filter 的维度则变成了 $k×k×3$，包含 3 个 Kernel。

- Stride：在图 7-7 中，Kernel 的滑动步长为 1，例如在第 1 次点积运算后向右移动一个像素，再进行运算。这里就称 Stride 为 1。为了减少计算量，我们也可以定义 Stride 为 2、3 或其他数值，这可以看作对卷积运算输出的一种下采样。
- feature map：我们通常把 Input 与 Kernel 的卷积运算结果称为 feature map，因为我们得到的实际上是由 Kernel 决定的某些图像特征。

$$\text{Stride=1} \begin{bmatrix} 0 & 1 & 1 \\ 1 & 0 & 0 \\ 0 & 1 & 0 \end{bmatrix} \times \begin{bmatrix} 1 & 0 \\ 0 & 1 \end{bmatrix} = \begin{bmatrix} 0 & 1 \\ 2 & 0 \end{bmatrix}$$

Input　　　Kernel　　feature map

图 7-8　卷积运算的相关术语

7.2.2　传统图像处理中的卷积运算

卷积运算并不是深度学习特有的概念，而是早已被应用在传统的图像处理中的技巧，例如边缘检测、图像模糊等。正因为其在图像处理方面有数十年积累，图像分类才得以成为深度学习第一个真正落地的领域。若想知道卷积神经网络为什么能成为图像分类的标杆，就需要了解传统的图像分类方法到底是如何工作的，以及其中存在的问题。如图 7-9 所示是一个简单的传统边缘检测算法示例[3]。

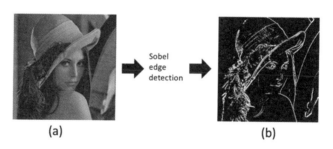

图 7-9　一个简单的传统边缘检测算法示例

在图 7-9 中所使用的 Sobel Operator 实际上是两个 3×3 的矩阵 A 与 B：

$$A = \begin{bmatrix} 1 \\ 2 \\ 1 \end{bmatrix} \begin{bmatrix} -1 & 0 & 1 \end{bmatrix} = \begin{bmatrix} -1 & 0 & 1 \\ -2 & 0 & 2 \\ -1 & 0 & 1 \end{bmatrix}$$

$$B = \begin{bmatrix} -1 \\ 0 \\ 1 \end{bmatrix} [1 \ 2 \ 1] = \begin{bmatrix} -1 & -2 & -1 \\ 0 & 0 & 0 \\ 1 & 2 & 1 \end{bmatrix}$$

我们定义 Input 为图像像素 2D 矩阵，然后分别与 A、B 做前面描述的卷积运算：

$$G_x = A \times \text{Input}$$

$$G_y = B \times \text{Input}$$

我们可以将这里对 Input 做的两个卷积操作视为获取向右和向下"递增"的像素。注意，在 A 的分解矩阵中包含[-1, 0, 1]这样向右递增的一维子矩阵，在 B 的分解矩阵中包含 $\begin{bmatrix} -1 \\ 0 \\ 1 \end{bmatrix}$ 这样向下递增的一维矩阵。

最后，我们对 G_x 和 G_y 中每个对应值的平方和进行运算：

$$G = \sqrt{G_x^2 + G_y^2}$$

这就是最后求出的边缘值，如图 7-9(b)图所示。

Sobel 算子的运算过程是依赖了研究人员自身对图像特性、矩阵运算等方面的了解，从而设计出的"精巧"计算过程，类似的还有更复杂的 Canny 运算。在很长一段时间里，图像领域的研究人员都是凭借自己的不懈努力，设计出各种精巧的计算方法来解决人脸检测、图像分类、目标跟踪等问题的。

然而在实践中，由于图像本身的复杂性，这些"精巧"的算法很难在千变万化的环境下，以及面对大量不同类型的图像时都表现出较好的效果，而如何把不同的图像处理技巧灵活、高效地"串联"起来，比如哪里该做低通（模糊）处理来获得整体信息，哪里该做锐化（边缘）处理来获得细节信息。对这些如果只依靠人们的自身经验来设计，则也是巨大的难题。

卷积神经网络的诞生，可以使我们通过深度学习方式做到：

◎ 通过使用多个 Kernel，解决传统方案中单一或少数 Filter 获取信息不足的问题；

◎ 通过梯度下降算法自行学习 Kernel 的具体数值，从而避免人工设计（例如 Sobel Operator 的两个矩阵）。

7.2.3 Pooling

我们在前面把 Pooling 简单概括为采样，这是不够准确的。Pooling 可以通过多种方式实现，在此列举其中的几种常见做法。

◎ Max Pooling：取子区域的最大值，子区域通常为一个矩形范围。

◎ Average Pooling：取子区域的平均值。

◎ Weighted Average Pooling：根据到子区域中心点的距离对该区域内的所有值设置权重并取平均值。

具体采用哪种 Pooling 方式，要根据情况而定。在实际应用中最常用的是 Max Pooling，其原理也非常简单：

```
for i in range(m):
    for j in range(n):
        max_value = max(max_value, input[i, j])
```

在 Keras 中则只需要简单的一行代码就可以实现 Max Pooling 层：

```
MaxPool2D(pool_size=2)(x)
```

这里没有必要比较各种不同的 Pooling 方式，我们更关心的是为什么要进行 Pooling？Pooling 层到底解决了什么问题？

假设我们要识别如图 7-10 所示的图片。在图 7-10 中，(a)图和(b)图显然是同一张照片，然而(b)图相对于(a)图发生了一些不大的位移。如果我们用传统的方法去识别图片，则可能需要获得猫的眼睛、鼻子、嘴巴等物理特征，然后搜索整个图片，找到单独的特征，再对不同特征的相对位置进行分析。这样做不但计算耗时非常长，而且无法提高准确率。我们希望能有一种对轻微位移不敏感（Invariant To Small Translation）的图像分类方法。

(a)

(b)

图 7-10　对一张小猫图片类别进行识别

Pooling 则能够达到类似的目的。严格地说，Pooling 并不是完全对图像特征的偏移不敏感，而是能保证在轻微偏移的情况下大部分输出值不变。假设定义一个一维的 MaxPooling1D 方法：

```
def MaxPooling1D(input, pooling_size):
    output = []
    for i in range(len(input)):
        max_value = input[i] if i==0 else max(input[i-1], input[i])
        max_value = input[i] if i==len(input)-1 else max(input[i], input[i+1])
        output.append(max_value)
    return output
```

那么对于如图 7-11 所示的两个输入[1,1,2,1]和[0,1,1,2]，我们可以看到输出虽然会有部分变化，但差异不大，仍具备某种程度的稳定性。

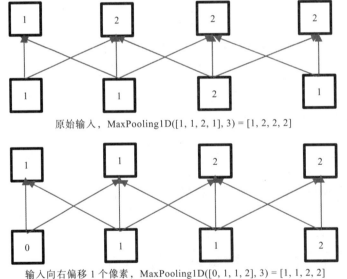

原始输入，MaxPooling1D([1, 1, 2, 1], 3) = [1, 2, 2, 2]

输入向右偏移 1 个像素，MaxPooling1D([0, 1, 1, 2], 3) = [1, 1, 2, 2]

图 7-11　MaxPooling 示例

在图 7-11 所示的例子中，MaxPooling 在输入的 3 个相邻像素值中选择了最大的一个。我们可以看到，当原始输入向右移动 1 个像素时，75%的输出仍然保持一致。

当然，在类似图 7-10 这样的真实图片中，要做到对图像平移不敏感，并没有这么简单，但原理大体是一致的。在类似图 7-10 的图片中，我们重点关注的是中部区域有猫眼的存在，中下部位置有鼻和嘴的存在，从而达到识别的目的，但我们并不需要获取它们的精确位置，这正是 Pooling 所要达到的目标。

实际上，结合卷积运算，Pooling 也能对图像的旋转起到一定作用。在本章参考文献[2]中给出了一个手写数字识别的例子，如图 7-12 所示。

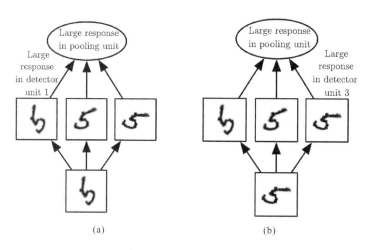

图 7-12 旋转的手写数字识别（原图来自本章参考文献[2]）

在如图 7-12 所示的(a)图和(b)图中，我们可以看到通过 3 个训练学习到的 Filter 结合 Pooling，能够做到对旋转的图像不敏感。在(a)图和(b)图中所用的 3 个 Filter 都用于匹配手写数字 5 旋转后的不同角度。因此，当输入手写数字 5 时，虽然图像角度不同，但在这 3 个 Filter 中总有一个被激活（输出最大）。MaxPooling 层并不关心具体哪个 Filter 被激活，只需选择其中最大的一个即可。

7.2.4 为什么卷积神经网络能达到较好的效果

在 7.1.1 节和 7.1.2 节提到了图像分类的几个问题，例如全连接网络的性能、局部特征的识别等，在学习前面的内容后，我们现在可以对这些问题做出回答了。

1. 为什么卷积神经网络能够比全连接网络更高效？

在回答这个问题时，我们要注意，这里讲的高效并不是简单地指速度更快或参数更少。的确，使用 Kernel 函数进行卷积运算后，将运算复杂度从 $O(mn)$ 降到了 $O(kn)$，其中，m 为输出层的节点数量，n 为输入的维度，k 为 Kernel 参数的数量[2]。但是为什么在参数变少的情况下，它仍然能保持极高的准确率？在本章参考文献[2]中重点从两个角度进行了解释：参数共享（Parameter Sharing）和稀疏连接（Sparse Connectivity）。

首先谈谈参数共享的意义。在图 7-1 中讲到了，对于全连接网络，每一层的每个节点的参数都要从上一层的所有输入中进行处理，其计算量是难以让人接受的。而通过卷积网络，我们就不需要再对所有输入都进行处理，需要处理的数据量由 Kernel 的大小决定。其中的好处在于，因为 Kernel 是在整个输入空间中滑动的，所以每一组输入所使用的 Kernel 参数都是一样的，如图 7-13 所示。

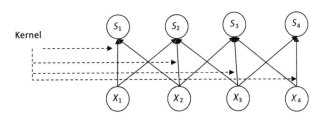

图 7-13　Kernel 参数共享

和前面提到的 Sobel 算子相比，这里 Sobel 算子所包括的两个矩阵对所有图像都相同，换句话说，任何应用 Sobel 算子的图像都使用同样的矩阵数值，这和 Kernel 函数是一样的。其区别在于，Sobel 算子是依赖人类实验和经验设计而得到的，我们在深度学习中则需要通过梯度下降等算法找到合适的可被多个图像输入所共享的 Kernel 参数。

然后，我们来谈谈稀疏连接。与全连接网络中每一层的每个节点受前一层所有节点的影响不同，在单层卷积神经网络中，第 2 层的节点只受输入层和 Kernel 相关的节点影响，输入层的节点也只会影响和 Kernel 大小相关的第 2 层的节点，如图 7-14 所示。

我们在图 7-14(b)图中看到，对于单层卷积网络，其单个输出只受局部输入的影响，在理论上无法达到较好的效果。然而，当我们把单层卷积网络进行叠加以形成多层卷积神经网络时，如图 7-14(c)图所示，这时尽管在输出中 A_3 仍然只受到上一层的局部节点 S_2、S_3、S_4 的影响，但 S_2、S_3、S_4 又各自受到输入层 X_1、X_2、X_3、X_4、X_5 的影响，最终 $A3$ 实际上是由所有输入节点的共同作用所决定的。同样，对于每个输入节点 X_i，通过多层网络的传递，仍然会影响最终输出层的每个节点。

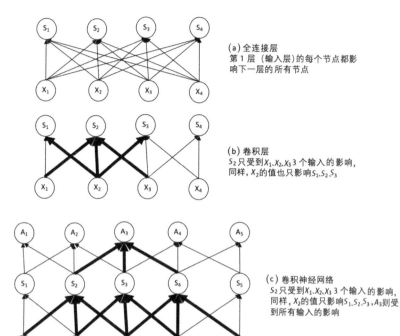

图 7-14 全连接网络和卷积神经网络的对比

因此,通过参数共享和稀疏连接这两种方式,卷积神经网络才能在大幅度减少运算量和存储空间的情况下,仍然保持极高的准确率。

2. 如何发现局部特征?如何处理出现在图片不同区域的类似特征?如何处理图片的缩放?

实际上在前面讲解卷积神经网络的工作原理时,已经回答了这 3 个问题,这里再归纳一下。

发现局部特征,实际上依赖的是 Kernel 函数,或者说是依赖不同的 Filter。我们定义的 Kernel 函数(Filter),实质上就是对局部特征的描述,例如:

$$\begin{bmatrix} 0 & 0 & 0 \\ 1 & 1 & 1 \\ 0 & 0 & 0 \end{bmatrix} \longrightarrow \text{一条横线}$$

$$\begin{bmatrix} 1 & 0 & 0 \\ 0 & 1 & 0 \\ 0 & 0 & 1 \end{bmatrix} \longrightarrow \text{一条从左上到右下的斜线}$$

我们利用梯度下降来学习这些 Kernel 函数的参数，实际上就是尝试自动发现局部特征的过程。

如何处理出现在图片不同区域的类似特征？卷积运算的整个过程就是用不同的 Kernel 函数（Filter）对整个图像做滑动窗口的运算，以期发现匹配的部分。配合 Max Pooling 可更进一步地缩小搜索范围，提高匹配的稳定性，从而达到快速处理不同位置的相似特征的目的。

如何处理图片的缩放？这在解释 Pooling 时已经解释过。实际上，在产品化的工作中，我们通常规定卷积神经网络的输入大小必须符合某个固定的分辨率，如果是较大的图片，则需要先进行缩小处理后再作为输入。

对卷积神经网络模型的工作原理和优势就分析到此，下面具体利用 Keras 实现一个卷积神经网络模型，并用它来真正完成图片种类识别。

7.3 案例实战：交通图标分类

本节将通过一个实际的图像分类示例，来看看如何在具体的数据上基于卷积神经网模型进行代码实现，完成训练及具体的图像类别识别工作。本节将首先介绍相关数据集的准备工作，然后介绍 Keras 中卷积神经网络模型的具体实现，最后进行训练和预测代码解释。

7.3.1 交通图标数据集

我们将使用公开的德国交通图标数据集 GTSRB[4]，该数据集也是针对图像分类和机器学习研究所使用的公开数据。

从本章参考文献[4]中下载以下几组数据：Training Dataset、Images and annotations、Test Dataset、Images and annotations、Extended annotations including class ids。

下载后把文件按如下目录组织：

GTSRB

```
|___Final_Test
            |____Images
|___Final_Training
            |____Images
|___GT-final_test.csv
```

打开 Final_Training/Images，我们看到在其下的每一个子目录中都带有大量的相似图片，例如在子目录 0020 中包含右转道标识的各种图片，0025 包含施工图识，0030 是降雪警告，如图 7-15 所示。

0020	0025	0030

图 7-15　代表不同交通标识的训练样本

注意，样本的大小从 15×15 至 250×250 不等，同时不保证道路标识就一定处于图片正中央，这才符合真实场景。

在 Final_test 目录下则是用于测试的各种图片；Gt-final_test.csv 是 final_test 中测试样本的标签，打开后可看到第 1 行包括各列标题：

```
Filename, width, height, roi.x1, roi.y1, roi.x2, roi.y2, ClassId
```

其中最重要的就是最后一项 ClassId，它注明了该图片的类别，也是需要识别的内容。注意，在 final_training/images 的每一个类别下都有一个同样格式的 CSV 文件，但因为我们已经知道了类别,所以在实际训练中并不会用到。

7.3.2 卷积神经网络的 Keras 实现

在 Keras 中实现卷积神经网络非常简单,对照图 7-6,我们可以直接构建卷积神经网络模型,如图 7-16 所示。

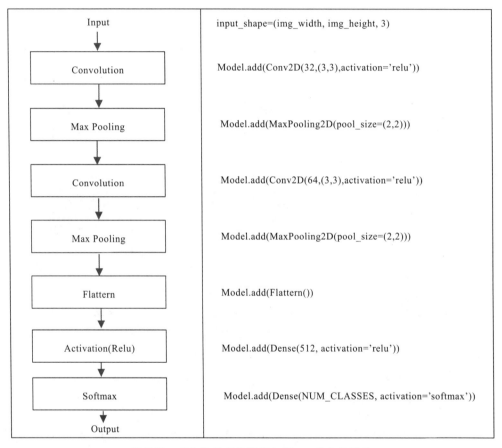

图 7-16 卷积神经网络模型与 Keras 对应的代码

当然,在如图 7-16 所示的代码中,只是用 Keras 部分的代码和卷积神经网络模型进行了对照,在实际开发中通常会加入 dropout 以便提高训练效率。

我们将用以下 3 个文件来实现对交通标志识别的训练和预测。

- util.py：主要包括卷积神经网络模型的实现。
- train.py：卷积神经网络模型的训练。
- predict.py：重建卷积神经网络模型并进行预测。

首先来看看 util.py。为什么要有一个单独的文件来实现卷积神经网络模型？因为在实际生产环境中，训练代码和预测代码是不可能放在一起的，那么 AI 模型设计人员所创建的模型必然需要同工程部署及后台开发人员的代码共享，因此我们往往把模型的构建单独作为一个可以分享的模块：

```
1   import numpy as np
2   import os
3   
4   from skimage import transform
5   
6   from tensorflow.keras.models import Sequential, Model, model_from_json
7   from tensorflow.keras.preprocessing.image import ImageDataGenerator
8   from tensorflow.keras.layers import Dense, Dropout, Activation, Flatten
9   from tensorflow.keras.layers import Conv2D
10  from tensorflow.keras.layers import MaxPooling2D
11  
12  
13  def preprocess_image(image, size):
14      img = transform.resize(image, (size, size))
15      return img
16  
17  def create_model(num_classes, img_size):
18      model = Sequential()
19      model.add(Conv2D(32, (3, 3), padding='same', activation='relu',
20  input_shape=(img_size, img_size, 3)))
21      model.add(Conv2D(32, (3, 3), padding='same', activation='relu'))
22      model.add(MaxPooling2D(pool_size=(2,2)))
23      model.add(Dropout(0.2))
24  
25      model.add(Conv2D(64, (3, 3), padding='same', activation='relu'))
26      model.add(Conv2D(64, (3, 3), padding='same', activation='relu'))
27      model.add(MaxPooling2D(pool_size=(2,2)))
28      model.add(Dropout(0.2))
29  
30      model.add(Conv2D(128, (3, 3), padding='same', activation='relu'))
```

```
31      model.add(Conv2D(128, (3, 3), padding='same', activation='relu'))
32      model.add(MaxPooling2D(pool_size=(2,2)))
33      model.add(Dropout(0.2))
34
35      model.add(Flatten())
36      model.add(Dense(512, activation='relu'))
37      model.add(Dropout(0.5))
38      model.add(Dense(num_classes, activation='softmax'))
39
40      return model
```

我们看看以上代码都做了什么。

第 1~10 行：引入相关模块，特别是 TensorFlow 中的 Keras 相关模块。

第 13~15 行：利用 skimage 将图片缩放到指定的大小。

第 17~40 行：构建卷积神经网络模型。与前面的内容相对照，我们看到这里构建的网络更加复杂。首先，我们有 3 个大的类似图 7-6 的卷积网络，但相对于简单的 convolution→maxpooling，我们实际上对每层实现的是 convolution→convolution→maxpooling→dropout。除了对每一个卷积层都应用 relu 激活函数，这里引入的 dropout 层会在训练时随机选取一些节点不进行处理，以提高速度。另外，我们的 3 个卷积网络各自使用了不同的 Filter 个数，从 32 到 64 到 128，Filter 个数成倍增加，目的是获得更多的图片细节特征。

第 34~38 行：对卷积神经网络进行最后的收尾处理。首先通过 Flattern 层进行转换，将其变为一维向量输入；然后创建了两个 Dense 全连接层，第 1 个层使用 relu 激活函数对输出范围进行控制，第 2 个层使用 softmax 函数获取每个类别的概率。

然后我们要在 train.py 中实现具体训练，具体代码如下：

```
1   import numpy as np
2   import glob
3   import os
4
5   from skimage import io
6   from sklearn.model_selection import train_test_split
7
8   from tensorflow.keras.optimizers import SGD
9
10  from util import preprocess_image, create_model
```

```
11
12  def get_label_from_image_path(image_path, data_path):
13      path = image_path.replace(data_path, "");
14      paths = path.split("/")
15      label = int(paths[0])
16      return label
17
18
19  def get_training_data(data_path, num_classes, img_size):
20      images = []
21      labels = []
22
23      all_image_paths = glob.glob(os.path.join(data_path, '*/*.ppm'))
24      np.random.shuffle(all_image_paths)
25      print(data_path)
26      i = 0
27      for image_path in all_image_paths:
28          try:
29              img = preprocess_image(io.imread(image_path), img_size)
30              label = get_label_from_image_path(image_path, data_path)
31              images.append(img)
32              labels.append(label)
33              print("load images: {}".format(i))
34              i = i+1
35          except(IOError, OSError):
36              print("failed to process {}".format(image_path))
37
38
39      X = np.array(images, dtype='float32')
40      y = np.eye(num_classes, dtype='uint8')[labels]
41
42      return X, y
43
44
45  NUM_CLASSES = 43
46  IMG_SIZE = 48
47
48  TRAINING_DATA_PATH = "./GTSRB/Final_Training/Images/"
49
50  model = create_model(NUM_CLASSES, IMG_SIZE)
51  X, y = get_training_data(TRAINING_DATA_PATH, NUM_CLASSES, IMG_SIZE)
```

```
52
53  learning_rate = 0.01
54  sgd = SGD(lr=learning_rate, decay=1e-6, momentum=0.9, nesterov=True)
55
56  model.compile(loss='categorical_crossentropy',
57                optimizer=sgd,
58                metrics=['accuracy'])
59
60  batch_size = 32
61  epochs = 30
62
63  history = model.fit(X, y, batch_size=batch_size, epochs=epochs,
64  validation_split=0.2, shuffle=True)
65  model.save('gtsrb_cnn.h5')
```

我们看看以上代码都做了什么。

第 1~11 行：引入依赖库，由于我们已经在 util.py 中完成了卷积神经网络模型构建，所以这里并不需要引入 keras.layers。

第 12~42 行：读取训练数据集。这里实现了两个函数 get_label_from_image_path 和 get_training_data。前者从图像路径名处获得其对应的 Label（类别），这是因为我们的训练图像文件名类似"./GTSRB/Final_Training/Images/00001/00000_00008.ppm" 的形式，除去前面的路径，00001 就是图片所属的类别，所以我们在第 12~16 行首先去掉了前面的前缀路径，然后把目录名提取出来转换为类别编号。第 19~42 行对训练目录下的所有文件进行遍历，将图片进行预处理（缩放到 48×48）后存入 images 数组，再将对应类别的 Label 放入 labels，最后存入 X、y 变量中返回。注意，这里用了 Numpy 中的 eye() 函数。numpy.eye(k) 本身会生成一个 $k \times k$ 的 2 维矩阵，其对角线为 1，例如，numpy.eye(3) 会生成矩阵 A：

```
[[ 1.  0.  0.]
 [ 0.  1.  0.]
 [ 0.  0.  1.]]
```

而在第 32 行中生成的 labels 是一个一维数组，假设我们有 labels = [1,1,2]，那么如果使用上面的 numpy.eye(3) 生成的矩阵 A，则 A[labels]则表示根据 labels 中的每个值从 A 中获得对应的行，则我们会分别得到 3 个数组，每个数组中的每一列都代表对应的数字（例如第 0 列代表数字 0，第 1 列代表数字 1，第 2 列代表数字 2），因此 labels 的数组长度为 3，代表[0,2]的整型数值范围，结果如下：

```
[[ 0. 1. 0.]
 [ 0. 1. 0.]
 [ 0. 0. 1.]]
```

这样就可以看到，我们获得的实际上是所有类别的 One-hot encoding 的值。

第 45 ~ 48 行：定义一些常量，这里直接设置总类别为 43，设置缩放图片大小为 48。

第 50 行：创建卷积神经网络模型。

第 51 行：读入训练数据，获得训练所用的输入 X 和 Label y。

第 53 ~ 54 行：设置训练所用的梯度下降优化算法（Optimizer）。注意，梯度下降有多重优化实现，这里不做具体分析。SGD（Stochastic Gradient Descent，随机梯度下降）是常见的算法之一（在第 3 章讲过），我们在第 54 行直接设置该参数即可。

第 56 ~ 65 行：首先通过 model.compile 对模型的各种参数进行设置，包括损失函数、梯度下降优化算法（设为 SGD）及评价标准等；然后设置训练 batch size 和 epoch 次数；最后调用 model.fit 开始训练（需要一定的时间）。我们会看到类似如下的输出：

```
Epoch 1/30
31365/31365 [==============================] - 393s 13ms/step - loss: 2.2195 - acc: 0.3499 - val_loss: 0.8014 - val_acc: 0.7436
```

注意，在每个 Epoch 中，我们会实时看到 loss 和 accuracy 值的变化，注意：loss 在不断变小，accuracy 在不断上升。

在运行一段时间后，代码会将训练好的模型存储到文件中。

下面看看预测部分的代码（predict.py）：

```
1   import numpy as np
2   import os
3   
4   import pandas as pd
5   from skimage import io, color, exposure, transform
6   from sklearn.model_selection import train_test_split
7   
8   from util import create_model, preprocess_image
9   
10  NUM_CLASSES = 43
11  IMG_SIZE = 48
```

```
12
13  DATA_PATH = "./GTSRB/Final_Test/Images/"
14
15  def get_test_data(csv_path, data_path):
16      test = pd.read_csv(csv_path, sep=';')
17      X_test = []
18      y_test = []
19
20      i=0
21      for file_name, class_id in
22  zip(list(test['Filename']),list(test['ClassId'])):
23          img_path = os.path.join(data_path,file_name)
24          X_test.append(preprocess_image(io.imread(img_path), IMG_SIZE))
25          y_test.append(class_id)
26          i = i+1
27          print('loaded image {}'.format(i))
28
29      X_test = np.array(X_test)
30      y_test = np.array(y_test)
31
32      return X_test, y_test
33
34  print('start')
35  model = create_model(NUM_CLASSES, IMG_SIZE)
36  model.load_weights('gtsrb_cnn.h5')
37  test_x, test_y = get_test_data('./GTSRB/GT-final_test.csv', DATA_PATH)
38
39  for i in range(10):
40      x = test_x[i]
41      y = test_y[i]
42      y_pred = np.argmax(model.predict([[x]]))
43      print("{} : (predict) {}".format(y, y_pred))
44
45  y_pred = model.predict_classes(test_x)
46  acc = np.sum(y_pred==test_y)/np.size(y_pred)
47  print("Test accuracy = {}".format(acc))
```

我们看看以上代码都做了什么。

第1~8行：引入依赖库。

第10~13行：定义总的类别数量、图片大小并测试数据路径。

第 15~32 行：读取测试数据，和前面读取训练数据的实现几乎一致，其差别在于类别（Label）信息不再从图片路径中获取，而是从 CSV 文件中获取。另外，不再使用 numpy.eye 获取 One-hot encoding 类型的标签。

第 34~37 行：首先通过前面 util.py 中的 create_model 函数创建卷积神经网络模型。和 train.py 中的代码不同的是，这里不需要重新训练，只需将在 train.py 中存储的权重文件读入即可（通过 model.load_weights），然后通过前面定义的函数读入测试数据。

第 39~43 行：这里先进行一个小测试，选测试集中前 10 个样本看看模型预测效果。注意，在第 42 行并没有直接使用模型的预测值 model.predict 的结果，而是用 np.argmax 进行了一次转换。这是因为我们在 create_model 函数中看到卷积神经网络的最后一层是 softmax 函数，也就是说，最后的输出是一个长度为 43（NUM_CLASSES）的一维数组，其中的每个值都代表一个类别的概率。我们需要在其中选择最大值，其所代表的类别就是预测结果。运行该部分代码，输出如下：

```
16 : (predict) 16
1 : (predict) 1
38 : (predict) 38
33 : (predict) 33
11 : (predict) 11
38 : (predict) 38
18 : (predict) 18
12 : (predict) 12
25 : (predict) 25
35 : (predict) 35
```

可以看到在 10 个样本中，全部数据的预测结果都符合预期。

第 45~47 行：我们在第 45 行先直接使用 predict_classes 来一次性实现对测试集的所有样本进行预测，然后在第 46~47 行进行一个完整的准确率统计。运行该代码，我们可以看到在 12630 个测试样本中预测准确率在 97%以上：

```
Test accuracy = 0.9764845605700713
```

7.4 优化策略

在上面的简单卷积神经网络模型的代码实现中，我们看到准确率已经超过 97%，达到了很好的效果。然而，如果我们还想继续提升准确率，那么怎么做比较有效呢？

一般来说，可以采用两种方式提升深度学习模型的效果：数据增强（Data Augmentation）或者模型优化。数据增强，指增加更多的有针对性的训练数据。实际上，深度学习技术之所以在图像识别领域有令人震惊的准确率，很多人都认为这和 ImageNet 及相关数据集所整理的大规模训练数据[5]有关。在类似 7.3 节所使用的交通标识数据的训练过程中，实际上我们可以通过对所要识别的物体进行平移、缩放、旋转、亮度、边缘模糊度等多种手段进行改动，在生成大量的额外数据后再进行训练，这就是数据增强。

数据增强是工业界和实际项目中最常用也最有效的方式，简单易行、效果明显。学术界则追求更有效的算法模型，希望在较少的数据集上也能有出色的效果。

下面将介绍这两种方式。首先，引入 Keras 自带的数据增强接口，看看在 7.3 节的基础上能提升多少效果，然后对近几年较流行的 ResNet 做一个简单介绍，并基于 Keras 运行和展示。

7.4.1 数据增强

在 7.3 节的训练代码中，我们可以注意到一共读入了近 4 万张图片作为训练样本。但是，如果我们在 create_model()函数的最后加一行 model.summary()代码，则可以看到整个模型的统计信息如下：

Layer (type)	Output Shape	Param #
conv2d (Conv2D)	(None, 48, 48, 32)	896
conv2d_1 (Conv2D)	(None, 48, 48, 32)	9248
max_pooling2d (MaxPooling2D)	(None, 24, 24, 32)	0
dropout (Dropout)	(None, 24, 24, 32)	0
conv2d_2 (Conv2D)	(None, 24, 24, 64)	18496
conv2d_3 (Conv2D)	(None, 24, 24, 64)	36928
max_pooling2d_1 (MaxPooling2	(None, 12, 12, 64)	0
dropout_1 (Dropout)	(None, 12, 12, 64)	0

```
conv2d_4 (Conv2D)            (None, 12, 12, 128)       73856

conv2d_5 (Conv2D)            (None, 12, 12, 128)       147584

max_pooling2d_2 (MaxPooling2 (None, 6, 6, 128)         0

dropout_2 (Dropout)          (None, 6, 6, 128)         0

flatten (Flatten)            (None, 4608)              0

dense (Dense)                (None, 512)               2359808

dropout_3 (Dropout)          (None, 512)               0

dense_1 (Dense)              (None, 43)                22059
=================================================================
Total params: 2,668,875
Trainable params: 2,668,875
Non-trainable params: 0
```

可以看到，在该模型中共有 2 668 875 即 266 万多个参数需要训练，相对于如此庞大的参数来说，40000（图片的数量）就不是什么太大的数字了。

这里将使用 Keras 自带的 ImageDataGenerator 来做数据增强。对 ImageDataGenerator 可以配置多个参数，举个简单的例子：

```
X_train, X_val, Y_train, Y_val = train_test_split(X, y, test_size=0.2,
random_state=42)
datagen = ImageDataGenerator(featurewise_center=False,
                    featurewise_std_normalization=False,
                    rotation_range=10.,
                    width_shift_range=0.1,
                    height_shift_range=0.1,
                    shear_range=0.1,
                    zoom_range=0.2,
                    )
datagen.fit(X)
```

在上面的代码中，首先通过 train_test_split 划分训练集和测试集，然后在 ImageDataGenerator 中定义了几个常用的参数。

- ◎ featurewise_center：是否让生成的随机样本的每个特性（Feature）均匀分布，使得 mean 为 0。
- ◎ featurewise_std_normalization：是否让随机样本的每个特性都符合正态分布。
- ◎ rotation_range：生成随机样本的旋转范围。
- ◎ width_shift_range：将随机样本进行宽度拉伸，可以按比例或像素值设定。
- ◎ height_shift_range：将随机样本进行高度拉伸。
- ◎ shear_range：定义随机样本相对于原始图像的歪斜程度。
- ◎ zoom_range：定义随机样本的缩放程度。

然后，我们可以用 ImageDataGenerator.fit()函数根据输入 X_train 自行设置一些内部参数（不一定需要）。

其他代码和图 7-16 的 train.py 类似，但要注意：我们现在改成调用 mode.l.fit_generator()，而不是调用 model.fit()来训练模型。另外，不再直接采用 X、y 作为训练数据，而是采用 ImageDataGenerator.flow()函数生成增强的训练数据。调整后的完整代码如下：

```
import numpy as np
import glob
import os

from skimage import io
from sklearn.model_selection import train_test_split

from tensorflow.keras.optimizers import SGD
from tensorflow.keras.preprocessing.image import ImageDataGenerator
from util import preprocess_image, create_model

def get_label_from_image_path(image_path, data_path):
    path = image_path.replace(data_path, "");
    paths = path.split("/")
    label = int(paths[0])
    return label



def get_training_data(data_path, num_classes, img_size):
```

```
        images = []
        labels = []

        all_image_paths = glob.glob(os.path.join(data_path, '*/*.ppm'))
        np.random.shuffle(all_image_paths)
        print(data_path)
        i = 0
        for image_path in all_image_paths:
            try:
                img = preprocess_image(io.imread(image_path), img_size)
                label = get_label_from_image_path(image_path, data_path)
                images.append(img)
                labels.append(label)
                print("load images: {}".format(i))
                i = i+1
            except(IOError, OSError):
                print("failed to process {}".format(image_path))


        X = np.array(images, dtype='float32')
        y = np.eye(num_classes, dtype='uint8')[labels]

        return X, y


NUM_CLASSES = 43
IMG_SIZE = 48

TRAINING_DATA_PATH = "./GTSRB/Final_Training/Images/"


model = create_model(NUM_CLASSES, IMG_SIZE)
X, y = get_training_data(TRAINING_DATA_PATH, NUM_CLASSES, IMG_SIZE)

X_train, X_val, Y_train, Y_val = train_test_split(X, y, test_size=0.2, random_state=42)
datagen = ImageDataGenerator(featurewise_center=False,
                             featurewise_std_normalization=False,
                             rotation_range=10.,
                             width_shift_range=0.1,
                             height_shift_range=0.1,
```

```
                            shear_range=0.1,
                            zoom_range=0.2,
                            )
datagen.fit(X)


learning_rate = 0.01
sgd = SGD(lr=learning_rate, decay=1e-6, momentum=0.9, nesterov=True)

model.compile(loss='categorical_crossentropy',
              optimizer=sgd,
              metrics=['accuracy'])

batch_size = 32
epochs = 30

history = model.fit_generator(datagen.flow(X_train, Y_train,
batch_size=batch_size),
                    steps_per_epoch=X_train.shape[0]/batch_size,
                    epochs=epochs,
                    validation_data=(X_val, Y_val))
model.save('gtsrb_卷积神经网络_augmentation.h5')
```

在训练完成后，修改 predict.py 中的 load_weights()为读取 gtsrb_卷积神经网络_augmentation.h5，运行后可以看到准确率提高了一个百分点，达到 98%以上：

```
Test accuracy = 0.9866191607284244
```

7.4.2 ResNet

2015 年，微软研究院提出了 ResNet[6]，并获得当年的 ImageNet 图像分类冠军。和标准的卷积神经网络相比，ResNet 最大的贡献在于引入了 Skip Connection 的概念，使得超深层网络的训练成为可能。

在 7.3 节的代码中实现了 6 个卷积层的卷积神经网络，可以看到，仅仅 6 个卷积层就有 266 万以上个参数需要训练。如果再增加网络层数，则网络的训练将变得极其困难，同时面临梯度消失的问题（在第 3 章中提到，在梯度优化中网络层数越大，对误差求导的结果越小，最终趋于消失）。在本章参考文献[6]中实现了多达 150 层网络，其避免梯度消失的问题所依靠的就是 Skip Connection 的设计，如图 7-17 所示。

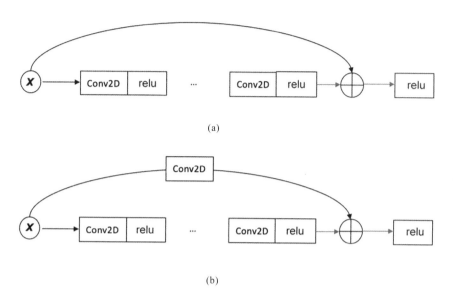

图 7-17 Skip Connection 的设计

图 7-17 展示了 ResNet 中 Skip Connection 的基本概念。我们可以将前面的输入叠加到后面的输出中，再把叠加的结果作为下一层的输入：

```
X_shortcut = X
# 对 X 进行卷积操作

X=Add()([X, X_shortcut])
```

注意，上面的伪代码假设 X 和 X_shortcut 是两个维度相同的矩阵，因此可以直接叠加。如果二者的维度不同，就需要像图 7-17(b)图中那样对 X_short 进行一次卷积操作，使得二者维度相同后再叠加。

这里不深究 Keras 中 ResNet 的实现，在第 8 章将讲到的目标检测中，我们在最后会讲到如何在 YOLO 模型里使用 Skip Connection 实现 ResNet。这里直接使用 Keras 自带的 ResNet 模型看看效果如何。只需在前面的 util.py 中添加如下几行代码即可实现：

```
41  from tensorflow.keras.layers import GlobalAveragePooling2D
42  from tensorflow.keras.applications import resnet50
43
44  def create_resnet50(num_classes, img_size):
45      base_model = resnet50.ResNet50(weights= None, include_top=False,
46  input_shape= (img_size, img_size, 3))
47      x = base_model.output
```

```
48      x = GlobalAveragePooling2D()(x)
49      x = Dropout(0.7)(x)
50      predictions = Dense(num_classes, activation='softmax')(x)
51      model = Model(inputs = base_model.input, outputs = predictions)
52      return model
```

我们看看以上代码都做了什么。

第 41~42 行：引入相关包。

第 44 行：定义新函数，创建 ResNet50。ResNet50 是一个较小的 ResNet 网络。

第 45 行：创建 ResNet 基础模型，我们在这里选择 weights=0，让模型从头开始训练；也可以设为 weights='imagenet'，直接使用 ImageNet 的训练权重作为初始值。Include_top 指是否在开始加入全连接层。

第 47~51 行：在基本的 ResNet50 后加入 Global Average Pooling 层，这可以看作对全连接层的一个优化。这里不对 Global Average Pooling 进行解释，有兴趣的读者可以参考论文 *Network in Network*[7]。我们再连接一个 dropout 层，最后和之前的卷积神经网络一样，以一个 softmax 激活函数得到类别概率。

其他代码则和前面的 train.py/predict.py 差异不大，读者可自行调整和运行。注意，ResNet 在 CPU 机器上的训练时间极长，读者在运行代码时需要保持较长时间的耐心。

7.5 本章小结

从本章开始，我们进入计算机视觉领域，并集中在图像分类问题上。本章首先讨论了图像分类本身的特点，把焦点集中在为什么卷积神经网络对图像分类如此有效的问题上，然后围绕这个问题探讨了卷积神经网络模型的实现细节和原理，以及一些重要的相关概念。7.3 节使用德国交通标识集基于 Keras 实现了一个对应的卷积神经网络模型，从数据集中读取近 4 万张图片进行训练并验证，准确率高达 97%以上。7.4 节从数据增强及模型优化两方面进一步提高识别准确率。在数据增强上，我们引入了 Keras 自带的 ImageDataGenerator，并在前面代码的基础上进行了修改，以具体的例子讲解了 ImageDataGenerator 的使用方法，其准确率提高到了 98%以上，并针对模型优化介绍了 ResNet 模型，包括其原理、核心概念，以及如何在 Keras 中使用预定义的 ResNet50 模型。

图像分类是深度学习的重要领域，同时是深度学习爆发的开端。我们将在第 9 章进入应用最广泛、也最引人关注的领域：目标识别。

7.6 本章参考文献

[1] "IJCNN 2011 Competition result table". OFFICIAL IJCNN 2011 COMPETITION. 2011

[2] "Deep Learning", MIT Press, 2016

[3] Sobel Operator, https://en.wikipedia.org/wiki/Sobel_operator

[4] GTSRB, http://benchmark.ini.rub.de/?section=gtsrb&subsection=dataset

[5] "ImageNet: Constructing a large-scale image database", Fei fei Li, Jia Deng, Kai Li, 2009

[6] "Deep Residual Learning for Image Recognition", Kaiming He, X. Zhang, S. Ren, J. Sun, Microsoft Research, 2015

[7] "Network in Network", Min Lin, Q. Chen, S. Yan, 2013

第 8 章
目标识别

在本章中，我们将进入深度学习最引人瞩目的领域：目标识别（Object Detection）。

不言而喻，目标识别是当前人工智能应用最重要的环节之一。从无人机自动跟随到无人车驾驶，从医学影像到安全监控，目标识别都是其中的关键环节。因为目标识别的应用日趋广泛，所以各种应用场景和对不同设备的需求也促使其不断改进和演化，最新论文的成果往往被快速用于实际产品，这也是学术研究和实际应用结合最紧密的领域之一。

本章将从基本的卷积神经网络（后统称 CNN）讲起，引入深度学习目标识别的关键概念，然后分别对当前流行的两种目标识别方式进行介绍并辅以实际应用案例。

让我们马上开始吧！

> 本章可能是全书内容最复杂的一章，因为目标识别本身就是深度学习最具挑战性的领域。读者应该主要在流程和概念上理解其中的重点算法思想，不要陷入代码的大量向量处理细节中。本章 Faster RCNN 部分的核心代码可供读者阅读和理解，YOLO 部分的代码可供读者在本地运行和调试。

8.1 CNN 的演化

8.1.1 CNN 和滑动窗口

第 7 章讲到了 CNN 在图片分类上的应用，那么我们能不能直接用 CNN 来做目标识别呢？

与图片分类不同,对于目标识别,我们并不是简单地判断该图片包含什么物体,而是更进一步地输出该物体的位置及宽高。当在图片中包含多个物体时,我们要能够判断每个物体的位置和宽高,如图 8-1 所示。

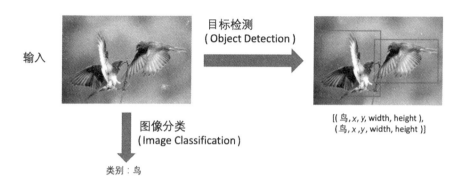

图 8-1 图片分类 vs 目标检测

从图 8-1 可以看到,对于图像分类,我们只需要对图像中的主要物体进行分类即可。而对于目标识别,首先要能够识别图片中可能存在的所有目标,而所有目标的数量是不确定的。另外,对每个目标不但要找到其类别,还要找到其在图上的位置和大小。因此,直接使用图像分类的方法如 CNN 等,对目标识别是不适用的。

但是,我们可以做一点小小的修改,使用滑动窗口将画面分成无数小区域,对每个区域都用 CNN 进行分类,从而识别可能存在的不同位置的物体,如图 8-2 所示。

图 8-2 采用滑动窗口(Sliding Window)进行识别

然而,实际画面上的物体大小会不一样,我们很难通过一个合适的区域大小来找到准确的目标。当然,我们可以进一步使用不同大小的窗口来处理不同大小的物体,但这样就会变得极其缓慢，这是无法在实际场景中投入使用的。为了解决这个问题，Girshick 等人于 2014 年在 *Rich feature hierarchies for accurate object detection and semantic segmentation*[1] 一文中提出了 RCNN 算法。

8.1.2　RCNN

RCNN 的实现流程总体可分为 4 步，如图 8-3 所示。

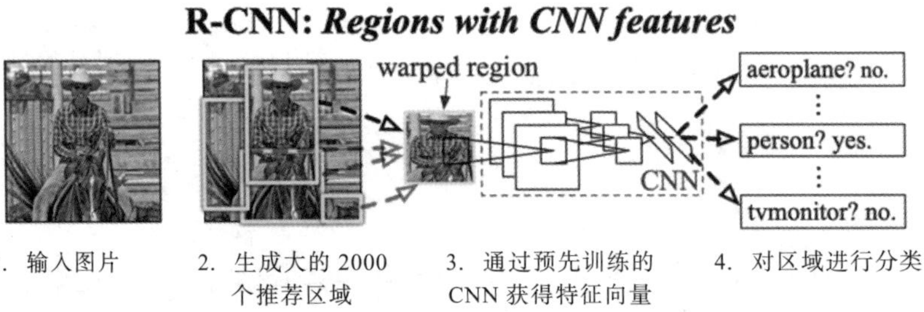

R-CNN: Regions with CNN features

1. 输入图片　　2. 生成大的 2000　　3. 通过预先训练的　　4. 对区域进行分类
　　　　　　　　　个推荐区域　　　　　CNN 获得特征向量

图 8-3　RCNN 的实现流程[1]

第 1～2 步，RCNN 对图片使用在 *Selective Search for Object Recognition*[2] 中描述的选择性搜索（Selective Search）方式生成大约 2000 个推荐区域（Region Proposal）；然后对每个区域都进行 CNN 分类。其中的选择性搜索指首先根据在 *Efficient Graph-Based Image Segmentation*[3] 中所描述的算法将图片划分成大量的小区域，然后综合图片的色彩、纹理（SIFT 信息）、区域大小、相互覆盖程度等信息将小区域合并，最后获得最合适的 2000 个左右推荐区域。

在第 2 步获取不同的推荐区域后，会对每个区域都进行一个变形，让它成为一个正方形的图像，然后进行第 3 步。第 3 步通过预先训练的 CNN 获得一个 feature vector。在第 4 步的分类中，实际上是用一个 SVM（Support Vector Machine，支持向量机）二分类模型来完成的。这个 SVM 二分类模型需要对每个类别都进行单独训练。

在图 8-3 的 4 个主要步骤后实际上还有对边界框（Bounding Box）的修正过程，因为在第 2 步中提出的推荐区域未必就是目标的真实位置。这一步是通过逻辑回归完成的，下面会进行简单介绍。

如图 8-4 所示，设虚线区域 $P = (p_x, p_y, p_w, p_h)$ 为预测区域（P 代表 Prediction，也就是

上面第 2 步通过选择性搜索给出的推荐区域），其中，(p_x, p_y) 是区域中心，p_w 和 p_h 分别是宽和高；实线区域是目标的真实区域（Ground Truth），其区域定义为 $G = (g_x, g_y, g_w, g_h)$。

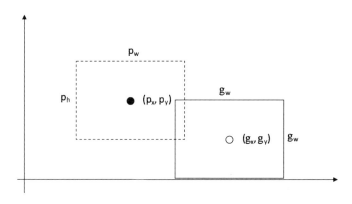

图 8-4　真实区域和预测区域

如果我们把 P 看作一组长度为 4 的输入参数，则可以预设真实区域和预测区域存在以下关系：

```
g_x = p_x + D_x = p_x + p_w * d_x(P)
g_y = p_y + D_y = p_y + p_h * d_y(P)
g_w = p_w * R_w = p_w * exp(d_w(P))
g_h = p_h * R_h = p_h * exp(d_h(P))
```

于是可以得到 target (t_x, t_y, t_w, t_h)：

```
d_x(P) = (g_x - p_x)/p_w = t_x
d_y(P) = (g_y - p_y)/p_h = t_y
d_w(P) = log(g_w/p_w) = t_w
d_h(P) = log(g_h/p_h) = t_h
```

我们在后面谈到 Faster RCNN 的代码实现[8]时，会看到上面的逻辑是如何被具体应用于图像区域预测的，这里可以看看上面计算 t_x、t_y、t_w、t_h 的具体代码：

```
def apply_regr_np(X, T):
    try:
        x = X[0, :, :]
        y = X[1, :, :]
        w = X[2, :, :]
        h = X[3, :, :]

        tx = T[0, :, :]
```

```
        ty = T[1, :, :]
        tw = T[2, :, :]
        th = T[3, :, :]

        cx = x + w/2.
        cy = y + h/2.
        cx1 = tx * w + cx
        cy1 = ty * h + cy

        w1 = np.exp(tw.astype(np.float64)) * w
        h1 = np.exp(th.astype(np.float64)) * h
        x1 = cx1 - w1/2.
        y1 = cy1 - h1/2.

        x1 = np.round(x1)
        y1 = np.round(y1)
        w1 = np.round(w1)
        h1 = np.round(h1)
        return np.stack([x1, y1, w1, h1])
    except Exception as e:
        print(e)
        return X
```

在以上代码中，我们看到输入的 X 是预测的图像区域数据，T 是真实区域，其具体实现和前面讨论的内容是一一对应的（注意，在代码中，tx、ty、tw、th 指的是真实区域的 x、y、w、h，最后的输出是 x1、y1、w1、h1，在变量命名上有所差别，但原理一样），以后不再赘述。

这样就得到了目标函数（Target Function），我们用 t_i（分别对应上面的 t_x、t_y、t_w、t_h）来表达，然后可以用简单的 SSE 作为损失函数：

$$L = \sum_{i \in \{x,y,w,h\}} (t_i - d_i(P))^2 + \lambda \|w\|^2$$

这里要注意，并不是所有预测到的图像区域都有对应的真实区域（比如预测错误的时候）。一般来说，二者的重合率至少要在 0.6 以上才能用上面的算法来训练。

RCNN 无疑是一次巨大的进步，并有相当不错的效果。但它存在的问题也很明显：

◎ 需要对每张图片都进行选择性搜索，获得 2000 个推荐区域；

◎ 需要分别对 2000 个推荐区域运行 CNN 来获得特征向量；

◎ 需要训练额外的 3 个模型：每个类别的 CNN 模型、每个类别的 SVM 二分类模型，以及修正图像区域的逻辑回归模型。

在 RCNN 被提出一年后，针对以上问题，Fast RCNN 和 Faster RCNN 紧接着被提出。

8.1.3　从 Fast RCNN 到 Faster RCNN

二者仍然是由 RCNN 的作者和其在 Facebook 的同事一起提出的，分别被发表在 *Faster R-CNN: Towards real-time object detection with region proposal networks*[5]和 *Mask R-CNN*[6]两篇文章中。

首先来谈谈 Fast RCNN。Fast RCNN 解决的主要是上面提到的需要分别对 2000 个区域单独进行 CNN 运算的问题。它直接对整张图片进行 CNN 运算，然后根据选择性搜索的 2000 个区域，把原图的"推荐区域"映射到 CNN 运算结果的对应区域中（这一步被称为 RoI Pooling），这样便可以直接使用全图 CNN 的运算结果，而无须对每个区域都进行重复运算。

从图 8-5 可以看到，通过直接对全图进行一次 CNN 运算后得到的 feature map 进行 RoI 映射（RoI Projection），能够避免分别对 2000 个区域都进行 CNN 运算，从而大幅度提高运算速度。RoI 映射实际上指首先定义一个小的窗口区域(r, c, h, w)，其中，(r, c)是左上角坐标，(h, w)是高和宽；然后把卷积网络输出中大小为(H, W)的 feature map 划分为 $H/h \cdot W/w$ 个子窗口，并对每个子窗口做 Max Pooling 处理，最后接入一个全连接网络。

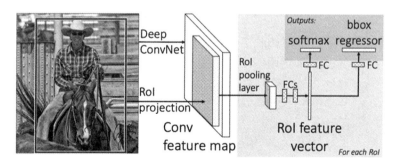

图 8-5　Fast RCNN 的工作流程

归纳起来，Fast RCNN 的实现步骤如下。

（1）训练识别图像类别的 CNN 模型。

（2）使用选择性搜索创建 2000 个左右备选区域。

（3）根据备选区域，将 CNN 模型最后的 Max Pooling 层替换为 RoI Pooling 层（这是一个非标准层，Keras 目前没有标准接口实现）。

（4）将 CNN 的 softmax 层的 K 个分类改为 $K+1$ 个分类（因为会有一个不包括任何目标的类别）。

（5）最后会有两个输出：类别和图像区域。

我们注意到，在图 8-5 的最后输出中包含两部分内容：表示分类结果的 softmax 输出；图像区域的回归模型输出。实际上，我们在训练时需要定义的损失函数就是二者的结合：

$$L = L_{class} + L_{location}$$

对 Fast RCNN 损失函数在此不做具体推导，感兴趣的读者可以参考本章参考文献[5]。

我们再回头看一看在 8.1.2 节提到的 RCNN 存在的问题。既然 Fast RCNN 解决了重复进行 CNN 及 SVM 运算的问题，那么还剩下一个问题：是否需要进行选择性搜索来设定 2000 个左右"推荐区域"？

我们自然希望用深度学习的方式来处理，最好能融入图 8-5 所示的工作流程中，而无须进行额外的运算，实现端到端的模型。因此，Faster RCNN[6]应运而生。

Faster RCNN 对 Fast RCNN 的关键改进，就是用被称为 RPN（Region Proposal Network）的网络层取代了 RCNN 和 Fast RCNN 所使用的选择性搜索，如图 8-6 所示。

在图 8-6 中，输入仍然是对图片本身做卷积运算得到的 feature map，这和 Fast RCNN 一致。然后，我们在它上面应用一个 3×3 的滑动窗口，将窗口的中央位置称为锚点（Anchor）。

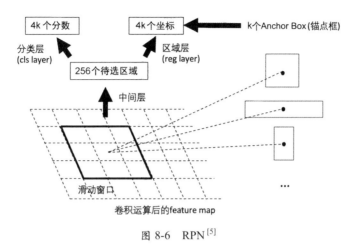

图 8-6　RPN[5]

锚点框（Anchor Box）就是定义了以该点为中心的不同大小和不同比例的长方形窗口。在本章参考文献[5]中使用了 3 种比例（1∶1、1∶2、2∶1）和 3 种尺寸（128、256、512），那么对每个锚点就有 9（3×3）个锚点框，如图 8-7 所示。

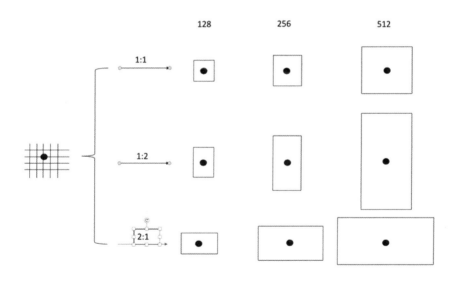

图 8-7　锚点框

将 3×3 的窗口在 feature map 中滑动，每个点都会生成 9 个锚点框，那么对于一个 40×60 的 feature map，我们会得到 40×60×9=21 600 个锚点框，21 600 是个相当大的数字，我们需要做一些处理。在实际应用中，我们会做以下两步处理：

（1）移除边缘区域的窗口，例如中心点在(0, j)和(i, 0)位置的窗口，因为这些滑动窗口包含了空白区域。

（2）应用 NMS（Non-Max Suprression），也就是将所有锚点框中 IoU（Intersection over Union）不超过 0.7 的窗口去掉。IoU 指的是预测区域和真实区域的交集与二者总面积的比例，即

$$IoU = \frac{Area_{predict} \cap Area_{ground\ truth}}{Area_{predict} \cup Area_{ground\ truth}}$$

一个简单的例子如图 8-8 所示。

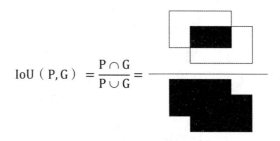

$$IoU(P, G) = \frac{P \cap G}{P \cup G} =$$

图 8-8　一个简单的例子

通过上述两步，我们基本上可以把可用的锚点框控制在 2000 个左右。

回到图 8-6，在得到锚点框后，我们并不是每次都把所有的窗口都用于下一步运算，而是在每一个 epoch 中随机挑选 256 个正样本（IoU>0.7）和 256 个负样本（IoU<0.3）作为 mini batch 数据，然后进入下一步。

下一步其实很直接，我们把在上面得到的样本输入一个全连接网络中，这个网络包含以下 6 个输出（以 One-hot encoding vector 的形式）。

◎ P_{obj}：包含目标的概率。

◎ $P_{not\text{-}obj}$：不包含目标的概率。

◎ x：预测图像区域的 x 坐标。

◎ y：预测图像区域的 y 坐标。

◎ w：预测图像区域的宽。

◎ h：预测图像区域的高。

我们可以将以上步骤梳理成图 8-9。

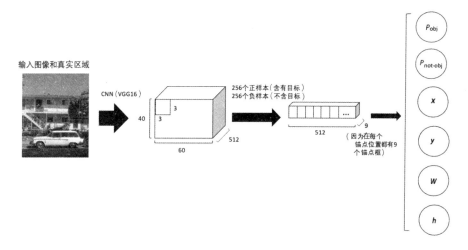

图 8-9　RPN 的实现流程

如图 8-9 所示就是 Faster RCNN 中 RPN 的实现流程，然而这并不是 Faster RCNN 的完整工作流程。RPN 的实际作用是避免 Fast RCNN 中的选择性搜索，用 RPN 来实现 RoI 的区域选择，从而提高运算效率。为了方便对比，我们可以看看在斯坦福大学李飞飞教授的图像识别课程 *CS231n: Convolutional Neural Networks for Visual Recognition*[7]中给出的图例（见图 8-10），该图例生动地展示了 RCNN、Fast RCNN 和 Faster RCNN 的工作流程。

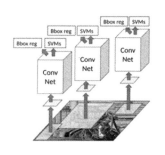

(a) RCNN

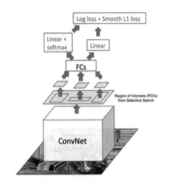

(b) Fast RCNN

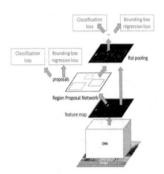

(c) Faster RCNN

图 8-10 斯坦福大学 CS231n 课程讲义图例

上面从原理和流程两方面解释了基于 RCNN 的不同目标识别算法。在 Faster RCNN 之后，Facebook 的研究人员又提出了 Mask RCNN[6]，但那是用于更精细的像素级的图像分割（Image Segmentation）领域，这里不做解释。

8.1.4 Faster RCNN 核心代码解析

要更好地理解 Faster RCNN，我们不妨参考一个基于 Keras 的 Faster RCNN 开源实现[8]，该实现的代码比较集中，方便我们学习。这里重点讲解如何建立模型，而不是花太多时间去看如何处理数据，因此我们从该项目下的 frcnn_train_vgg.ipynb 代码文件中 "build the model" 这一段看起：

```
1    input_shape_img = (None, None, 3)
```

```
2
3   img_input = Input(shape=input_shape_img)
4   roi_input = Input(shape=(None, 4))
5
6   # 定义基础网络，这里使用了 VGG，但也可以使用 ResNet50 或者 Inception
7   shared_layers = nn_base(img_input, trainable=True)
```

以上代码比较简单，主要是定义两个输入层：图像和 RoI 输入。nn_base 是在该项目下定义的一个辅助函数，用于返回一个 CNN 模型。

下面看看搭建网络模型的关键函数：

```
1   num_anchors = len(C.anchor_box_scales) * len(C.anchor_box_ratios)
2   rpn = rpn_layer(shared_layers, num_anchors)
3
4   classifier = classifier_layer(shared_layers, roi_input, C.num_rois,
5   nb_classes=len(classes_count))
6
7   model_rpn = Model(img_input, rpn[:2])
8   model_classifier = Model([img_input, roi_input], classifier)
9
10  model_all = Model([img_input, roi_input], rpn[:2] + classifier)
```

注意，以上所示的代码行数并非真实的代码行数，只是为了方便在下文解释时对照和参考。

让我们看看以上代码都做了什么。

第 1 行：num_anchors 是每个点上锚点框的数量，这里 anchor_box_scales 有 3 种，anchor_box_ratio 也有 3 种，因此 num_anchors 为 9。

第 2 行：定义 RPC 层，后面再专门看这个 rpn_layer 函数。

第 4 行：定义最终的分类输出层。

第 5 行：获得目标种类的总数。

第 7～10 行：定义 RPC 模型、分类模型及最终完整的 Faster RCNN 模型。注意，最终模型（model_all）与分类模型（model_classifier）相比只是多了 RPC 模型的区域位置输出。

我们看看上面是如何定义 rpn_layer 和 classifier_layer 的：

```
1   def rpn_layer(base_layers, num_anchors):
2       x = Conv2D(512, (3, 3), padding='same', activation='relu',
3   kernel_initializer='normal', name='rpn_conv1')(base_layers)
4
5       x_class = Conv2D(num_anchors, (1, 1), activation='sigmoid',
6   kernel_initializer='uniform', name='rpn_out_class')(x)
7       x_regr = Conv2D(num_anchors * 4, (1, 1), activation='linear',
8   kernel_initializer='zero', name='rpn_out_regress')(x)
9
10      return [x_class, x_regr, base_layers]
11
12  def classifier_layer(base_layers, input_rois, num_rois, nb_classes = 4):
13      input_shape = (num_rois,7,7,512)
14
15      pooling_regions = 7
16
17      out_roi_pool = RoiPoolingConv(pooling_regions, num_rois)([base_layers,
18  input_rois])
19
20      out = TimeDistributed(Flatten(name='flatten'))(out_roi_pool)
21      out = TimeDistributed(Dense(4096, activation='relu', name='fc1'))(out)
22      out = TimeDistributed(Dropout(0.5))(out)
23      out = TimeDistributed(Dense(4096, activation='relu', name='fc2'))(out)
24      out = TimeDistributed(Dropout(0.5))(out)
25
26      out_class = TimeDistributed(Dense(nb_classes, activation='softmax',
27  kernel_initializer='zero'), name='dense_class_{}'.format(nb_classes))(out)
28
29      out_regr = TimeDistributed(Dense(4 * (nb_classes-1), activation='linear',
30  kernel_initializer='zero'), name='dense_regress_{}'.format(nb_classes))(out)
31
32      return [out_class, out_regr]
```

以上代码定义了 RPN 网络与 Classifier 网络。可以看到，其实 RPN 网络和 Classifer 网络的结构并不复杂。RPN 网络和图 8-10(c)图一样，输出的两个卷积层表示是否包含目标及目标区域。Classifier 网络则先加两个全连接网络，然后各自用 softmax 函数输出类别及用线性回归输出区域。

第 1~10 行：首先定义 RPN，我们看到第 2 行加入了一个 3×3 的卷积层；紧接着在第 5 行定义了一个 1×1 的卷积层，并用 sigmoid 作为激活函数，将是否包括目标作为一个二分类处理；在第 7 行又定义了一个 1×1 的卷积层，使用线性回归作为激活函数处理区域位置输出。注意，第 1 个分类输出的 filter 是锚点的总数，第 2 个位置输出的 filter 是 num_anchors×4，因为其包括 4 个数值（x、y、w、h）。

第 12～32 行：定义了 Classifier 网络。其输入参数如下。

◎ base_layers：其实就是一个 CNN×6 等。

◎ input_rois：输入的 ROI，为(1, num_rois, 4)的形式，num_rois 是 ROI 的数量，每个 ROI 都以(x, y, w, h)的形式存储。

◎ nb_classes：目标类别数量。

第 13～18 行：定义了 input_shape 及 pooling_regions，pooling_regions 其实是 pooling_size 的意思。对 RoiPoolingConv 的实现将在后面讲解。

第 20～24 行：定义了两个全连接网络。注意，在本章参考文献[9]的代码里使用了 TimeDistributed 层，该层实际上在新的 Keras 中是不需要的，可以直接使用 Dense 处理（可参考第 7 章 CNN 中的实现）。

第 26 行：实现了输出的分类层，这里使用 softmax 作为激活函数。和前面 RPN 的输出分类不同，RPN 只关心在区域中是否包含目标，而 Classifier 网络需要对每个目标类别都进行判定。

第 29 行：和 RPN 类似，使用线性回归实现对区域位置的输出。

那么 RoI Pooling 到底是怎么实现的？让我们看看 RoiPoolingConv 函数的实现：

```
1   class RoiPoolingConv(Layer):
2       def __init__(self, pool_size, num_rois, **kwargs):
3           self.dim_ordering = K.image_dim_ordering()
4           self.pool_size = pool_size
5           self.num_rois = num_rois
6           super(RoiPoolingConv, self).__init__(**kwargs)
7
8       def build(self, input_shape):
9           self.nb_channels = input_shape[0][3]
10
11      def compute_output_shape(self, input_shape):
12          return None, self.num_rois, self.pool_size, self.pool_size,
13  self.nb_channels
```

```python
15    def call(self, x, mask=None):
16        assert(len(x) == 2)
17
18        img = x[0]
19
20        rois = x[1]
21
22        input_shape = K.shape(img)
23
24        outputs = []
25
26        for roi_idx in range(self.num_rois):
27            x = rois[0, roi_idx, 0]
28            y = rois[0, roi_idx, 1]
29            w = rois[0, roi_idx, 2]
30            h = rois[0, roi_idx, 3]
31
32            x = K.cast(x, 'int32')
33            y = K.cast(y, 'int32')
34            w = K.cast(w, 'int32')
35            h = K.cast(h, 'int32')
36
37            rs = tf.image.resize_images(img[:, y:y+h, x:x+w, :],
38 (self.pool_size, self.pool_size))
39            outputs.append(rs)
40
41        final_output = K.concatenate(outputs, axis=0)
42        final_output = K.reshape(final_output, (1, self.num_rois,
43 self.pool_size, self.pool_size, self.nb_channels))
44
45        final_output = K.permute_dimensions(final_output, (0, 1, 2, 3, 4))
46
47        return final_output
48
49    def get_config(self):
50        config = {'pool_size': self.pool_size,
51                  'num_rois': self.num_rois}
52        base_config = super(RoiPoolingConv, self).get_config()
53        return dict(list(base_config.items()) + list(config.items()))
```

我们看到，实际上 RoI Pooling 是作为 Keras Layer 的一个子类实现的。我们在第 3 章中根据 Keras 官方文档[10]简单讲解了如何实现自定义的 Keras Layer，并做了一个简单实现。这里看到的关键步骤仍然是重载 call 方法的前向传播。

第 2～6 行：定义该层的输入，其中的重点是 pool_size，即要获取图像区域在 Pooling 后的大小（比如把 100×100 的区域转为 7×7，pool_size 就是 7）。

第 8～9 行：input_shape 实际上是两个 4D tensor（X_img、X_roi），其中，X_img 为 (1, rows, cols, channels)，这里 channels 其实就是 RGB 颜色通道；X_roi 和在 Classifier 网络中类似，也是(1, num_rois, 4)的结构。

第 15～47 行：这是 RoI Pooling 的核心。第 18～20 行定义了所要用到的具体数据，img 和 rois 分别是两个 4D tensor，格式如上所述。第 26～35 行的逻辑很清晰，遍历所有 RoI 点，获取每个 RoI 点的坐标和宽高（x、y、w、h），便得到了该 RoI 区域 img[:, y:y+h, x:x+w, :]，然后用 TensorFlow 的 resize_images 函数把该区域的图像根据 pool_size 缩小（第 37～38 行），再把缩小后的图像放入 outputs 中。第 41～47 行根据在 compute_output_shape 中定义的输出，对 outputs 进行拼接变形后返回输出。

我们再对照图 8-10(c)图的 Faster RCNN 结构，可以看到主要的网络已经定义完成，如图 8-11 所示。

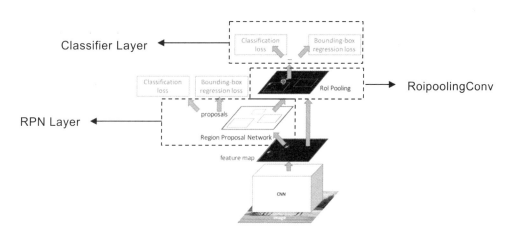

图 8-11　Faster RCNN 模型和代码的对应关系

剩下的就是如何把这些网络串联起来完成训练。完整的具体实现可以阅读本章参考文献[8][9]，这里限于篇幅不再赘述，只讲解其中比较重要的几点。

首先，在图 8-11 中，我们从 rpn_layer 中得到输出的分类和图像区域信息后，如何将这些信息和 RoI Pooling 关联起来，或者说，如何将 rpn_layer 的输出转变为 RoI Pooling 的输入？可以参考 rpn_to_roi 函数的实现：

```
1   def rpn_to_roi(rpn_layer, regr_layer, C, dim_ordering, max_boxes, overlap_
2   thresh=0.9):
3       regr_layer = regr_layer / C.std_scaling
4
5       anchor_sizes = C.anchor_box_scales    # (这里的数值实际上是3，表示3种尺寸)
6       anchor_ratios = C.anchor_box_ratios   # (同样，这里也是3，我们有3种比例)
7
8       assert rpn_layer.shape[0] == 1
9       (rows, cols) = rpn_layer.shape[1:3]
10
11      curr_layer = 0
12      A = np.zeros((4, rpn_layer.shape[1], rpn_layer.shape[2], rpn_layer.shape[3]))
13
14      for anchor_size in anchor_sizes:
15          for anchor_ratio in anchor_ratios:
16              anchor_x = (anchor_size * anchor_ratio[0])/C.rpn_stride
17              anchor_y = (anchor_size * anchor_ratio[1])/C.rpn_stride
18              # 该layer的形状shape为(18, 25, 4)
19              regr = regr_layer[0,:,:,4*curr_layer:4*curr_layer+4]
20
21              regr = np.transpose(regr, (2, 0, 1)) # 该layer的形状变为(4, 18, 25)
22
23              X, Y = np.meshgrid(np.arange(cols),np. arange(rows))
24
25              A[0, :, :, curr_layer] = X - anchor_x/2 # Top left x coordinate
26              A[1, :, :, curr_layer] = Y - anchor_y/2 # Top left y coordinate
27              A[2, :, :, curr_layer] = anchor_x       # width of current anchor
28              A[3, :, :, curr_layer] = anchor_y       # height of current anchor
29
30              A[:, :, :, curr_layer] = apply_regr_np(A[:, :, :, curr_layer], regr)
31
32              A[2, :, :, curr_layer] = np.maximum(1, A[2, :, :, curr_layer])
33              A[3, :, :, curr_layer] = np.maximum(1, A[3, :, :, curr_layer])
34
35              A[2, :, :, curr_layer] += A[0, :, :, curr_layer]
36              A[3, :, :, curr_layer] += A[1, :, :, curr_layer]
37
```

```
38              A[0, :, :, curr_layer] = np.maximum(0, A[0, :, :, curr_layer])
39              A[1, :, :, curr_layer] = np.maximum(0, A[1, :, :, curr_layer])
40              A[2, :, :, curr_layer] = np.minimum(cols-1, A[2, :, :, curr_layer])
41              A[3, :, :, curr_layer] = np.minimum(rows-1, A[3, :, :, curr_layer])
42
43              curr_layer += 1
44
45      all_boxes = np.reshape(A.transpose((0, 3, 1, 2)), (4, -1)).transpose((1, 0))
46      all_probs = rpn_layer.transpose((0, 3, 1, 2)).reshape((-1))
47
48      x1 = all_boxes[:, 0]
49      y1 = all_boxes[:, 1]
50      x2 = all_boxes[:, 2]
51      y2 = all_boxes[:, 3]
52
53      idxs = np.where((x1 - x2 >= 0) | (y1 - y2 >= 0))
54
55      all_boxes = np.delete(all_boxes, idxs, 0)
56      all_probs = np.delete(all_probs, idxs, 0)
57
58      result = non_max_suppression_fast(all_boxes, all_probs,
59  overlap_thresh=overlap_thresh, max_boxes=max_boxes)[0]
60
61      return result
```

让我们看看以上代码都做了什么。

第 1～3 行：首先看看输入。在输入中最重要的就是 rpn_layer 和 regr_layer，它们各自代表 RPN 网络输出的分类和图像区域的位置，也就是说，rpn_layer 对应前面 rpn_layer 输出中的 x_class，即每个锚点框的类别概率，形状为 shape(1, feature_map.height, feature_map.width, num_anchors)。注意，num_anchors 指的是一个点上锚点框的数量，根据图 8-7，它为 9；regr_layer 对应前面 rpn_layer 输出中的 x_regr，形状为 shape(1, feature_map.height, feature_map.width, num_anchors * 4)；输入中的 C 为配置信息，max_boxes 为最多的输出图像区域数量。对于其他内容，会在下面涉及时解释。

第 5～12 行：完成初始化工作。其中最重要的是创建一个 tensor A。tensor A 实际上用来存储所有锚点框的信息。这与输入的 regr_layer 中图像区域的位置有所不同，因为图像区域并不包含中心点（即锚点本身），在数据顺序上也有所调整。curr_layer 的初始值为 0，最大值为 8，因为一共有 9 个 layer（每个锚点框对应的大小 anchor_sizes、比例

anchor_ratios 各自为一个 layer）。

第 14～43 行：对每个 layer 的锚点框进行处理。我们抽象理解的话，就是

```
for anchor_size in anchor_sizes:        # [128, 256, 512]
    for anchor_ratio in anchor_ratios:  # [1.0, 0.5, 2.0]
        …
        # 转换图像区域到锚点框，并存入 tensor A
        curr_layer += 1
```

第 16～17 行：计算当前的锚点位置。

第 19～21 行：对输入的 regr_layer 进行转换，首先得到当前 layer 的所有图像区域信息，例如对 feature map 大小为 40×60 的，先得到一个(40,60,4)的矩阵，然后通过 np.transpose 将其转换为(4, 40, 60)的矩阵，方便后续处理。

第 23 行：通过 np.meshgrid 创建两个 2D 矩阵。Meshgrid 的作用可以参考本章参考文献[11]中的讨论。

第 25～41 行：计算锚点框的位置和宽高，其中用到的 apply_regr_np 是计算图像区域的 regression 参数，在讲解图 8-4 时已经讲到。

第 45～60 行：进行最后的输出处理。all_boxes 对 A 进行变形后，得到一个(40×60×9, 4)的矩阵，代表所有锚点框的值；all_probs 直接对输入的 rpn_layer 做一个转换，得到一个一维数组(40×60×9, 1)，代表每个锚点框是否包含目标的一个二分类。第 53 行对锚点框再做一次筛选，筛掉不合理的锚点框，最后做一次 NonMax Suppresion，把 IoU 较小的锚点框全部过滤掉，只保留符合条件的部分，存在 max_boxes 中。non_max_suppression_fast 的实现可参考本章参考文献[9]及后面要提到的 YOLO 算法 *You Only Look Once: Unified, Real-Time Object Detection*[13]，因为其实现比较简单，所以在此不再赘述。

另外，在 Faster RCNN[9]的实现中，另一个在训练中需要用到的重要步骤就是在 mini batch 数据中获取真实区域中的 RPN，否则我们没有真正的真实区域数据，就无法训练 RPN 网络。该实现在本章参考文献[9]的 calc_rpn 函数中，如下所示：

```
1  def calc_rpn(C, img_data, width, height, resized_width, resized_height,
2      img_length_calc_function):
3      downscale = float(C.rpn_stride)
4      anchor_sizes = C.anchor_box_scales
5      anchor_ratios = C.anchor_box_ratios
6      num_anchors = len(anchor_sizes) * len(anchor_ratios)
```

```
7
8    (output_width, output_height) = img_length_calc_function(resized_width,
9    resized_height)
10
11       n_anchratios = len(anchor_ratios)
12
13       y_rpn_overlap = np.zeros((output_height, output_width, num_anchors))
14       y_is_box_valid = np.zeros((output_height, output_width, num_anchors))
15       y_rpn_regr = np.zeros((output_height, output_width, num_anchors * 4))
16
17       num_bboxes = len(img_data['bboxes'])
18
19       num_anchors_for_bbox = np.zeros(num_bboxes).astype(int)
20       best_anchor_for_bbox = -1*np.ones((num_bboxes, 4)).astype(int)
21       best_iou_for_bbox = np.zeros(num_bboxes).astype(np.float32)
22       best_x_for_bbox = np.zeros((num_bboxes, 4)).astype(int)
23       best_dx_for_bbox = np.zeros((num_bboxes, 4)).astype(np.float32)
24
25       gta = np.zeros((num_bboxes, 4))
26       for bbox_num, bbox in enumerate(img_data['bboxes']):
27           gta[bbox_num, 0] = bbox['x1'] * (resized_width / float(width))
28           gta[bbox_num, 1] = bbox['x2'] * (resized_width / float(width))
29           gta[bbox_num, 2] = bbox['y1'] * (resized_height / float(height))
30           gta[bbox_num, 3] = bbox['y2'] * (resized_height / float(height))
31
32       for anchor_size_idx in range(len(anchor_sizes)):
33           for anchor_ratio_idx in range(n_anchratios):
34               anchor_x = anchor_sizes[anchor_size_idx] *
35    anchor_ratios[anchor_ratio_idx][0]
36               anchor_y = anchor_sizes[anchor_size_idx] *
37    anchor_ratios[anchor_ratio_idx][1]
38
39               for ix in range(output_width):
40                   x1_anc = downscale * (ix + 0.5) - anchor_x / 2
41                   x2_anc = downscale * (ix + 0.5) + anchor_x / 2
42
43                   if x1_anc < 0 or x2_anc > resized_width:
44                       continue
45
46                   for jy in range(output_height):
47                       y1_anc = downscale * (jy + 0.5) - anchor_y / 2
```

```
48                    y2_anc = downscale * (jy + 0.5) + anchor_y / 2
49
50                    if y1_anc < 0 or y2_anc > resized_height:
51                        continue
52
53                    bbox_type = 'neg'
54
55                    best_iou_for_loc = 0.0
56
57                    for bbox_num in range(num_bboxes):
58                        curr_iou = iou([gta[bbox_num, 0], gta[bbox_num, 2],
59 gta[bbox_num, 1], gta[bbox_num, 3]], [x1_anc, y1_anc, x2_anc, y2_anc])
60                        if curr_iou > best_iou_for_bbox[bbox_num] or curr_iou >
61 C.rpn_max_overlap:
62                            cx = (gta[bbox_num, 0] + gta[bbox_num, 1]) / 2.0
63                            cy = (gta[bbox_num, 2] + gta[bbox_num, 3]) / 2.0
64                            cxa = (x1_anc + x2_anc)/2.0
65                            cya = (y1_anc + y2_anc)/2.0
66
67                            tx = (cx - cxa) / (x2_anc - x1_anc)
68                            ty = (cy - cya) / (y2_anc - y1_anc)
69                            tw = np.log((gta[bbox_num, 1] - gta[bbox_num, 0]) /
70 (x2_anc - x1_anc))
71                            th = np.log((gta[bbox_num, 3] - gta[bbox_num, 2]) /
72 (y2_anc - y1_anc))
73
74                        if img_data['bboxes'][bbox_num]['class'] != 'bg':
75                            if curr_iou > best_iou_for_bbox[bbox_num]:
76                                best_anchor_for_bbox[bbox_num] = [jy, ix,
77 anchor_ratio_idx, anchor_size_idx]
78                                best_iou_for_bbox[bbox_num] = curr_iou
79                                best_x_for_bbox[bbox_num,:] = [x1_anc, x2_anc,
80 y1_anc, y2_anc]
81                                best_dx_for_bbox[bbox_num,:] = [tx, ty, tw, th]
82
83                            if curr_iou > C.rpn_max_overlap:
84                                bbox_type = 'pos'
85                                num_anchors_for_bbox[bbox_num] += 1
86                                # we update the regression layer target if this
87 IoU is the best for the current (x,y) and anchor position
88                                if curr_iou > best_iou_for_loc:
```

```
 89                             best_iou_for_loc = curr_iou
 90                             best_regr = (tx, ty, tw, th)
 91
 92                     if C.rpn_min_overlap < curr_iou < C.rpn_max_overlap:
 93                         if bbox_type != 'pos':
 94                             bbox_type = 'neutral'
 95
 96                 if bbox_type == 'neg':
 97                     y_is_box_valid[jy, ix, anchor_ratio_idx + n_anchratios *
 98 anchor_size_idx] = 1
 99                     y_rpn_overlap[jy, ix, anchor_ratio_idx + n_anchratios *
100 anchor_size_idx] = 0
101                 elif bbox_type == 'neutral':
102                     y_is_box_valid[jy, ix, anchor_ratio_idx + n_anchratios *
103 anchor_size_idx] = 0
104                     y_rpn_overlap[jy, ix, anchor_ratio_idx + n_anchratios *
105 anchor_size_idx] = 0
106                 elif bbox_type == 'pos':
107                     y_is_box_valid[jy, ix, anchor_ratio_idx + n_anchratios *
108 anchor_size_idx] = 1
109                     y_rpn_overlap[jy, ix, anchor_ratio_idx + n_anchratios *
110 anchor_size_idx] = 1
111                     start = 4 * (anchor_ratio_idx + n_anchratios *
112 anchor_size_idx)
113                     y_rpn_regr[jy, ix, start:start+4] = best_regr
114
115     for idx in range(num_anchors_for_bbox.shape[0]):
116         if num_anchors_for_bbox[idx] == 0:
117             if best_anchor_for_bbox[idx, 0] == -1:
118                 continue
119             y_is_box_valid[
120                 best_anchor_for_bbox[idx,0], best_anchor_for_bbox[idx,1],
121 best_anchor_for_bbox[idx,2] + n_anchratios *
122                 best_anchor_for_bbox[idx,3]] = 1
123             y_rpn_overlap[
124                 best_anchor_for_bbox[idx,0], best_anchor_for_bbox[idx,1],
125 best_anchor_for_bbox[idx,2] + n_anchratios *
126                 best_anchor_for_bbox[idx,3]] = 1
127             start = 4 * (best_anchor_for_bbox[idx,2] + n_anchratios *
128 best_anchor_for_bbox[idx,3])
129             y_rpn_regr[
```

```
130                best_anchor_for_bbox[idx,0], best_anchor_for_bbox[idx,1],
131 start:start+4] = best_dx_for_bbox[idx, :]
132
133     y_rpn_overlap = np.transpose(y_rpn_overlap, (2, 0, 1))
134     y_rpn_overlap = np.expand_dims(y_rpn_overlap, axis=0)
135
136     y_is_box_valid = np.transpose(y_is_box_valid, (2, 0, 1))
137     y_is_box_valid = np.expand_dims(y_is_box_valid, axis=0)
138
139     y_rpn_regr = np.transpose(y_rpn_regr, (2, 0, 1))
140     y_rpn_regr = np.expand_dims(y_rpn_regr, axis=0)
141
142     pos_locs = np.where(np.logical_and(y_rpn_overlap[0, :, :, :] == 1,
143 y_is_box_valid[0, :, :, :] == 1))
144     neg_locs = np.where(np.logical_and(y_rpn_overlap[0, :, :, :] == 0,
145 y_is_box_valid[0, :, :, :] == 1))
146
147     num_pos = len(pos_locs[0])
148
149     num_regions = 256
150
151     if len(pos_locs[0]) > num_regions/2:
152         val_locs = random.sample(range(len(pos_locs[0])), len(pos_locs[0]) -
153 num_regions/2)
154         y_is_box_valid[0, pos_locs[0][val_locs], pos_locs[1][val_locs],
155 pos_locs[2][val_locs]] = 0
156         num_pos = num_regions/2
157
158     if len(neg_locs[0]) + num_pos > num_regions:
159         val_locs = random.sample(range(len(neg_locs[0])), len(neg_locs[0]) -
160 num_pos)
161         y_is_box_valid[0, neg_locs[0][val_locs], neg_locs[1][val_locs],
162 neg_locs[2][val_locs]] = 0
163
164     y_rpn_cls = np.concatenate([y_is_box_valid, y_rpn_overlap], axis=1)
165     y_rpn_regr = np.concatenate([np.repeat(y_rpn_overlap, 4, axis=1),
166 y_rpn_regr], axis=1)
167
168     return np.copy(y_rpn_cls), np.copy(y_rpn_regr), num_pos
```

我们可以将上面的 calc_rpn 看作 rpn_to_roi 的逆运算。因为在真实区域的数据中，图像区域其实就是 roi，我们需要把它转变成 RPN 的形式。

首先看看输入。在输入参数中包括图像数据、宽高、缩小后的大小（根据配置 C 中的设置）。另外，有一个计算输出 feature map 的大小的函数，这个函数实际上是把图像的宽高分别除以 stride（在本实现中设定为 16）后得到的大小。

第 2～23 行：参数初始化，很多地方都同 rpn_to_roi 类似。注意，y_rpn_overlap 指重叠的 RPN 区域，因为我们并不区分具体的目标，只考虑 RPN 是否包含任意目标（是 foreground 还是 background），所以重叠 RPN 区域只要有一个包含目标，则对应的 y_rpn_overlap 也为 1。y_is_box_valid 表示该图像区域是否是有效区域（能够明确区分 foreground 和 background 区域）；y_rpn_regr 则是我们多次见到的图像区域的坐标和宽高 (x, y, w, h)。然后，我们用 best_anchor_for_bbox、best_iou_for_bbox、best_x_for_bbox, best_dx_for_bbox 来记录每个区域的最佳值。

第 25～28 行：使用训练数据集来获取真实区域中的真实区域。

从第 30 行开始：和前面的 rpn_to_iou 方法类似，对每个 layer 的数据都进行处理和转换。

第 35～41 行：遍历每个位置，代码可以理解如下。

```
for ix in range(output_width):
    for jy in range(output_height):
```

以上代码首先获取 x1_anc、x2_anc 作为锚点框在 x 轴的位置，然后获取 y 轴的位置 y1_anc 和 y2_anc，这时实际上已经找到锚点框，后面分别进行以下操作和计算：

◎ 忽略落在图像之外的锚点框（第 39～40 行；第 46～47 行）；

◎ 对当前点的锚点计算它所包括的所有锚点框的相关属性（从真实区域中获取），包括位置、宽高。针对预测目标的(tx, ty, tw, th)，如果是目标 foreground 对象，则计算并保存其最佳 IoU 所对应的锚点位置和相关属性；

◎ 根据 IoU 覆盖率判断当前图像区域是属于 pos（正样本，包含目标，IoU>0.7）还是属于 neg（负样本，不包含任何目标，IoU<0.3），或者属于 neutral（难以判断）；

◎ 根据 bbox_type（当前图像的区域类型，由上一步获取），设置 y_is_box_valid、y_rpn_overlap 等对应的值。

第 97～110 行：遍历所有锚点，并确保在每个图像区域都包括一个含有目标的 RPN 区域。

第111～123行：针对输出形式，对现有的数据做一些格式转换。

第125～136行：最多输出256个RPN区域，其中，正样本有128个，负样本有128个。num_regions定义了RPN区域的大小。

第137～140行：最后输出RPN的类别和位置，以及总个数。

通过以上介绍，我们对Faster RCNN的理论和具体实现就有了较为完整的了解。Faster RCNN能够提供较高的精确度，但识别速度略慢，在对实时性要求高的场景下通常不建议使用Faster RCNN。目前，在对识别速度要求高的场景下，常用的算法是YOLO（You Only Look Once）。

8.2 YOLO

在前面从RCNN到Faster RCNN的介绍中，我们注意到无论是RCNN还是Faster RCNN，始终可以分为两个阶段：找到备选区域（从选择性搜索到RPN）；在备选区域的基础上做分类和图像区域预测。

这种方式通常被称为2-stage detection，我们不由得思考，能否把上面的两个阶段变为一个阶段？在本章参考文献[13]中，YOLO被首次提出，成为目前实时目标检测中应用最广泛的算法之一。从2016年到目前为止，YOLO已经过几个大版本的迭代，但基本原理未变，这里先从最早的YOLO v1谈起。

8.2.1 YOLO v1

YOLO的整体工作流程和算法思想如图8-12所示，该图很清晰地表达了YOLO的思想：简单即美。和繁复的Fast RCNN、Faster RCNN不同，YOLO只通过一个卷积网络对全图进行处理，然后对输出的feature map结果做直接运算来得到识别结果。

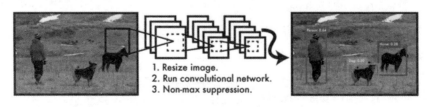

(a) YOLO的整体工作流程

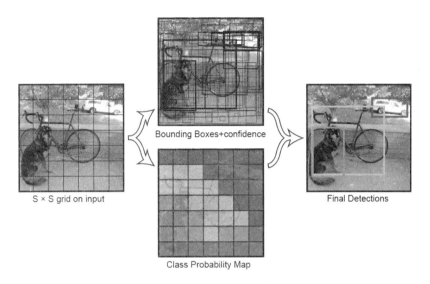

(b) YOLO 的算法思想

图 8-12　YOLO 的整体工作流程和算法思想[13]

在本章参考文献[13]中提到，feature map 首先被划分为 $S×S$ 的网格，网格中的每一格（后简称 cell）都负责定义 B 个图像区域及每个图像区域的 confidence score。confidence score 表示该图像区域中包含目标的概率，可以被定义为

$$\text{confidence} = \Pr(\text{Object}) \cdot \text{IoU}$$

如果在该 cell 中不包括任何目标，则 Pr(Object)为 0，否则我们期望 Pr(Object)为 1。因此，可以理解 confidence 实质上就是预测图像区域和真实区域之间的 IoU。

同时，每个 cell 也预测 C 个类别概率，即当 cell 包含目标，也就是 Pr(Object)为 1 时的 $\Pr(\text{Class}_i | \text{Object})$概率，和图像区域无关。我们只对每个 cell 做预测，得到图 8-12(b)图所示的 Class Probability Map。

最后结合二者，在运行模型时对每个图像区域的预测计算如下：

$$\Pr(\text{class}|\text{object}) \times \Pr(\text{object}) \times \text{IoU} = \Pr(\text{class}_i) \times \text{IoU}$$

这样，对每个窗口就都获得了不同目标的预测值。再回到图 8-12(b)，我们设 $B=2$、$C=20$、$S=7$，那么第 1 次对全图做卷积运算后，生成的结果是一个 $S×S×(5B+C) = 7×7×30$ 的 tensor，如图 8-13 所示。

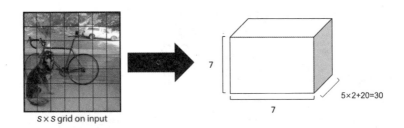

图 8-13　YOLO 卷积运算输出

但图 8-13 中存在的问题是：每个 cell 的输出都是一个长度为 30 的 vector，这个 vector 包含什么？

在上面的例子中，我们设定 B 为 2（表示有两个边界框，即 Bounding Box），这意味着每个 cell 都有两个区域边界框，而每个边界框都包括 5 个属性（c、x、y、w、h），其中的 c 代表我们在前面提到的 confidence score，因此图 8-12(b)图中的 "Bounding Boxes+confidence" 一共有 5×2 个属性。紧跟着的 20 则是对 20 个不同目标种类的分类概率，如图 8-14 所示。

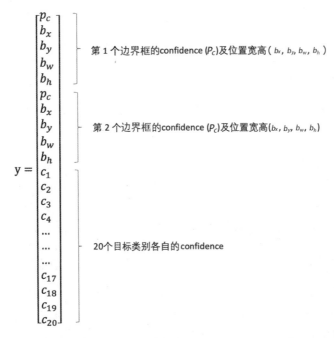

图 8-14　YOLO 中卷积运算后每个 cell 的输出

在本章参考文献[14]的代码中包括一个 YOLO v1 的完整实现，其中的关键代码如下：

```
def get_model():
    model = Sequential()
    model.add(Convolution2D(16, 3, 3,input_shape=(3,448,448),
border_mode='same',subsample=(1,1)))
    model.add(LeakyReLU(alpha=0.1))
model.add(MaxPooling2D(pool_size=(2, 2)))
model.add(Dense(4096))
model.add(LeakyReLU(alpha=0.1))
model.add(Dense(1470))
    return model
```

首先，以上代码的第 1 步就是创建一个 CNN，我们注意到最后一层输出了一个 1470 的数组。而 1470=7×7×(5×2+20)，恰好就是我们前面讨论的总 tensor 维度。在这段代码中，作者是按照下面的规则来划分这个总长度为 1470 的 tensor 的：

（1）一开始的 0~979 共 980 个数值代表 7×7 个 cell 对应的 20 个类别中每一类的概率（7×7×20=980）；

（2）接下来的 98 个数值代表每个 cell 对应的图像区域（B=2）的 confidence score（7×7×2 = 98）；

（3）余下的 392 个值是每个 cell 对应的图像区域的位置和宽高（7×7×2×4=392）。

然后，我们先跳到下面，看看 YOLO 模型具体是如何使用的：

```
1   model = get_model()
2   load_weights(model,'yolo-tiny.weights')
3   test_image = mpimg.imread('test_images/test1.jpg')
4   pre_processed = preprocess(test_image)
5   batch = np.expand_dims(pre_processed, axis=0)
6   batch_output = model.predict(batch)
7
8   boxes = yolo_output_to_car_boxes(batch_output[0], threshold=0.25)
9   final = draw_boxes(boxes, test_image, ((500,1280),(300,650)))
```

以上代码的第 1 行首先创建了 CNN 模型；第 2~4 行初始化了模型权重并读入测试数据；第 6 行使用模型进行了预测。这些都是卷积网络的标准操作。如果我们这时把 CNN 的输出打印出来，则会看到一串难以让人理解的数字，例如：

```
[0.4187, 0.9201, 0.3476, …]  # 长度为1470
```

当然，结合前面的讲解，我们在理论上也可以手工分析以上数据来构建图像区域，但显然需要额外的一步来将 CNN 的输出转变为最终的结果（也就是正确的图像区域信息）。

在第 8 行，我们看到 CNN 的输出传入了一个函数 yolo_output_to_car_boxes，得到了所有预测的图像区域，然后在第 9 行进行了绘制。实际上，前面图 8-12(b)图中 bounding boxes + confidence 和 Class Probability Map 二者结合得到 Final Detection 这一步，就是 yolo_output_to_car_boxes 这个函数所完成的工作。那么，我们来看具体是如何实现的：

```
1   def yolo_output_to_car_boxes(yolo_output, threshold=0.2, sqrt=1.8, C=20,
2       B=2, S=7):
3       car_class_number = 6
4
5       boxes = []
6       SS = S*S
7       prob_size = SS*C
8       conf_size = SS*B
9
10      probabilities = yolo_output[0:prob_size]
11      confidence_scores = yolo_output[prob_size: (prob_size + conf_size)]
12      cords = yolo_output[(prob_size + conf_size):]
13      probabilities = probabilities.reshape((SS, C))
14      confs = confidence_scores.reshape((SS, B))
15      cords = cords.reshape((SS, B, 4))
16
17      for grid in range(SS):
18          for b in range(B):
19              bx = Box()
20
21              bx.c = confs[grid, b]
22
23              bx.x = (cords[grid, b, 0] + grid % S) / S
24              bx.y = (cords[grid, b, 1] + grid // S) / S
25              bx.w = cords[grid, b, 2] ** sqrt
26              bx.h = cords[grid, b, 3] ** sqrt
27
28              p = probabilities[grid, :] * bx.c
29
30              if p[car_class_number] >= threshold:
```

```
31                    bx.prob = p[car_class_number]
32                    boxes.append(bx)
33
34   boxes.sort(key=lambda b: b.prob, reverse=True)
35
36   for i in range(len(boxes)):
37       boxi = boxes[i]
38       if boxi.prob == 0:
39           continue
40
41       for j in range(i + 1, len(boxes)):
42           boxj = boxes[j]
43
44           if box_iou(boxi, boxj) >= 0.4:
45               boxes[j].prob = 0
46
47   boxes = [b for b in boxes if b.prob > 0]
48
49   return boxes
```

首先，以上代码其实只是要检测"car"这种类型，其他的都可以忽略，因此在第 2 行直接指定了 car 的类别 class，这便于我们理解 YOLO 的边界框输出。

第 3~15 行：初始化变量。我们看到这里定义了 SS，它就是 cell 的总数（$7 \times 7 = 49$）；prob_size 相当于 Class Probability Map 的总数（$7 \times 7 \times 20 = 980$），conf_size 则是所有 cell 的边界框的 confidence 总数（$7 \times 7 \times 2 = 98$）；然后，我们根据前面讨论的 CNN 输出的数据格式，把 CNN 的输出分为 3 段：probabilities、confidence_scores、cords。最后，在第 12~14 行把这 3 段一维数组变形，让后续代码能够根据 cell 的位置获取对应的数值。

第 17~32 行：从以上 3 段数据中获取每个边界框的属性，注意在第 30~31 行做了一个过滤，让只有当类别概率大于阈值时才认为这是可选的边界框，如果低于阈值则不予考虑。

第 34 行：所有图像区域根据其中的 prob 属性进行递减排序。

第 36~49 行：删除一些不必要的图像区域。在第 44 行中，如果前面（概率较大的窗口）和后面的窗口之间的 IoU 大于 0.4，则把后面窗口的概率设为 0，然后在第 47 行中过滤掉。最后返回最终的图像区域结果。

这样我们就把 YOLO v1 的原理讲清楚了。YOLO v1 固然达到了很高的检测速度，但是在准确率上还是比不过 Fast RCNN 和后来的在 *SSD: Single Shot MultiBox Detector*[15]一文中提出的 SSD。因此，之后 YOLO 又进行了两次较大的迭代，分别是 2016 年在 *YOLO9000: Better, Faster, Stronger*[16]一文中提出的 YOLO v2 和 2018 年在 *YOLO v3: An Incremental Improvement*[17]一文中所提出的 YOLO v3。

8.2.2　YOLO v2

这里不打算对 YOLO v2 和 YOLO v3 的所有细节都进行解释，例如在 YOLO v2 中引入了 Batch Normalization，用较高分辨率预训练 10 次等技巧性的改进，这里不再赘述，而是把重点放在一些较为重要的改变上。而因为 YOLO v3 是基于 YOLO v2 进行改进的，所以这里也不能跳过 YOLO v2 直接讲 YOLO v3。我们先来看看 YOLO v2 做了什么改变吧。

YOLO v2 主要是针对 YOLO v1 中存在的以下两个问题进行改进的。

◎ 锚点框的大小是随机选择后通过卷积网络训练的，如果我们能不"随机选择"锚点框的大小（即便在 Faster RCNN 中，锚点框的大小也不是训练出来的），则是否可以获得更好的效果？

◎ 如何准确识别不同尺寸的物体？（YOLO v1 在识别小物体和距离镜头较近的物体时准确率不高）。

对于第 1 个问题——如何设定锚点框的大小，我们注意到实际上大部分照片上很多相似物体的比例和尺寸是相近的。如图 8-15 所示为 YouTube 上一个交通目标识别视频的截图，可以看到，实际上每辆汽车的边界框在大范围内都是非常接近的，而边界框在很大程度上受锚点框范围的影响。在 YOLO v1 中并没有考虑这一点，而是随意设置锚点框的范围，然后由训练时的网络自动调整，这会浪费大量的时间和资源。

图 8-15　YouTube 上一个交通目标识别视频的截图

在 YOLO v2 中针对锚点框做了专门的处理。首先对于锚点框，在 YOLO v1 中很可能得到如图 8-16 所示的效果。

图 8-16　不合适的锚点框

在图 8-16 中，我们可能对人能得到较合适的锚点框，对车就不一定适用。而实际上，我们并不需要图 8-16 中的所有锚点框都很准确地覆盖目标，只要有一个锚点框有较好的效果就行。

在 YOLO v1 中，一个锚点对应两个锚点框。而在 YOLO v2 中，对每个锚点都设置了 5 个不同大小比例的锚点框（在后面讲解如何设置），然后通过训练在初始值上进行调整，训练的不是锚点框的绝对数值，而是相对于对应的 cell 的偏移。在 *YOLO9000: Better, Faster, Stronger*[16]一文中提到使用了逻辑回归作为激活函数，这样可以把偏移限制在一个 cell 的范围内（0~1），不至于出现太大误差。

这样做有以下两个优势：

（1）初始的锚点框不是随机大小的，而是根据同类物体计算出来的大致范围，如图 8-17 所示；

(2)回归预测不是 box 的绝对值,而是相对于初始位置和大小的相对值。

这两个优势使得 YOLO v2 可以更快地得到较为准确的效果,而不是像 YOLO v1 那样从随机的初始值中耗费大量时间进行调整和训练。

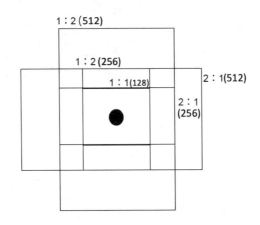

图 8-17 YOLO v2 中的初始锚点框,其中,128×128 下 1∶1 一个,256×256 下 1∶2、2∶1 各一个,512×512 下 1∶2、2∶1 各一个

有一个问题是如何设置这些锚点框的大小?如前所述,一张图片上相近范围内的相似物体大小是非常接近的。这让我们很自然地想到了 k-means 聚类,使得我们能根据真实区域的数据预先获取锚点框可能的大小范围,而不至于漫无目的地通过训练得到。

图 8-18 描述了聚类后的结果,当然,这里虽然用 k-means 做聚类,但并不能直接用锚点框之间的距离来表示,而需要另外思考如何判断相似性。

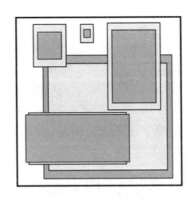

图 8-18 聚类后的结果

我们实际上是要根据二者间的 IoU 来聚类，IoU 越大则越相近，因此在 *YOLO9000: Better, Faster, Stronger*[16]一文中提出了距离计算方式：

$$d(\text{box}, \text{centroid}) = 1 - \text{IoU}(\text{box}, \text{centroid})$$

其中，box 是待比较的锚点框，centroid 是当前选中的基准框。

这样，在聚类后就能得到大致的图像区域大小，通常在进行训练之前，我们首先生成相关类别的锚点框配置。笔者在本章参考文献[19]中有一个较完善的实现，有兴趣的读者可以自行参考。

另一个问题是如何提高对不同尺寸的同一目标的识别准确率。这个问题其实很好解决，在 YOLO v2 中，只是在训练时对每次 mini batch 所用的图片做了不同尺度的转换。实际上，对每次 mini batch 所使用的图片，除了对尺寸进行随机缩放，还对图片锐度、模糊程度、噪声等都做了一定的处理，起到了数据增强的作用。

以上基本就是 YOLO v2 最重要的一些改变。下面讲解 YOLO v3。

8.2.3　YOLO v3

YOLO v3 出自 2018 年 CVPR 上发布的 *YOLO v3: An Incremental Improvemen*[17]一文，相对于 YOLO v2 对 YOLO v1 在锚点框上的较大改进，YOLO v3 则更多是对 YOLO v2 进行优化和网络结构上的变动。总的来说，YOLO v3 的改进主要集中在以下几方面。

（1）将锚点框从 5 个提升到 9 个。采用类似 Faster RCNN 的思路，分为 3 种缩放尺度，每个尺度都包括 3 个不同比例的锚点框。然而，对于锚点框的设置本身并非像 Faster RCNN 那样采用固定比例，仍然和 YOLO v2 一样通过 k-means 聚类得到，通过排序后将最大的 3 个用于最大的缩放尺度，将接下来的 3 个用于第 2 个中间缩放尺度，将最后 3 个用于最小的缩放尺度。例如在本章参考文献[17]中提到对于实验所用的 COCO 数据集[20]，用 k-means 得到的 9 个锚点框大小为 10×13、16×30、33×23、30×61、62×45、59×119、116×90、156×198、373×326，那么我们可以按顺序划分如下。

◎　[(10x13), (16x30), (33x23)]：最小缩放尺度的锚点框尺寸。

◎　[(30x61), (62x45), (59x119)]：中间缩放尺度的锚点框尺寸。

◎　[(116x90), (156x198), (373x326)]：最大缩放尺度的锚点框尺寸。

（2）引入 ResNet。在网络结构上，在 YOLO v2 的基础上引入了 ResNet 的设计，总层数达到了 53 层，并大幅度提高了识别准确率。具体的网络结构在本章参考文献[17]中有阐述。

（3）用逻辑回归取代 softmax，从而能够对同一个区域进行多种类别的标识。在过去的实现中，对同一个区域使用 softmax，只能对该区域选择概率最大的类别。然而实际上有很多时候在同一个区域可能存在多个目标（例如拥挤的行人），因此在 YOLO v3 中直接使用 Logistical Regression 代替了 softmax，从而能够对一个区域识别多种目标。

（4）最后一点，也是 YOLO v3 最大的一个贡献，就是它在 3 个不同的缩放尺度下分别进行识别，从而提高了对小目标的识别能力。前面已经提到，YOLO v3 采用了 3 种缩放尺度，并通过 k-means 聚类后获得 3 种缩放尺度下不同锚点框的大小，而每种尺度都有 3 个锚点框。

YOLO 最后通过一个 $1×1$ 的 Kernel 在 3 个不同缩放尺度的 feature map 上进行检测，这个 Kernel 本身则是一个 $1×1×(B×(5+C))$ 大小的 tensor，其中，B 为 3（每个缩放尺度都有 3 个锚点框），在 YOLO v3 所使用的 COCO 数据集中一共有 80 类目标，那么 Kernel 的大小就是 $1×1×(3×(5+80)) = 1×1×255$。

图 8-19 展示了预测过程中的 Kernel 结构。Kernel 遍历所有的锚点，其本身是一个 $1×1×255$ 的 tensor。而在每个锚点上，根据 Kernel 的运算结果来获得不同图像区域的值 $(x, y, w, h, p_o, p_1, p_2, \cdots, p_c)×B$，其中，$x$、$y$、$w$、$h$ 为图像区域 d 的位置和大小，p_o 为包含目标的 confidence，p_1、p_2 等为不同目标类别的概率，B 为图像区域的总数。

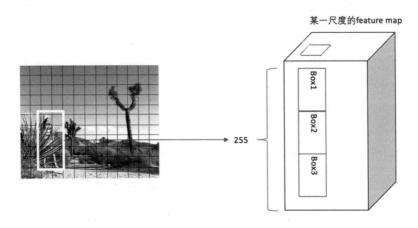

图 8-19　预测过程中的 Kernel tensor

在 YOLO v3 中，图片被分为 3 个不同尺度的 feature map（52×52、26×26、13×13），这样对不同的缩放尺度分别进行目标预测，52×52 负责大目标，26×26 负责中等大小目标，13×13 负责较小目标，这样能提升检测的准确率。另外，在最后 stride 为 32 和 16 的两层各自进行了一个上采样操作，从而对较小的目标有更好的检测效果。

上面简单讲解了 YOLO v3 的主要改进。下面，我们来看看 YOLO v3 的具体实现。

8.3 YOLO v3 的具体实现

在 YOLO 作者的网站 Darknet[21]上提供了 YOLO v3 的全套 C 语言代码和使用描述，然而其中的 VOC 数据集较大（1.9GB），代码实现也较为烦琐，不利于学习。所以，我们在 YOLO v3 开源实现[22]的基础上进行简化，并针对新版 TensorFlow 进行调整。该代码被提供在本章参考文献[19]中，其中包括一个约 200 张图片的浣熊识别数据集和对应的 YOLO v3 Keras 实现，后面的代码讨论将基于该版本进行，帮助读者了解具体的实现过程。

整个 YOLO v3 的训练和使用可以分为以下 3 步。

（1）数据集预处理，生成锚点框配置。

（2）训练模型。

（3）进行预测。

我们看到，和 Faster RCNN 等算法的一个差别在于，如果我们要在 YOLO v3 中自行训练模型，则需要在模型训练之前先对真实区域的数据进行预测，然后使用 k-means 算法对图像区域进行聚类，获得合适的锚点框大小。注意，这种方式是在 YOLO v2 中首次出现的。下面根据这 3 部分逐一进行讲解。

8.3.1 数据预处理

我们需要先准备好训练和测试所使用的数据，这里将使用 raccoon（浣熊）数据集来训练一个识别浣熊的 YOLO v3 模型：

```
git clone https://github.com/likezhang-public/qconbj2019
cd qconbj2019/yolov3
ls data
```

在 yolov3/data 目录下包括以下数据。

◎ training_image：训练所需的图片数据。

◎ training_annotation：训练图片的对应标注。

◎ test_image：测试图片集。

◎ test_annotation：测试图片的对应标注。

为了更好地理解数据格式，我们打开一个 annotation 标注文件，例如 training_annotation/raccoon-151.xml：

```xml
<annotation verified="yes">
    <folder>images</folder>
    <filename>raccoon-151.jpg</filename>
    <path>/Users/datitran/Desktop/raccoon/images/raccoon-151.jpg</path>
    <source>
        <database>Unknown</database>
    </source>
    <size>
        <width>225</width>
        <height>225</height>
        <depth>3</depth>
    </size>
    <segmented>0</segmented>
    <object>
        <name>raccoon</name>
        <pose>Unspecified</pose>
        <truncated>0</truncated>
        <difficult>0</difficult>
        <bndbox>
            <xmin>42</xmin>
            <ymin>94</ymin>
            <xmax>108</xmax>
            <ymax>224</ymax>
        </bndbox>
    </object>
</annotation>
```

可以看到，标注文件是标准的 xml 格式，其中定义了图像的路径、大小、色彩通道数量（depth）、目标类型（object）及对应的图像区域位置（bndbox）等。我们真正需要的是其中的 filename、width、height 及图像区域的位置。注意，因为我们在这个示例代码中只识别 raccoon 类型，因此 object.name 这个属性（目标类别）其实没有什么影响，但在实际产品中如果有多个类别，name 就能发挥作用了。在 raccoon-24.xml 中包含对多个目标的检测（尽管是同一类别），其定义如下：

```
<object>
    <name>raccoon</name>
    <pose>Unspecified</pose>
    <truncated>0</truncated>
    <difficult>0</difficult>
    <bndbox>
        <xmin>77</xmin>
        <ymin>48</ymin>
        <xmax>179</xmax>
        <ymax>156</ymax>
    </bndbox>
</object>
<object>
    <name>raccoon</name>
    <pose>Unspecified</pose>
    <truncated>0</truncated>
    <difficult>0</difficult>
    <bndbox>
        <xmin>139</xmin>
        <ymin>77</ymin>
        <xmax>202</xmax>
        <ymax>145</ymax>
    </bndbox>
</object>
```

标注文件的解析代码在 voc.py 中，仅仅是对 xml 文件的解析，这里不再解释，读者可自行查看。

接着我们开始进行第 1 步处理：根据图片找到合理的锚点位置，通过 k-means 算法对不同图片的图像区域聚类，最终获得 9 个锚点框的宽高（width 和 height）。这一步在 gen_anchors.py 中实现，其代码如下：

```
1    import random
2    import argparse
3    import numpy as np
4
```

```python
5   from voc import parse_voc_annotation
6   import json
7   # 计算 IOU 区域比例
8   def IOU(ann, centroids):
9       w, h = ann
10      similarities = []
11  
12      for centroid in centroids:
13          c_w, c_h = centroid
14  
15          if c_w >= w and c_h >= h:
16              similarity = w*h/(c_w*c_h)
17          elif c_w >= w and c_h <= h:
18              similarity = w*c_h/(w*h + (c_w-w)*c_h)
19          elif c_w <= w and c_h >= h:
20              similarity = c_w*h/(w*h + c_w*(c_h-h))
21          else:
22              similarity = (c_w*c_h)/(w*h)
23          similarities.append(similarity)
24  
25      return np.array(similarities)
26  # 计算平均 IOU
27  def avg_IOU(anns, centroids):
28      n,d = anns.shape
29      sum = 0.
30  
31      for i in range(anns.shape[0]):
32          sum+= max(IOU(anns[i], centroids))
33  
34      return sum/n
35  # 展示中心锚点,并生成对应文件
36  def print_anchors(centroids):
37      anchors = centroids.copy()
38      widths = anchors[:, 0]
39      sorted_indices = np.argsort(widths)
40      sorted_anchors = []
41      for i in sorted_indices:
42          w = int(anchors[i,0]*416)
43          h = int(anchors[i,1]*416)
44          sorted_anchors.append(w)
45          sorted_anchors.append(h)
```

```
46      print(sorted_anchors)
47      with open(anchor_file, 'w') as outfile:
48          json.dump(sorted_anchors, outfile)
49  # 运行k-means聚类，动态生成锚点框
50  def run_kmeans(ann_dims, anchor_num):
51      ann_num = ann_dims.shape[0]
52      iterations = 0
53      prev_assignments = np.ones(ann_num)*(-1)
54      iteration = 0
55      old_distances = np.zeros((ann_num, anchor_num))
56
57      indices = [random.randrange(ann_dims.shape[0]) for i in range(anchor_num)]
58      centroids = ann_dims[indices]
59      anchor_dim = ann_dims.shape[1]
60
61      while True:
62          distances = []
63          iteration += 1
64          for i in range(ann_num):
65              d = 1 - IOU(ann_dims[i], centroids)
66              distances.append(d)
67          distances = np.array(distances) # distances.shape = (ann_num,
68  anchor_num)
69
70          print("iteration {}: dists = {}".format(iteration,
71  np.sum(np.abs(old_distances-distances))))
72
73          # 将样本根据中心点距离分类
74          assignments = np.argmin(distances,axis=1)
75
76          if (assignments == prev_assignments).all() :
77              return centroids
78
79          # 计算新的中心点
80          centroid_sums=np.zeros((anchor_num, anchor_dim), np.float)
81          for i in range(ann_num):
82              centroid_sums[assignments[i]]+=ann_dims[i]
83          for j in range(anchor_num):
84              centroids[j] = centroid_sums[j]/(np.sum(assignments==j) + 1e-6)
85
86          prev_assignments = assignments.copy()
```

```
87          old_distances = distances.copy()
88
89  def _main_(argv):
90      config_path = args.conf
91      num_anchors = args.anchors
92
93      with open(config_path) as config_buffer:
94          config = json.loads(config_buffer.read())
95
96      train_imgs, train_labels = parse_voc_annotation(
97          config['train']['train_annot_folder'],
98          config['train']['train_image_folder'],
99          config['train']['cache_name'],
100         config['model']['labels']
101     )
102
103     # 运行 k-means 算法找到锚点 anchors
104     annotation_dims = []
105     for image in train_imgs:
106         print(image['filename'])
107         for obj in image['object']:
108             relative_w = (float(obj['xmax']) - float(obj['xmin']))/image['width']
109             relatice_h = (float(obj["ymax"]) - float(obj['ymin']))/image['height']
110             annotation_dims.append(tuple(map(float, (relative_w,relatice_h))))
111
112     annotation_dims = np.array(annotation_dims)
113     centroids = run_kmeans(annotation_dims, num_anchors)
114
115     print('\naverage IOU for', num_anchors, 'anchors:', '%0.2f' %
116 avg_IOU(annotation_dims, centroids))
117     print_anchors(centroids)
118
119 if __name__ == '__main__':
120     argparser = argparse.ArgumentParser()
121
122     argparser.add_argument(
123         '-c',
124         '--conf',
125         default='config.json',
126         help='path to configuration file')
127     argparser.add_argument(
```

```
128          '-a',
129          '--anchors',
130          default=9,
131          help='number of anchors to use')
132
133     args = argparser.parse_args()
134     _main_(args)
```

让我们看看上面的代码都做了什么。

第 1~34 行：引入头文件，并定义了 IoU 的计算方法。其中，IOU(ann, centroids) 计算一个目标图像区域与每个得到的锚点框（centroids）的 IoU，并作为 np.array 返回。avg_iou 则是每个标注文件中的图像区域和最终得到的锚点框的最大 IoU 平均值。

第 36~48：显示所计算的 9 个锚点框的具体宽高。我们不妨将代码中的变量名 centroid 等同于锚点框（第 39 行体现了这一点），后面的代码则比较容易让人理解。8.2.3 节提到，YOLO v3 计算 3 个不同缩放尺度下 3 个不同大小的锚点框，因此这里对所有的锚点框都根据宽度（width）进行递增排序，然后输出为 json 文件。

第 50~87 行：对图像区域进行 k-means 聚类，来获取最后 9 个锚点框的具体实现，是核心行。在两个输入参数中，ann_dims 是所有图片的标注信息数组，anchor_num 默认为 9（YOLO v3 定义使用了 9 个锚点框）。该实现的基本思路是定义 9 个锚点框，将所有真实的目标边界框和这 9 个锚点框的 IoU 进行聚类，同时对锚点框进行调整。当所有图像区域所属的锚点框都不再变化时，则表示聚类完成并返回此刻的锚点框。可以看到，第 62~71 行使用 IOU 函数计算每个图像区域和锚点框的 IoU，然后选择其中差异最小的作为对应图像区域的类别（被存在 assignments 数组中，assignments 包括每一个图像区域所属的锚点框编号）。在第 76~77 行中，如果每个图像区域的所属编号和上一次编号（prev_assignments）没有发生变化，则说明聚类完成，返回当前的锚点框。

第 79~84 行：调整锚点框的宽高。这部分代码计算每个锚点框的宽高之和（注意 ann_dims[i] 返回的是两个值）：

```
for i in range(ann_num):
    centroid_sums[assignments[i]]+=ann_dims[i]
```

以下两行代码则对每个锚点框的宽高均取平均值，得到新的锚点框大小：

```
for j in range(anchor_num):
    centroids[j] = centroid_sums[j]/(np.sum(assignments==j) + 1e-6)
```

第 89～117 行：main 函数为具体的执行流程，首先在第 89～91 行获得 config 配置；然后在第 96～101 行对标注文件进行解析；接着在第 103～110 行获得每个目标图像区域的宽高数据（注意，是相对于原图的比例，不是绝对值）；最后在第 112～117 行通过上面的 k-means 算法获得锚点框并输出。

我们运行该程序：

```
python gen_anchors.py -c config.json
```

并检查输出文件 anchors.json，可以看到其输出是一个长度为 18 的数组（9 个锚点框的宽高），即[112, 134, 160, 231, 186, 338, 235, 380, 280, 294, 305, 385, 338, 226, 359, 310, 378, 392]。注意，以上输出在每次运行时都会不同，因为 k-means 聚类本身具有随机性。

8.3.2 模型训练

在完成锚点框的聚类后，我们就可以进行模型训练了。实际上，YOLO v3 的训练过程并不复杂，因为是 One Stage Detection/Training，所以并不需要像 Faster RCNN 那样同时完成锚点框的预测和图像区域的预测，因此实际上只是对一个 Base Net+YoloLayer 的整体端到端模型训练。

在本文所提供的代码[19]中，和训练相关的文件如下。

◎ train.py：模型训练的主要流程。

◎ yolo.py：YOLO 的网络结构。

◎ generator.py：训练中的数据生成。

我们首先来看 train.py 文件，因为该源代码文件过长，所以将其代码划分为不同的模块进行分析。

1. 主流程

首先是主流程的 _main 函数：

```
1   def _main_(args):
2       global WARMUP_EPOCHS
3       global LEARNING_RATE
4   
5       config_path = args.conf
```

```python
6
7      with open(config_path) as config_buffer:
8          config = json.loads(config_buffer.read())
9
10     anchors = []
11     with open(config['model']['anchors']) as anchors_file:
12         anchors = json.loads(anchors_file.read())
13
14     train_ints, valid_ints, labels, max_box_per_image = 
15 create_training_instances(
16         config['train']['train_annot_folder'],
17         config['train']['train_image_folder'],
18         config['train']['cache_name'],
19         config['valid']['valid_annot_folder'],
20         config['valid']['valid_image_folder'],
21         config['valid']['cache_name'],
22         config['model']['labels']
23     )
24     print('\nTraining on: \t' + str(labels) + '\n')
25
26     train_generator = BatchGenerator(
27         instances           = train_ints,
28         anchors             = anchors,
29         labels              = labels,
30         downsample          = 32, # 网络输入和输出的下采样大小比例,对YOLO v3来说是32
31
32         max_box_per_image   = max_box_per_image,
33         batch_size          = config['train']['batch_size'],
34         min_net_size        = config['model']['min_input_size'],
35         max_net_size        = config['model']['max_input_size'],
36         shuffle             = True,
37         jitter              = 0.3,
38         norm                = normalize
39     )
40
41     valid_generator = BatchGenerator(
42         instances           = valid_ints,
43         anchors             = anchors,
44         labels              = labels,
45         downsample          = 32, # ratio between network input's size and 
46 network output's size, 32 for YOLO v3
```

```
47          max_box_per_image   = max_box_per_image,
48          batch_size          = config['train']['batch_size'],
49          min_net_size        = config['model']['min_input_size'],
50          max_net_size        = config['model']['max_input_size'],
51          shuffle             = True,
52          jitter              = 0.0,
53          norm                = normalize
54      )
55
56      if os.path.exists(config['train']['saved_weights_name']):
57          config['train']['warmup_epochs'] = 0
58      warmup_batches = config['train']['warmup_epochs'] *
59  (config['train']['train_times']*len(train_generator))
60
61      WARMUP_EPOCHS = config['train']['warmup_epochs']
62      LEARNING_RATE = config['train']['learning_rate']
63
64      multi_gpu = 0
65
66      train_model, infer_model = create_model(
67          nb_class            = len(labels),
68          anchors             = anchors,
69          max_box_per_image   = max_box_per_image,
70          max_grid            = [config['model']['max_input_size'],
71  config['model']['max_input_size']],
72          batch_size          = config['train']['batch_size'],
73          ignore_thresh       = config['train']['ignore_thresh'],
74          multi_gpu           = multi_gpu,
75          saved_weights_name  = config['train']['saved_weights_name'],
76          lr                  = config['train']['learning_rate'],
77          grid_scales         = config['train']['grid_scales'],
78          obj_scale           = config['train']['obj_scale'],
79          noobj_scale         = config['train']['noobj_scale'],
80          xywh_scale          = config['train']['xywh_scale'],
81          class_scale         = config['train']['class_scale'],
82      )
83
84      callbacks = create_callbacks(config['train']['saved_weights_name'],
85  config['train']['tensorboard_dir'], infer_model)
86
87      sess = K.backend.get_session()
```

```
88      sess.run(tf.global_variables_initializer())
89
90      train_model.fit_generator(
91          generator        = train_generator,
92          steps_per_epoch  = len(train_generator) * config['train']['train_times'],
93          epochs           = config['train']['nb_epochs'] +
94  config['train']['warmup_epochs'],
95          verbose          = 2 if config['train']['debug'] else 1,
96          callbacks        = callbacks,
97          workers          = 4,
98          max_queue_size   = 8
99      )
100
101     average_precisions = evaluate(infer_model, valid_generator)
102
103     for label, average_precision in average_precisions.items():
104         print(labels[label] + ': {:.4f}'.format(average_precision))
105     print('mAP: {:.4f}'.format(sum(average_precisions.values()) /
106 len(average_precisions)))
107
108 if __name__ == '__main__':
109     argparser = argparse.ArgumentParser(description='train and evaluate
110 YOLO_v3 model on any dataset')
111     argparser.add_argument('-c', '--conf', help='path to configuration file')
112
113     args = argparser.parse_args()
114     _main_(args)
```

在上面的代码中，第 101~106 行是命令参数处理，这里略过不提，重点是在_main 函数中体现的训练流程，如下所述。

第 2~3 行：引入两个全局变量 WARMUP_EPOCHS 和 LEARNING_RATE。这两个全局变量将被用于训练时的 callback 函数中，用于调整 learning rate。

第 5~12 行：读入 config 配置和前面创建的锚点框尺寸数据。

第 14~23 行：调用 create_training_instances 方法读入训练数据集，为下一步生成训练数据做准备。

第 26~54 行：利用 BatchGenerator 创建训练数据和验证数据生成器。

第 56～59 行：检查是否存在权重文件，如果权重文件不存在，则需要从头训练，增加 warmup batches。

第 61～62 行：设置 LEARNING_RATE 和 WARMUP_EPOCHS。根据 Darknet[21]的实现，在 WARMUP_EPOCHS 之前的训练批次中，learning rate 非常小，直到 WARMUP_EPOCHS 之后才恢复到指定的 learning rate。

第 64 行：设置 GPU 个数为 0，在本书代码中仅以 CPU 实现为准。GPU 的支持并不复杂，在此略过。

第 66～82 行：创建 YOLO 模型，其中使用了 create_model 函数。注意，这里返回的一个是训练时使用的模型，另一个是预测时使用的模型。前者需要包括真实区域作为输入进行训练，后者则不需要。

第 84～85 行：针对训练过程设置回调函数 create_callbacks，方便存储中间结果。

第 87～99 行：初始化 TensorFlow 图中的全局变量，并通过 Keras 中的 fit_generator 方式训练模型。

第 101～106 行：评估模型结果。

我们看到，在上面的代码流程中有以下 3 个关键函数。

◎ create_training_instances：将原始训练数据转换为代码可使用的形式。

◎ BatchGenerator：继承 Keras.utils.Sequence 类型，按照 YOLO v3 的设计生成对应的训练数据 mini batch，作为 fit_generator 中的 generator 参数使用。

◎ create_model：创建 YOLO v3 模型。

另外，create_callbacks 也是其中比较重要的一环，在实际训练中可以看到 YOLO v3 的训练非常缓慢，在 CPU 环境下甚至以天来计算，对中间结果的保存也变得非常重要。

2. 创建数据集

下面看看这几个关键函数的实现，首先是 create_training_instances：

```
1   def create_training_instances(
2       train_annot_folder,
3       train_image_folder,
4       train_cache,
```

```
5        valid_annot_folder,
6        valid_image_folder,
7        valid_cache,
8        labels,
9    ):
10       # 解析训练集标注信息
11       train_ints, train_labels = parse_voc_annotation(train_annot_folder,
12   train_image_folder, train_cache, labels)
13
14       # 如果验证数据集定义文件目录存在,则对其进行解析
15       # 否则对数据进行分割
16       if os.path.exists(valid_annot_folder):
17           valid_ints, valid_labels = parse_voc_annotation(valid_annot_folder,
18   valid_image_folder, valid_cache, labels)
19       else:
20           print("valid_annot_folder not exists. Spliting the trainining set.")
21
22           train_valid_split = int(0.8*len(train_ints))
23           np.random.seed(0)
24           np.random.shuffle(train_ints)
25           np.random.seed()
26
27           valid_ints = train_ints[train_valid_split:]
28           train_ints = train_ints[:train_valid_split]
29
30       max_box_per_image = max([len(inst['object']) for inst in (train_ints +
31   valid_ints)])
32
33       return train_ints, valid_ints, sorted(labels), max_box_per_image
```

我们看看以上代码都做了什么。

第 11~29 行:和前面生成锚点框类似,同样调用 parse_voc_annotation 来解析训练数据标注,然后判断是否已有对应的测试数据目录,如果没有的话,就根据 20/80 的比例来切分数据。

第 30~33 行:找到每张图上图像区域的最大可能值,然后将训练数据、测试数据、类别标签和最有可能的图像区域值返回。注意,这里并没去判断在图像标签中是否包含未定义的类型,因为我们只判断一个类型即 raccoon,所以没必要去做过多检查。

3. 创建训练回调函数

再看看 create_callbacks，这里要重点注意：

```
1   def get_current_learning_rate(epoch):
2       global WARMUP_EPOCHS
3       global LEARNING_RATE
4
5       lrate = LEARNING_RATE
6
7       if epoch <= WARMUP_EPOCHS:
8           lrate = LEARNING_RATE * math.pow(epoch/WARMUP_EPOCHS, 4)
9
10      return lrate
11
12  def create_callbacks(saved_weights_name, tensorboard_logs, model_to_save):
13      makedirs(tensorboard_logs)
14
15      early_stop = EarlyStopping(
16          monitor     = 'loss',
17          min_delta   = 0.01,
18          patience    = 5,
19          mode        = 'min',
20          verbose     = 1
21      )
22      checkpoint = CustomModelCheckpoint(
23          model_to_save   = model_to_save,
24          filepath        = saved_weights_name,# + '{epoch:02d}.h5',
25          monitor         = 'loss',
26          verbose         = 1,
27          save_best_only  = True,
28          mode            = 'min',
29          period          = 1
30      )
31
32      lrate = LearningRateScheduler(get_current_learning_rate)
33
34      return [lrate, early_stop, checkpoint]
```

create_callbacks 中的 early_stop、checkpoint 比较容易让人理解，分别是训练终止条件和中间结果权重的存储路径。

需要注意的是在 LearningRateScheduler 中使用的 get_current_learning_rate 函数，在第 1~10 行中，它根据当前 epoch 序号返回不同的 learning rate，该实现对应了 YOLO v3 原始代码[21]中 network.c 的相应实现。

4. 创建模型

上面介绍了 YOLO v3 训练的主要流程和辅助代码，但并未提及具体模型的构造。在本节和后面的两节中，我们将通过 3 个环节了解这个问题：构建模型的过程、YOLO 层的实现、完整模型的实现。

首先是 create_model 函数：

```
def create_model(
    nb_class,
    anchors,
    max_box_per_image,
    max_grid, batch_size,
    warmup_batches,
    ignore_thresh,
    multi_gpu,
    saved_weights_name,
    lr,
    grid_scales,
    obj_scale,
    noobj_scale,
    xywh_scale,
    class_scale
):
    template_model, infer_model = create_yolov3_model(
        nb_class           = nb_class,
        anchors            = anchors,
        max_box_per_image  = max_box_per_image,
        max_grid           = max_grid,
        batch_size         = batch_size,
        warmup_batches     = warmup_batches,
        ignore_thresh      = ignore_thresh,
        grid_scales        = grid_scales,
        obj_scale          = obj_scale,
        noobj_scale        = noobj_scale,
        xywh_scale         = xywh_scale,
```

```
                class_scale          = class_scale
    )
    # 读取预先训练的权重，如果不存在则使用初始权重
        if os.path.exists(saved_weights_name):
            print("\nLoading pretrained weights.\n")
            template_model.load_weights(saved_weights_name)
        else:
            template_model.load_weights("backend.h5", by_name=True)

        train_model = template_model

        optimizer = Adam(lr=0.0, clipnorm=0.001)
        train_model.compile(loss=dummy_loss, optimizer=optimizer)

        return train_model, infer_model
```

我们看到，create_model 函数的逻辑实际上很简单。首先，创建两个 YOLO v3 模型（后面详述），然后判断是否存在预训练权重并读入，如果没有预训练权重，则读入单独的 backend.h5 作为初始权重，同时设置梯度下降优化器并返回。

这里有个问题：我们是否需要使用 backend.h5（实际上是 Darnet 中 YOLO v3 的预训练权重）作为初始值？答案是理论上可行，但实际上对个人开发者来说不现实。YOLO v3 的网络相当复杂，即便是 YOLO v3 本身也使用了 Imagenet 的权重作为初始值，而不是从随机权重开始训练的，那样对个人开发者来说耗时巨大。因此对于个人开发者来说，使用预训练的 YOLO v3 权重进行初始化是正确的选择。

本节代码中所使用的 backend.h5 权重文件已被上传至博文视点官网，可按本书封底所示从博文视点官网下载。

我们再来看看 create_model 传入的参数，如下所述。

- nb_class：类别数量，这里只有 raccoon 一种类别，因此实际上是 1。

- anchors：我们在 gen_anchors.py 中生成的 anchorbox 尺寸数组。

- max_box_per_image：在每张图片上最多可能具有的图像区域数量，在 create_training_instances 中获得。

- max_grid：图片的最大尺寸，这里在 config.json 中设置为 416×416。

- batch_size：训练时 mini batch 的大小，这里设为 16。

- ◎ warmup_batches：热身训练的 batch 上限。
- ◎ ignore_thresh：IoU 的忽略阈值，设定为 0.5，即 IoU 小于 0.5 的可忽略。
- ◎ multi_gpu：在本节代码中忽略 GPU 的设定。
- ◎ saved_weights_name：训练中的权重文件名。
- ◎ lr：learning rate。
- ◎ grid_scales：YOLO v3 模型定义了 3 个不同缩放尺度的输出层，对每一层的 loss 都可以通过 grid_scale 中对应的数值进行控制，这里将 grid_scales 设为[1，1，1]，即不同输出层的 loss 保持原值不变。
- ◎ obj_scale, noobj_scale, xywh_scale, class_scale：用于 YOLO 输出时的 loss 计算，其中，除了 obj_scale 被设置为 5，其余皆为 1。

这些参数也是创建 YOLO v3 模型的 Hyper Parameter（超参），以上就是 train.py 中最重要的函数解析，但这只是基本流程。下面看看在 yolo.py 文件中对 YOLO v3 模型的具体实现。

5. YOLO 层

YOLO 层并非标准的 Keras 层，主要是对输出做最后的处理，计算边界框属性、confidence 及类别概率的 loss。在 yolo.py 文件中包括了对 YOLO 层的描述：

```
1  class YoloLayer(Layer):
2      def __init__(self, anchors, max_grid, batch_size, warmup_batches, ignore_thresh,
3                   grid_scale, obj_scale, noobj_scale, xywh_scale, class_scale,
4                   **kwargs):
5          # 使模型设置持久化
6          self.ignore_thresh   = ignore_thresh
7          self.warmup_batches  = warmup_batches
8          self.anchors         = tf.constant(anchors, dtype='float', shape=[1,1,1,3,2])
9          self.grid_scale      = grid_scale
10         self.obj_scale       = obj_scale
11         self.noobj_scale     = noobj_scale
12         self.xywh_scale      = xywh_scale
13         self.class_scale     = class_scale
14
15         # 获得网格宽高
```

```
16            max_grid_h, max_grid_w = max_grid
17
18            cell_x = tf.cast(tf.reshape(tf.tile(tf.range(max_grid_w),
19   [max_grid_h]), (1, max_grid_h, max_grid_w, 1, 1)), tf.float32)
20            cell_y = tf.transpose(cell_x, (0,2,1,3,4))
21            self.cell_grid = tf.tile(tf.concat([cell_x,cell_y],-1), [batch_size,
22   1, 1, 3, 1])
23
24            super(YoloLayer, self).__init__(**kwargs)
25
26       def build(self, input_shape):
27            super(YoloLayer, self).build(input_shape)
28
29
30       def call(self, x):
31            input_image, y_pred, y_true, true_boxes = x
32
33            y_pred = tf.reshape(y_pred, tf.concat([tf.shape(y_pred)[:3],
34   tf.constant([3, -1])], axis=0))
35
36            object_mask     = tf.expand_dims(y_true[..., 4], 4)
37
38            batch_seen = tf.Variable(0.)
39
40            grid_h      = tf.shape(y_true)[1]
41            grid_w      = tf.shape(y_true)[2]
42            grid_factor = tf.reshape(tf.cast([grid_w, grid_h], tf.float32),
43   [1,1,1,1,2])
44
45            net_h       = tf.shape(input_image)[1]
46            net_w       = tf.shape(input_image)[2]
47            net_factor  = tf.reshape(tf.cast([net_w, net_h], tf.float32),
48   [1,1,1,1,2])
49
50            """
51            调整预测结果
52            """
53            pred_box_xy    = (self.cell_grid[:,:grid_h,:grid_w,:,:] +
54   tf.sigmoid(y_pred[..., :2]))
55            pred_box_wh    = y_pred[..., 2:4]
56            pred_box_conf  = tf.expand_dims(tf.sigmoid(y_pred[..., 4]), 4)
```

```
57          pred_box_class = y_pred[..., 5:]
58
59          """
60          Adjust ground truth
61          """
62          true_box_xy    = y_true[..., 0:2]
63          true_box_wh    = y_true[..., 2:4]
64          true_box_conf  = tf.expand_dims(y_true[..., 4], 4)
65          true_box_class = tf.argmax(y_true[..., 5:], -1)
66
67          """
68          比较所有预测目标框和真实目标
69          """
70          # 初始化时将所有目标框的 objectiveness（是否包含目标）置为 0
71          conf_delta  = pred_box_conf - 0
72
73          # 然后忽略一些和真实目标重合度过高的对象
74          true_xy = true_boxes[..., 0:2] / grid_factor
75          true_wh = true_boxes[..., 2:4] / net_factor
76
77          true_wh_half = true_wh / 2.
78          true_mins    = true_xy - true_wh_half
79          true_maxes   = true_xy + true_wh_half
80
81          pred_xy = tf.expand_dims(pred_box_xy / grid_factor, 4)
82          pred_wh = tf.expand_dims(tf.exp(pred_box_wh) * self.anchors /
83  net_factor, 4)
84
85          pred_wh_half = pred_wh / 2.
86          pred_mins    = pred_xy - pred_wh_half
87          pred_maxes   = pred_xy + pred_wh_half
88
89          intersect_mins  = tf.maximum(pred_mins,  true_mins)
90          intersect_maxes = tf.minimum(pred_maxes, true_maxes)
91
92          intersect_wh    = tf.maximum(intersect_maxes - intersect_mins, 0.)
93          intersect_areas = intersect_wh[..., 0] * intersect_wh[..., 1]
94
95          true_areas = true_wh[..., 0] * true_wh[..., 1]
96          pred_areas = pred_wh[..., 0] * pred_wh[..., 1]
97
```

```
 98          union_areas = pred_areas + true_areas - intersect_areas
 99          iou_scores  = tf.truediv(intersect_areas, union_areas)
100
101          best_ious   = tf.reduce_max(iou_scores, axis=4)
102          conf_delta *= tf.expand_dims(tf.cast(best_ious < self.ignore_thresh,
103 tf.float32), 4)
104
105          wh_scale = tf.exp(true_box_wh) * self.anchors / net_factor
106          wh_scale = tf.expand_dims(2 - wh_scale[..., 0] * wh_scale[..., 1],
107 axis=4)
108          xy_delta   = object_mask * (pred_box_xy-true_box_xy) * wh_scale *
109 object_mask
110          wh_delta   = object_mask * (pred_box_wh-true_box_wh) * wh_scale *
111 object_mask
112          conf_delta = object_mask * (pred_box_conf-true_box_conf) *
113 self.obj_scale + (1-object_mask) * conf_delta * self.noobj_scale
114          class_delta = object_mask * \
115                       tf.expand_dims(tf.nn.sparse_softmax_cross_entropy_with_
116 logits(labels=true_box_class, logits=pred_box_class), 4) * \ self.class_scale
117
118          loss_xy    = tf.reduce_sum(tf.square(xy_delta),    list(range(1,5)))
119          loss_wh    = tf.reduce_sum(tf.square(wh_delta),    list(range(1,5)))
120          loss_conf  = tf.reduce_sum(tf.square(conf_delta),  list(range(1,5)))
121          loss_class = tf.reduce_sum(class_delta,            list(range(1,5)))
122
123          loss = loss_xy + loss_wh + loss_conf + loss_class
124
125          return loss*self.grid_scale
126
127     def compute_output_shape(self, input_shape):
128          return [(None, 1)]
```

YoloLayer 是基于 Keras Layer 的自定义层, 第 3 章已讲解了如何自定义 Keras 层, 这里不再重复。

首先是 __init__ 方法, 在第 2~22 行中实现。和前面 train.py 中的 create_model 类似, 这里主要保存传入的参数。注意, 我们在这里开始使用 TensorFlow 的原生数据类型和函数, 不再是纯粹的 Keras 代码。例如在第 8 行, 将传入的 anchors 数组转为一个 [1,1,1,3,2]的向量 (每一层的锚点框一共有 3 个, 每个都有宽、高两个属性):

```
self.anchors        = tf.constant(anchors, dtype='float', shape=[1,1,1,3,2])
```

另外，对 YOLO 所要处理的 grid 信息进行转换处理：

```
cell_x = tf.cast(tf.reshape(tf.tile(tf.range(max_grid_w), [max_grid_h]), (1,
max_grid_h, max_grid_w, 1, 1)), tf.float32)
cell_y = tf.transpose(cell_x, (0,2,1,3,4))
self.cell_grid = tf.tile(tf.concat([cell_x,cell_y],-1), [batch_size, 1, 1, 3, 1])
```

上面 TensorFlow 所进行的矩阵转换看似复杂，实质上也就是创建一个多维 tensor，用于存放每个尺寸下不同的锚点框设定时，每个 cell 所对应的图像区域的 x、y 位置。实际上，假设 max_grid_w 和 max_grid_h 为 7，batch_size 为 64，这时如果我们查看这 3 个变量，则会看到 cell_x 和 cell_y 都是 shape 为(1, 7, 7, 1, 1)的 tensor，而 cell_grid 是一个 shape 为(64, 7, 7, 3, 2)的 tensor，其中，64 为 mini batch 的大小，grid 为 7×7，一共有 3 个锚点框，每个都包括 x、y 两个属性。

对于上面代码中所涉及的 TensorFlow 运算 tf.range、tf.tile、tf.reshape、tf.cast、tf.transpose 等，读者可自行查阅 TensorFlow 资料[25]学习，在此不做过多解释。

第 24~29 行：只是调用了基本的基类方法。

第 28 行：开始的 call(x)实现是关键方法，用于计算 loss，我们来仔细看看完成了哪些工作。

首先在第 29 行解析了输入数据，我们看到输入包括如下内容。

◎ input_image：输入图像。

◎ y_pred：预测结果。

◎ y_true：真实类别的预测结果。

◎ true_boxes：真实类别的图像区域。

实际上，我们在后面构建完整的 YOLO 模型时会看到如下调用方式：

```
loss_yolo_1 = YoloLayer(anchors[12:],
                        [1*num for num in max_grid],
                        batch_size,
                        warmup_batches,
                        ignore_thresh,
                        grid_scales[0],
                        obj_scale,
```

```
                        noobj_scale,
                        xywh_scale,
                        class_scale)([input_image, pred_yolo_1, true_yolo_1,
true_boxes])
```

后面的[input_image, pred_yolo_1, true_yolo_1, true_boxes]就是call()方法的输入。

第31~43行：对以上部分变量如y_pred进行了转换，变为[batch, grid_h, grid_w, 3, 4+1+nb_classes]的tensor。代码如下：

```
    input_image, y_pred, y_true, true_boxes = x
    y_pred = tf.reshape(y_pred, tf.concat([tf.shape(y_pred)[:3], tf.constant([3,
-1])], axis=0))
```

实际上y_pred这个tensor代表着：[batch的输入,grid第几行,grid第几列,第几个anchor]所对应的属性（x、y、w、h、object、class概率），我们可以在后面的第54~60行对照y_pred理解转换后的数据内容。

同时，这部分定义了一些需要用到的新变量，例如：batch_seen，用于记录当前的batch编号；object_mask，增加一个维度代表是否有目标；grid_h、grid_w、grid_factor、net_h、net_w、net_factor，这些是从真实区域的数据和输入图像中获得的grid宽高及输入图像的宽高。

第45~69行：得到预测图像区域和真实图像区域的坐标、宽高、confidence和类别概率。注意，这里和YOLO v3论文[17]中的一段对应：

Predict location coordinates relative to the location of the grid cell. This bounds the ground truth to fall between 0 and 1. We use a logistic activation to constrain the network's predictions to fall in this range.

因此，我们看到尽管对预测图像区域的宽高是直接从输入中获取的，但对于坐标x、y加入了sigmoid函数进行转化：

```
    pred_box_xy   = (self.cell_grid[:,:grid_h,:grid_w,:,:] +
tf.sigmoid(y_pred[..., :2]))
```

注意，对真实区域的图像区域直接采用输入即可，不必再转换。

第71~95行：计算一些变量，其中最重要的是下面这一步（第95行），这一步把IoU大于阈值的部分图像区域的confidence差异全部置零。

```
        conf_delta *= tf.expand_dims(tf.cast(best_ious < self.ignore_thresh,
tf.float32), 4)
```

第 97~98 行：计算 wh_scale，是实际对象相对于输入图像的大小。它是一个负相关的关系，为了识别小面积的对象，实际的边框面积越小，相应的缩放尺度越大。注意，第 98 行的 wh_scale[..., 0] * wh_scale[..., 1] 为边框面积。

第 99~103 行：计算图像区域的 x、y 坐标差异、宽高差异、confidence 和类别概率的差异。一般来说，如果 object_mask 为 1，则表示检测到目标时，对位置、宽高、confidence 和概率都要计算。如果 object_mask 为 0，则表示没有检测到目标，这时只有 confidence 有计算 loss 的意义，因此我们看到在第 103 行中根据 1-object_mask 的结果做了不同的选择。

第 103~113 行：应用简单的平方和计算 loss，最后乘以 scale 系数返回。

这样对 YoloLayer 的分析就完成了。但 YoloLayer 只是整个 YOLO 模型的最后一层，完整的 YOLO 模型是一个类似 ResNet 的网络加上 YoloLayer。

6. 完整的 YOLO v3 模型

首先，定义一个卷积操作：

```
1   def _conv_block(inp, convs, do_skip=True):
2       x = inp
3       count = 0
4
5       for conv in convs:
6           if count == (len(convs) - 2) and do_skip:
7               skip_connection = x
8           count += 1
9
10          if conv['stride'] > 1: x = ZeroPadding2D(((1,0),(1,0)))(x)
11          x = Conv2D(conv['filter'],
12                     conv['kernel'],
13                     strides=conv['stride'],
14                     padding='valid' if conv['stride'] > 1 else 'same',
15                     name='conv_' + str(conv['layer_idx']),
16                     use_bias=False if conv['bnorm'] else True)(x)
17
```

```
18          if conv['bnorm']: x = BatchNormalization(epsilon=0.001, name='bnorm_' +
19    str(conv['layer_idx'])))(x)
20
21          if conv['leaky']: x = LeakyReLU(alpha=0.1, name='leaky_' +
22    str(conv['layer_idx'])))(x)
23
24    return add([skip_connection, x]) if do_skip else x
```

_conv_block 函数用于实现对输入建立连续的卷积层，并根据情况决定是否使用 Batch Normalization 或 LeakyRelu，最后决定是否加上 skip connection（设为-2 层，即倒数第 2 层）。

为了解主要流程和目的，我们再来看看以上代码都做了什么。

第 6～8 行：判断当前是否是-2 层，如果是，则将 skip_connection 设为 x（上一层的输出）。

第 10 行：对左上角进行 zero padding。

第 11～16 行：是常见的卷积层。

第 18 行：根据参数判断是否应用 BatchNormalization。

第 21 行：判断是否连接 LeakyReLU。

第 24 行：根据参数判断是否增加 skip connection。

在进入代码之前，我们先来看看 YOLO v3 训练模型的大致结构，如图 8-20 所示。

如图 8-20 所示是 YOLO 模型一开始的几层。我们看到，输入除了被传送到卷积层，还被传送到其他地方。值得注意的是，leaky_1 同样被传送到后续层，和后面的输出 leaky_3 叠加在一起（add），然后作为新的输出进行处理，这就是第 7 章讲解 ResNet 时涉及的 Skip Connection 概念。我们来看看在代码中利用前面的_conv_block()方法是怎么实现的：

第 8 章 目标识别

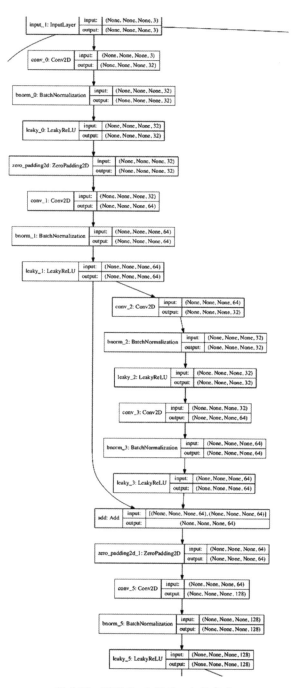

图 8-20 YOLO v3 模型：起始部分

```
    x = _conv_block(input_image,
                [{'filter': 32, 'kernel': 3, 'stride': 1, 'bnorm': True,
'leaky': True, 'layer_idx': 0},
                 {'filter': 64, 'kernel': 3, 'stride': 2, 'bnorm': True,
'leaky': True, 'layer_idx': 1},
                 {'filter': 32, 'kernel': 1, 'stride': 1, 'bnorm': True,
'leaky': True, 'layer_idx': 2},
                 {'filter': 64, 'kernel': 3, 'stride': 1, 'bnorm': True,
'leaky': True, 'layer_idx': 3}])
```

在以上代码中定义了 4 组 layer，下面根据 _conv_block 中的代码来模拟对每一层的处理：

```
for conv in convs:
    if count == (len(convs) - 2) and do_skip:
        skip_connection = x
    count += 1

    if conv['stride'] > 1: x = ZeroPadding2D(((1,0),(1,0)))(x)
    x = Conv2D(…)(x)
    if conv['bnorm']: x = BatchNormalization(…)(x)
    if conv['leaky']: x = LeakyReLU(…)(x)

return add([skip_connection, x]) if do_skip else x
```

对第 1 组（layer_idx=0），会创建 conv_0、bnorm_0 和 leaky_0。

对第 2 组（layer_idx=1），stride=2，因此会先创建一个 ZeroPadding 层，然后创建 conv_1、bnorm_1 和 leaky_1。

对第 3 组（layer_idx=2），一开始会先检查 count，此时 count=2，len(convs)=4，因此 skip_connection 前面第 2 层的输出（leaky_1）被设为 skip_connection，然后同样是 conv_2、bnorm_2、leaky_2。

对第 4 组 (layer_idx=3)，同样创建 conv_3、bnorm_3、leaky_3。在这之后，第 1 批 layer 设置完毕，退出 for conv in convs 循环，然后执行 add(skip_connection, x)，此刻 skip_connection 为前面的 leaky_2，而 x 为当前的 leaky_3。

对照图 8-20，上述过程则是从 conv_0 到 zeropadding2d_1 输入的全过程。

在知道了 skip connection 的实现后，我们来看 3 个 YoloLayer 的结构（如前所述，YOLO v3 一共定义了 3 个不同缩放尺度的 YoloLayer），如图 8-21～图 8-23 所示。

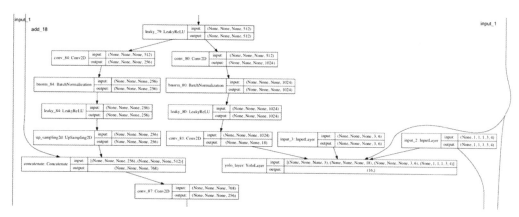

图 8-21　YOLO v3 模型：第 1 个 YoloLayer 包括 3 个 input 及第 81 层（卷积层）的输出

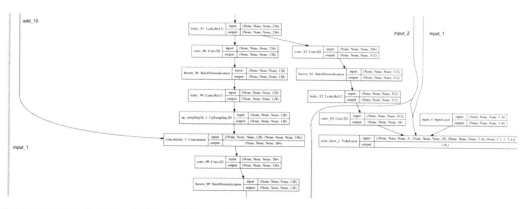

图 8-22　YOLO v3 模型：第 2 个 YoloLayer 包括 input_1、input_2、input_4 及第 93 层（卷积层）的输出

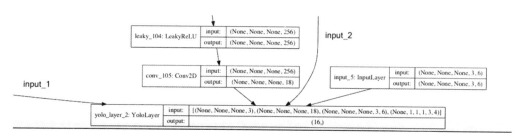

图 8-23　YOLO v3 模型：第 3 个 YoloLayer 包括 input_1、input_2、input_5 及最后第 105 层的卷积层输出

另外，注意在图 8-21 中，skip_connection add_18 用于 concatenate 的输入，与前面的 up_sampling2D 输出拼接。同样，如图 8-22 所示的 add_10 与 up_sampling2D_1 拼接。其代码实现类似于：

```
for i in range(7):
```

```
        x = _conv_block(x, [{'filter': 256, 'kernel': 1, 'stride': 1, 'bnorm':
True, 'leaky': True, 'layer_idx': 41+i*3},
            {'filter': 512, 'kernel': 3, 'stride': 1, 'bnorm': True, 'leaky': True,
'layer_idx': 42+i*3}])
    skip_61 = x
    …
    x = _conv_block(x,
                    [{'filter': 256, 'kernel': 1, 'stride': 1, 'bnorm':
True, 'leaky': True, 'layer_idx': 84}], do_skip=False)
    x = UpSampling2D(2)(x)
    x = concatenate([x, skip_61])
```

这样，我们就可以看看完整的 YOLO v3 模型的形态了。经过前面的代码解析，相信读者能够顺利理解下面的代码，这里不再赘述：

```
def create_yolov3_model(
    nb_class,
    anchors,
    max_box_per_image,
    max_grid,
    batch_size,
    warmup_batches,
    ignore_thresh,
    grid_scales,
    obj_scale,
    noobj_scale,
    xywh_scale,
    class_scale
):
    input_image = Input(shape=(None, None, 3)) # net_h, net_w, 3
    true_boxes  = Input(shape=(1, 1, 1, max_box_per_image, 4))
    true_yolo_1 = Input(shape=(None, None, len(anchors)//6, 4+1+nb_class)) #
grid_h, grid_w, nb_anchor, 5+nb_class
    true_yolo_2 = Input(shape=(None, None, len(anchors)//6, 4+1+nb_class)) #
grid_h, grid_w, nb_anchor, 5+nb_class
    true_yolo_3 = Input(shape=(None, None, len(anchors)//6, 4+1+nb_class)) #
grid_h, grid_w, nb_anchor, 5+nb_class

    # Layer 0 => 4 （定义第0~4层）
    x = _conv_block(input_image, [{'filter': 32, 'kernel': 3, 'stride': 1,
'bnorm': True, 'leaky': True, 'layer_idx': 0},
                    {'filter': 64, 'kernel': 3, 'stride': 2, 'bnorm':
```

```
True, 'leaky': True, 'layer_idx': 1},
                            {'filter': 32, 'kernel': 1, 'stride': 1, 'bnorm':
True, 'leaky': True, 'layer_idx': 2},
                            {'filter': 64, 'kernel': 3, 'stride': 1, 'bnorm':
True, 'leaky': True, 'layer_idx': 3}])

    # Layer  5 => 8 (定义第5-8层)
    x = _conv_block(x, [{'filter': 128, 'kernel': 3, 'stride': 2, 'bnorm':
True, 'leaky': True, 'layer_idx': 5},
                        {'filter': 64, 'kernel': 1, 'stride': 1, 'bnorm': True,
'leaky': True, 'layer_idx': 6},
                        {'filter': 128, 'kernel': 3, 'stride': 1, 'bnorm': True,
'leaky': True, 'layer_idx': 7}])


    # Layer  9 => 11  (第9~11层类似,不重复)
    # …
    # Layer 16 => 36  (定义第16~36层)
    for i in range(7):
        x = _conv_block(x, [{'filter': 128, 'kernel': 1, 'stride': 1, 'bnorm':
True, 'leaky': True, 'layer_idx': 16+i*3},
                            {'filter': 256, 'kernel': 3, 'stride': 1, 'bnorm':
True, 'leaky': True, 'layer_idx': 17+i*3}])

    skip_36 = x

    # ...
    # Layer 41 => 61 (定义第41~64层)
    for i in range(7):
        x = _conv_block(x, [{'filter': 256, 'kernel': 1, 'stride': 1, 'bnorm':
True, 'leaky': True, 'layer_idx': 41+i*3},
                            {'filter': 512, 'kernel': 3, 'stride': 1, 'bnorm':
True, 'leaky': True, 'layer_idx': 42+i*3}])

    skip_61 = x

    # Layer 62 => 65
    # …
        # Layer 80 => 82
        pred_yolo_1 = _conv_block(x, [{'filter': 1024, 'kernel': 3, 'stride': 1,
```

```
'bnorm': True, 'leaky': True, 'layer_idx': 80},
                             {'filter': (3*(5+nb_class)), 'kernel': 1, 'stride':
1, 'bnorm': False, 'leaky': False, 'layer_idx': 81}], do_skip=False)
        loss_yolo_1 = YoloLayer(anchors[12:],
                             [1*num for num in max_grid],
                             batch_size,
                             warmup_batches,
                             ignore_thresh,
                             grid_scales[0],
                             obj_scale,
                             noobj_scale,
                             xywh_scale,
                             class_scale)([input_image, pred_yolo_1, true_yolo_1,
true_boxes])

        # Layer 83 => 86
        x = _conv_block(x, [{'filter': 256, 'kernel': 1, 'stride': 1, 'bnorm':
True, 'leaky': True, 'layer_idx': 84}], do_skip=False)
        x = UpSampling2D(2)(x)
        x = concatenate([x, skip_61])

        # Layer 87 => 91
        # …
        # Layer 92 => 94
        pred_yolo_2 = _conv_block(x, [{'filter': 512, 'kernel': 3, 'stride': 1,
'bnorm': True, 'leaky': True, 'layer_idx': 92},
                             {'filter': (3*(5+nb_class)), 'kernel': 1, 'stride':
1, 'bnorm': False, 'leaky': False, 'layer_idx': 93}], do_skip=False)
        loss_yolo_2 = YoloLayer(anchors[6:12],
                             [2*num for num in max_grid],
                             batch_size,
                             warmup_batches,
                             ignore_thresh,
                             grid_scales[1],
                             obj_scale,
                             noobj_scale,
                             xywh_scale,
                             class_scale)([input_image, pred_yolo_2, true_yolo_2,
true_boxes])

        # Layer 95 => 98
```

```python
        x = _conv_block(x, [{'filter': 128, 'kernel': 1, 'stride': 1, 'bnorm': True, 'leaky': True, 'layer_idx': 96}], do_skip=False)
        x = UpSampling2D(2)(x)
        x = concatenate([x, skip_36])

        # Layer 99 => 106
        pred_yolo_3 = _conv_block(x, [{'filter': 128, 'kernel': 1, 'stride': 1, 'bnorm': True, 'leaky': True, 'layer_idx': 99},
                                      {'filter': 256, 'kernel': 3, 'stride': 1, 'bnorm': True, 'leaky': True, 'layer_idx': 100},
                                      {'filter': 128, 'kernel': 1, 'stride': 1, 'bnorm': True, 'leaky': True, 'layer_idx': 101},
                                      {'filter': 256, 'kernel': 3, 'stride': 1, 'bnorm': True, 'leaky': True, 'layer_idx': 102},
                                      {'filter': 128, 'kernel': 1, 'stride': 1, 'bnorm': True, 'leaky': True, 'layer_idx': 103},
                                      {'filter': 256, 'kernel': 3, 'stride': 1, 'bnorm': True, 'leaky': True, 'layer_idx': 104},
                                      {'filter': (3*(5+nb_class)), 'kernel': 1, 'stride': 1, 'bnorm': False, 'leaky': False, 'layer_idx': 105}], do_skip=False)
        loss_yolo_3 = YoloLayer(anchors[:6],
                                [4*num for num in max_grid],
                                batch_size,
                                warmup_batches,
                                ignore_thresh,
                                grid_scales[2],
                                obj_scale,
                                noobj_scale,
                                xywh_scale,
                                class_scale)([input_image, pred_yolo_3, true_yolo_3, true_boxes])

        train_model = Model([input_image, true_boxes, true_yolo_1, true_yolo_2, true_yolo_3], [loss_yolo_1, loss_yolo_2, loss_yolo_3])
        infer_model = Model(input_image, [pred_yolo_1, pred_yolo_2, pred_yolo_3])

        return [train_model, infer_model]
```

注意，在倒数第 5~3 行创建了两个模型，一个用于训练，另一个用于预测。可以看到，预测模型只是少了真实区域的对应输入，输出从 loss_yolo 变为 pred_yolo。若想了解 loss_yolo 和 pred_yolo 的区别，则可以参考第 1 个 YoloLayer 的输出：

```
            pred_yolo_1 = _conv_block(x, [{'filter': 1024, 'kernel': 3, 'stride': 1,
'bnorm': True, 'leaky': True, 'layer_idx': 80},
                {'filter': (3*(5+nb_class)), 'kernel': 1, 'stride': 1, 'bnorm': False,
'leaky': False, 'layer_idx': 81}], do_skip=False)

            loss_yolo_1 = YoloLayer(anchors[12:],
                                    [1*num for num in max_grid],
                                    batch_size,
                                    warmup_batches,
                                    ignore_thresh,
                                    grid_scales[0],
                                    obj_scale,
                                    noobj_scale,
                                    xywh_scale,
                                    class_scale)([input_image, pred_yolo_1, true_yolo_1,
true_boxes])
```

可以看到，pred_yolo_1 的输出就是用标准 4+1+nb_class 大小的 tensor 作为 filter 的卷积层输出，这是我们预测时需要的内容；而 loss_yolo_1 是前面仔细分析过的 YoloLayer 输出，输出则为 loss 值，在训练期间使用。对于其他部分，二者完全一致。

7. 数据增强

前面仔细讲解了 YOLO v3 的训练流程和模型构建。我们也提到过，YOLO v3 还有一个改进，即利用数据增强在训练过程中构造不同分辨率的图片，从而提高对不同缩放尺度的图片的识别精度。

在第 7 章介绍 CNN 网络时使用了 Keras 自带的 ImageDataGenerator 来实现数据增强，这里在 generator.py 中通过继承 keras.utils.Sequence 实现自定义的数据增强类 BatchGenerator：

```
    def __init__(self,
        instances,
        anchors,
        labels,
        downsample=32, # 网络输入和输出的下采样比例，在 Yolo v3 中被设为 32
        max_box_per_image=30,
        batch_size=1,
        min_net_size=320,
        max_net_size=608,
```

```
            shuffle=True,
            jitter=True,
            norm=None
    ):
        self.instances          = instances
        self.batch_size         = batch_size
        self.labels             = labels
        self.downsample         = downsample
        self.max_box_per_image  = max_box_per_image
        self.min_net_size       = (min_net_size//self.downsample)*self.downsample
        self.max_net_size       = (max_net_size//self.downsample)*self.downsample
        self.shuffle            = shuffle
        self.jitter             = jitter
        self.norm               = norm
        self.anchors            = [BoundBox(0, 0, anchors[2*i], anchors[2*i+1]) for i in range(len(anchors)//2)]
        self.net_h              = 416
        self.net_w              = 416

        if shuffle: np.random.shuffle(self.instances)

    def __len__(self):
        return int(np.ceil(float(len(self.instances))/self.batch_size))
```

在 BatchGenerator 的初始化中，我们定义了以下变量。

◎ instances：数据实例（图片集）。

◎ anchors：利用 gen_anchors.py 生成的锚点信息构建边界框（第 25～26 行）。

◎ labels：数据标签。

◎ downsample：模型输入和输出大小的转换比例，在 YOLO v3 中为 32。

◎ max_box_per_image：每张图片上最多的目标个数。

◎ batch_size：mini batch 的总次数。

◎ min_net_size：模型最小的输入图片尺寸。

◎ max_net_size：模型最大的输入图片尺寸。

◎ shuffle：是否打乱图片顺序。

- jitter：图片缩放的范围参数。
- norm：normalize 方法，在代码的 utils.py 中定义，实际上就是把图片像素值 normalize 到[0, 1]区间后放入生成的训练集中。

在__len__()中通过 instances 长度和 batch_size 返回每个 mini batch 中的数据个数。

BatchGenerator 的核心函数是__getitem__(idx)，根据 batch 的批次编号返回训练所需的数据。但在分析__getitem__之前，我们先要看一些辅助函数：

```
    def _get_net_size(self, idx):
        if idx%10 == 0:
            net_size = self.downsample*np.random.randint(self.min_net_size/self.downsample, \
self.max_net_size/self.downsample+1)
            print("resizing: ", net_size, net_size)
            self.net_h, self.net_w = net_size, net_size
        return self.net_h, self.net_w

    def _aug_image(self, instance, net_h, net_w):
        image_name = instance['filename']
        image = cv2.imread(image_name) # 这里的图片为RGB 格式

        if image is None: print('Cannot find ', image_name)
        image = image[:,:,::-1]

        image_h, image_w, _ = image.shape

        # 确定缩放和裁剪范围
        dw = self.jitter * image_w;
        dh = self.jitter * image_h;

        new_ar = (image_w + np.random.uniform(-dw, dw)) / (image_h + np.random.uniform(-dh, dh));
        scale = np.random.uniform(0.25, 2);

        if (new_ar < 1):
            new_h = int(scale * net_h);
            new_w = int(net_h * new_ar);
        else:
            new_w = int(scale * net_w);
```

```python
            new_h = int(net_w / new_ar);

        dx = int(np.random.uniform(0, net_w - new_w));
        dy = int(np.random.uniform(0, net_h - new_h));

        # 对图像image进行缩放和裁剪
        im_sized = apply_random_scale_and_crop(image, new_w, new_h, net_w, net_h, dx, dy)

        # 对HSV色彩空间进行随机扭曲
        im_sized = random_distort_image(im_sized)

        # 随机对图片进行翻转
        flip = np.random.randint(2)
        im_sized = random_flip(im_sized, flip)

        # 修正边界框的位置和大小,代码实现见后面的示例
        all_objs = correct_bounding_boxes(instance['object'], new_w, new_h, net_w, net_h, dx, dy, flip, image_w, image_h)

        return im_sized, all_objs

    def on_epoch_end(self):
        if self.shuffle: np.random.shuffle(self.instances)

    def num_classes(self):
        return len(self.labels)

    def size(self):
        return len(self.instances)

    def get_anchors(self):
        anchors = []

        for anchor in self.anchors:
            anchors += [anchor.xmax, anchor.ymax]

        return anchors

    def load_annotation(self, i):
        annots = []
```

```
            for obj in self.instances[i]['object']:
                annot = [obj['xmin'], obj['ymin'], obj['xmax'], obj['ymax'],
self.labels.index(obj['name'])]
                annots += [annot]

            if len(annots) == 0: annots = [[]]

            return np.array(annots)

        def load_image(self, i):
            return cv2.imread(self.instances[i]['filename'])
```

其中：

◎ _get_net_size(idx)用于每隔 10 组随机设置当前图像的宽高。

◎ _aug_image(instance, net_h, net_w) 用于对所给的图片进行增强（Augmentation）处理。首先，通过传入的 jitter 参数控制图片拉伸比例，并计算裁剪区域所需的 dx 和 dy；然后，利用 utils.image 中的函数对图像进行变形、扭曲和翻转等操作。这里不对这些图像操作函数的具体实现做过多解释，因为代码本身比较容易理解，对图像的变形、拉伸、缩放等实现也可以有多种方式，没有必要一定根据示例去做，读者完全可以凭自己的经验对图像进行更丰富的操作，比如加入噪声、加入色块、半透明等效果进行图像特征的改变。

值得一提的是其中的 correct_bounding_boxes()，该函数在图像改变后是如何把原始图像所包括的图像区域映射到改变后的图像上的呢？在 utils/image.py 中是这么实现的：

```
1   def correct_bounding_boxes(boxes, new_w, new_h, net_w, net_h, dx, dy, flip,
2       image_w, image_h):
3       boxes = copy.deepcopy(boxes)
4
5       # 打乱边界框bounding box 的顺序
6       np.random.shuffle(boxes)
7
8       # 调整相关尺寸和位置
9       sx, sy = float(new_w)/image_w, float(new_h)/image_h
10      zero_boxes = []
11
12      for i in range(len(boxes)):
13          boxes[i]['xmin'] = int(_constrain(0, net_w, boxes[i]['xmin']*sx + dx))
```

```
14         boxes[i]['xmax'] = int(_constrain(0, net_w, boxes[i]['xmax']*sx + dx))
15         boxes[i]['ymin'] = int(_constrain(0, net_h, boxes[i]['ymin']*sy + dy))
16         boxes[i]['ymax'] = int(_constrain(0, net_h, boxes[i]['ymax']*sy + dy))
17
18         if boxes[i]['xmax'] <= boxes[i]['xmin'] or boxes[i]['ymax'] <=
19  boxes[i]['ymin']:
20             zero_boxes += [i]
21             continue
22
23         if flip == 1:
24             swap = boxes[i]['xmin'];
25             boxes[i]['xmin'] = net_w - boxes[i]['xmax']
26             boxes[i]['xmax'] = net_w - swap
27
28     boxes = [boxes[i] for i in range(len(boxes)) if i not in zero_boxes]
29
30     return boxes
```

首先,在输入中包括新的图像宽高(new_w、new_h)、当前输入图片的宽高(net_w、net_h)、裁剪区域和边缘的距离(dx、dy)、是否翻转(flip)、原始图像的宽高(image_w、image_h)。

然后,在第9行计算相对于原图的缩放比例 sx、sy。

其次,在第 13~27 行对每一个原始图像对应的图像区域,通过缩放和裁剪距离计算出新的图像区域的左上坐标和右下坐标,如果是翻转的图像,则需要进行第 24~27 行中的调整。

最后,把正确的图像区域数组返回。

on_epoch_end()、num_classes()、size()等是 Keras 自定义 data generator 时所需的方法,这里不做过多解释。get_anchors()、load_annotations()、load_image()等方法并非是在训练时使用的,而是在训练完成后进行评价和测试时使用的,可以参考 utils/evaluate.py。

这样就完整解释了 YOLO v3 的训练、模型实现和数据生成三大核心环节,下面具体运行该代码。

8. 预测和测试

首先，我们按照前面所说的，生成对应的 anchors 文件：

```
python gen_anchors.py -c config.json
```

运行后会发现多了一个 anchors.json 文件，内容为包括 9 对 anchors 宽高的数组：

```
[112, 134, 160, 231, 186, 338, 235, 380, 280, 294, 305, 385, 338, 226, 359, 310, 378, 392]
```

紧接着便可以运行训练代码：

```
python train.py -c config.json
```

我们将会看到如下输出，且可以看到 loss 在不断减少（注意，CPU 环境下的训练时间非常长）：

```
Epoch 00001: loss improved from inf to 325.90974, saving model to raccoon.h5
 - 15101s - loss: 325.9097 - yolo_layer_loss: 43.1135 - yolo_layer_1_loss: 87.0226 - yolo_layer_2_loss: 195.7736

…
Epoch 00002: loss improved from 325.90974 to 265.72863, saving model to raccoon.h5
 - 14250s - loss: 237.6354 - yolo_layer_loss: 24.7856 - yolo_layer_1_loss: 67.7918 - yolo_layer_2_loss: 142.6411
..
```

为了提高速度，我们在 config.json 中设置 nb_epochs=10，只训练 10 次。在训练完成后根据 config.json 中的配置生成 raccoon.h5。

那么，训练好的模型在 predict.py 中是怎么使用的呢？前面提到过，在示例代码中包括一个训练用的模型和一个预测用的模型。二者的输出不一样：前者输出的是训练所用的 loss 值，后者输出的是卷积层输出的 4+1+nb_classes 结构的预测值。predict.py 用的就是后者，其中的关键函数是 utils.py 中的 get_yolo_boxes 及 decode_netout：

```
1  def get_yolo_boxes(model, images, net_h, net_w, anchors, obj_thresh, nms_thresh):
2      image_h, image_w, _ = images[0].shape
3      nb_images           = len(images)
4      batch_input         = np.zeros((nb_images, net_h, net_w, 3))
5
6      for i in range(nb_images):
```

```
7          batch_input[i] = preprocess_input(images[i], net_h, net_w)
8
9      batch_output = model.predict_on_batch(batch_input)
10     batch_boxes  = [None]*nb_images
11
12     for i in range(nb_images):
13         yolos = [batch_output[0][i], batch_output[1][i], batch_output[2][i]]
14         boxes = []
15
16         for j in range(len(yolos)):
17             yolo_anchors = anchors[(2-j)*6:(3-j)*6]
18             boxes += decode_netout(yolos[j], yolo_anchors, obj_thresh, net_h,
19  net_w)
20
21         correct_yolo_boxes(boxes, image_h, image_w, net_h, net_w)
22         do_nms(boxes, nms_thresh)
23
24         batch_boxes[i] = boxes
25
26     return batch_boxes
```

首先看看上面的 get_yolo_boxes，其输入包括一批图片、输入图片的宽高、anchors、目标检测阈值、nms(No-Max Suppression)的阈值。

代码并不复杂：第 6~7 行通过 utils.py 中的一个 preprocess_input 函数将图片转换为适合模型处理的 tensor 格式；第 9 行直接用 model.predict_on_batch 获得模型的输出，但这个输出还不能被直接使用；第 12~24 行对每一张图片都将 yolos 设置为模型输出中该图片的相应检测结果（3 个不同尺寸的结果），然后对每个尺寸的输出（第 17 行）获得其对应的 anchors；第 18 行调用 decode_netout 获得该尺寸下的边界框；第 22 行用前面提到过的 NMS（No-Max Compression）去掉 IoU 过小的图像区域，然后把剩下的加入检测结果中。

decode_netout 函数如下：

```
1  def decode_netout(netout, anchors, obj_thresh, net_h, net_w):
2      grid_h, grid_w = netout.shape[:2]
3      nb_box = 3
4      netout = netout.reshape((grid_h, grid_w, nb_box, -1))
5      nb_class = netout.shape[-1] - 5
6
7      boxes = []
```

```
8
9        netout[..., :2]  = _sigmoid(netout[..., :2])
10       netout[..., 4]   = _sigmoid(netout[..., 4])
11       netout[..., 5:]  = netout[..., 4][..., np.newaxis] * _softmax(netout[...,
12   5:])
13       netout[..., 5:] *= netout[..., 5:] > obj_thresh
14
15       for i in range(grid_h*grid_w):
16           row = i // grid_w
17           col = i % grid_w
18
19           for b in range(nb_box):
20               # 第4个值代表是否包含目标(objectiveness score)
21               objectness = netout[row, col, b, 4]
22
23               if(objectness <= obj_thresh): continue
24
25               x, y, w, h = netout[row,col,b,:4]
26
27               x = (col + x) / grid_w
28               y = (row + y) / grid_h
29               w = anchors[2 * b + 0] * np.exp(w) / net_w
30               h = anchors[2 * b + 1] * np.exp(h) / net_h
31
32               classes = netout[row,col,b,5:]
33
34               box = BoundBox(x-w/2, y-h/2, x+w/2, y+h/2, objectness, classes)
35
36               boxes.append(box)
37
38       return boxes
```

在以上代码中，netout 是某一尺寸下 YOLO 预测模型的输出，我们首先获得 YOLO 划分的 grid 大小，设置 nb_box 为 3（因为单一尺度下每个锚点都对应 3 个锚点框），然后对 netout 做变形，变形后可以得到类似这样维度的 tensor：(13, 13, 3, 85)、(26, 26, 3, 85)、(52, 52, 3, 85)。

另外，13×13、26×26、52×52 是不同尺寸的 grid 大小，每个尺寸都有 3 个锚点框，然后 85=4+1+80，因为标准的 YOLO v3 支持 80 种目标识别，当然这里实际上只有一种目标。第 5 行做了个简单计算来获得类别数量，但在这里用不上。

第 9～14 行做了一些有趣的转换，我们看到首先对 netout 的头两个输出 netout[..., :2] 做了 sigmoid 运算，也就是把 x、y 转换到了(0,1)区间，同样对 confidence 做了类似的操作，这在 *YOLO9000: Better, Faster, Stronger*[16]一文中做过解释，在前面介绍的 YoloLayer 训练中对预测的 x、y 和 confidence 也做了类似的运算。对输出的类别概率做了一个 softmax 处理。在第 14 行通过阈值设定，抛掉了类别概率过小的部分。

第 15～36 行对每个 cell 都进行处理；第 19 行对每个图像区域都进行处理。

我们再次重复 YOLO 每个图像区域的输出：

[x, y, w, h, confidence, class_probabilities]

因此第 21 行的 objectiveness 实际上是 confidence，表示该图像区域包含目标的可能性，若太小，则略过。第 27～32 行的代码都是从图像区域的输出中获得相关属性的。这里对宽高的计算同样可以参阅 *YOLO9000: Better, Faster, Stronger*[16]一文。

在获得了图像区域属性后将其加入返回值中。

最后运行：

```
python predict.py -c config.json
```

我们会看到生成了一个 output 目录，里面对在 config.json 中定义的 valid_image_folder 的所有图像都会生成一个对应的识别结果。因为只训练了 10 次，所以检测效果并不是很好，但仍然可以看到能够对部分浣熊的面部进行识别，有一定的效果，如图 8-24 所示。

图 8-24　测试效果

8.4　本章小结

本章从目标识别的根源问题和难点入手，完整解释了目标识别的两大方式：RCNN

系列和 YOLO 系列，前者为 Two Stage 的代表，后者为 One Stage 的代表。

对于 RCNN 系列，本章从最初的 RCNN，讲到改进的 Fast RCNN，然后解释了引入 RPN 的 Faster RCNN，并辅以 Faster RCNN 重点实现的 Keras 代码讲解了其模型的核心部分实现。

对于 YOLO 系列，本章循序渐进地讲解了从 YOLO v1 到 YOLO v3 的变化。对于 YOLO v1，通过 Keras 代码解释了其核心模型的实现，最后通过一个完整的 YOLO v3 Keras 实现，深入剖析了训练过程、模型实现、数据生成、预测流程、YOLO 输出处理等关键环节。

读者在读完本章后应对目标识别、具体实现和应用有较为完整的理解，并能根据需要对模型的设计和使用进行调整、修改，以满足不同场景的需要。

8.5 本章参考文献

[1] "Rich feature hierarchies for accurate object detection and semantic segmentation", R. Girshick, et. al, CVPR 2014

[2] "Selective Search for Object Recognition", IJCV 2013

[3] "Efficient Graph-Based Image Segmentation", IJCV 2004

[4] "Fast R-CNN", Ross Girshick, Proc. IEEE Conf. on Computer Vision, 2015

[5] "Faster R-CNN: Towards real-time object detection with region proposal networks.", Shaoqing Ren, Kaiming He, R. Girshick, NIPS, 2015

[6] "Mask R-CNN", Kaiming He, G. Gkioxari, P. Dollar, R. Girshick, 2017

[7] CS231n: Convolutional Neural Networks for Visual Recognition, http://cs231n.stanford.edu/slides/2017/cs231n_2017_lecture11.pdf, Feifei Li

[8] https://github.com/RockyXu66/Faster_RCNN_for_Open_Images_Dataset_Keras

[9] https://github.com/RockyXu66/Faster_RCNN_for_Open_Images_Dataset_Keras/blob/master/frcnn_train_vgg.ipynb

[10] https://keras.io/layers/writing-your-own-keras-layers/

[11] https://stackoverflow.com/questions/36013063/what-is-the-purpose-of-meshgrid-in-python-numpy

[12] http://www.pyimagesearch.com/2015/02/16/faster-non-maximum-suppression-python

[13] "You Only Look Once: Unified, Real-Time Object Detection", J. Redmon, S. Divvala, R. Girshick, A. Farhadi, 2016

[14] https://github.com/subodh-malgonde/vehicle-detection

[15] "SSD: Single Shot MultiBox Detector", ECCV 2016

[16] "YOLO9000: Better, Faster, Stronger", CVPR 2016

[17] "YOLO v3: An Incremental Improvement", CVPR 2018

[18] https://www.youtube.com/watch?v=xVwsr9p3irA

[19] https://github.com/likezhang-public/qconbj2019/blob/master/yolov3/

[20] http://cocodataset.org/

[21] https://pjreddie.com/darknet/yolo/

[22] https://github.com/experiencor/keras-yolo3

[23] https://www.tensorflow.org/api_docs/python/tf

第 9 章
模型部署与服务

在前面的章节中,我们从基本的机器学习简单模型谈起,逐步过渡到较为复杂的 RNN、CNN 及目标识别相关模型等,并引用代码实例讲解了如何将这些模型应用于不同的应用场景。

但是到目前为止,直接基于 Keras 的代码实现仍然不能被称为产品代码,只能用于个人研究,距离产品级服务仍然差了一个重要的环节:模型的转换和部署。下面将基于 TensorFlow Serving 来探讨机器学习模型在实际生产环境中的部署及服务。

本章要求读者对 Docker 环境的使用有基本的了解。

9.1 生产环境中的模型服务

对于机器学习研究人员来说,他们重点关注的是模型本身的准确率(Accuracy)、召回率(Recall)等指标。然而对于生产环境(Production Environment)而言,这些是远远不够的。实际上,对于机器学习工程开发人员来说,模型的准确率、召回率默认已经达到可用标准,他们真正关注的实际上是传统后台开发人员所关注的并发支持和响应速度。我们可以用表 9-1 来体现机器学习研究人员和机器学习工程开发人员在技术关注点上的差异。

表 9-1 机器学习研究人员和机器学习工程开发人员在技术关注点上的差异

技术关注点	算法研究	工程开发
参数设置	重点	不关注
模型结构	重点	不关注

续表

技术关注点	算 法 研 究	工 程 开 发
数据集	标准数据集	通常需要自行建立
数据标注	标准数据，稳定可靠	自行设计，误差较大
部署过程	不关注	重点
模型大小	不关注	重点
版本控制	不关注	重点
并发性能	不关注	重点
负载均衡	不关注	重点

正因为以上的种种差异，机器学习研究人员在需要将研究成果落地到实际的工程业务中时，往往会遇到诸多问题，例如：

◎ 单一问题的模型过大，生产环境的服务器难以加载多个模型；

◎ 模型响应时间过慢；

◎ 模型版本控制困难，无法进行 A/B 测试；

◎ 接口参数难以定义，实际应用中的数据转换复杂。

我们可以用一个简单的 Keras 例子来看为什么会有这些问题。在第 7 章的图像分类中，我们要创建一个简单的 CNN 并进行分类预测，代码如下：

```
1  model = create_model(NUM_CLASSES, IMG_SIZE)
2  weight_file = 'gtsrb_cnn_augmentation.h5'
3  model.load_weights(weight_file)
4  y_pred = model.predict([[x]])
```

在以上代码中，我们创建了一个 CNN 读入网络权重，并对输入的数据 x 进行了分类预测。当然，在实际应用中，我们也可以把 model 作为一个全局变量，然后对输入的数据进行处理，从而避免了每次都要重新创建模型的问题。对于一个基于 Flask 的 Web 服务，其代码可以类似下面的示例：

```
model = create_model(NUM_CLASSES, IMG_SIZE)
weight_file = 'gtsrb_cnn_augmentation.h5'
model.load_weights(weight_file)

@proxy.route('/cnn', methods=["POST"])
def cnn_action():
```

```
payload = request.get_json()
# 处理 post 参数
# 将 post 参数中的图片信息（例如以 base64 编码）转换为模型输入格式存入 image_data
y_pred = np.argmax(model.predict([[image_data]]))

return jsonify({'result': y_predict})
```

在以上代码中，我们看到所有 Web 请求都可以调用作为全局变量的 model 来完成预测分类，因为这是一个无状态（Stateless）的请求，看上去可以简单地用 Nginx 或 Haproxy 做负载均衡，即可实现水平扩展（Horizontal Scaling）。然而真的这么简单吗？事实上是有问题的。

首先，在上面的代码中，在调用作为全局变量的 model 时，实际上意味着要共享对应的 TensorFlow graph 和 session，这在并发请求较多时会导致模型出错，这一点在 stackoverflow 网站的讨论中已提到[1]。尽管有多种相应的解决方式，但在实际应用中往往会因为处理这些问题而浪费大量的时间。

其次，基于 Python 的 Keras 实现，对于要求处理速度较快的在线服务来说，其处理速度实际上是较慢的，一则 Python 作为解释性语言，其本身的执行速度非常慢；二则 Python 缺乏真正的多线程支持[2]，在高速处理数据和业务逻辑的实现上都有很大的限制。

因此，在很多公司早期乃至现在的机器学习服务中，都需要实现专门的机器学习模型服务，并针对机器学习模型的特点和用法实现专门的在线服务架构，以便将机器学习研究人员设计的模型转变为高效的专用模型文件，通过自定义的框架对外服务。我们通常把这样的工作称为模型服务（Model Serving）。图 9-1 展示了一个早期的模型服务架构。

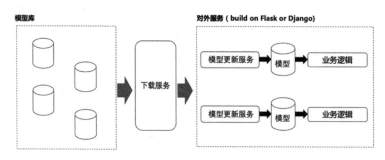

图 9-1　一个简单的早期模型服务架构

在图 9-1 中可以看到，Web 应用服务器在模型服务器上检查版本（通常定时检查）时，如果有新的版本，则进行更新和下载。在模型服务器上通过上传管理接口，可以让模型开发人员上传更新的机器学习模型并存储。这里所指的模型文件及在 Web 应用上的调用，当然可以直接用 Keras 的.h5 模型文件并在 Web 应用框架中加入 Keras 环境调用。然而，由于前面提到的在生产环境中使用 Keras 的种种问题，在大量的早期机器学习服务中通常用 C++或者 Java 重写各种需要部署在生产环境中的模型，然后用专门的自定义框架去运行。

出于种种原因，图 9-1 所展示的模型服务架构仍然在当前众多公司内运行，通常作为其自研产品出现。截至 2019 年的工业界，真正可被广泛用于实际 AI 模型服务的通用开发框架只有 TensorFlow。更严格地说，是 TensorFlow Extension（TFX）包中的 TensorFlow Serving 提供了支持 AI 模型多版本部署和高并发支持的功能。我们在这里不对 TensorFlow Serving 的架构和设计做深入讲解，而是直接介绍其实际使用方法。

9.2 TensorFlow Serving 的应用

TensorFlow Serving 是 Google 推出的针对机器学习模型在线部署和服务的高性能运行框架，它是第 1 个真正针对现实生产环境的机器模型运行框架，并与 TensorFlow 训练模型无缝衔接（对于 Keras 模型需要进行一定的转换，后面会进行讲解）。

TensorFlow Serving 基于 C++开发而成，除了性能上的优势，它也提供了针对生产环境所需要的版本控制、多种类型接口支持（HTTP/gRPC）、请求打包及对扩展性的支持。TensorFlow Serving 已在 GitHub 上开源[3]，不少公司已基于其源代码根据自己的需求进行定制，比如支持特定类型的模型、载入方式的修改，等等。本章将基于原生的 TensorFlow Serving 对 Keras 模型的支持进行讲解。注意，本书编写完成时，TensorFlow 2.0 已经于 2019 年 9 月正式发布。本书代码主要基于 TensorFlow 1.x，但同样适用于 2.0。

9.2.1 转换 Keras 模型

对于 Keras 模型，我们可以通过 TensorFlow 特定的 API 进行转换。根据不同的 Keras 模型，有两个 API 可以使用：tf.contrib.saved_model.save_keras_model[4]、tf.saved_model.builder.SavedModelBuilder.save[5]。

其中，save_keras_model 的调用最为直接，但是对 TensorFlow 1.x 和 Keras 模型尤其是 tf.Keras 模型的支持，在我们的实验中并不友好。因此我们在本章中使用第 2 个接口，以便更清晰地反映从 Keras 模型到 TensorFlow PB 的格式转换所需的工作。但需要注意在 TensorFlow 2.0 以后，第 1 种接口方式可能会得到更好的支持。

要完成从 Keras 模型到 TensorFlow Serving 支持的格式转换，我们需要经过以下几个关键步骤。

（1）读取 Keras 模型。

（2）获得 Keras 模型的输入和输出（在 Keras 模型中已自带定义）。

（3）定义 TensorFlow 模型的输入/输出 signature（即输入数据和输出结果的形式和定义）和方法名称（method name）。

（4）构建 ModelBuilder 并保存。

在以上关键步骤的第 1~2 步中，我们主要是从已经生成的 Keras 模型中获得对应的输入和输出定义。我们在第 6 章中已经分析过如何将 Keras 模型各层的输入和输出存为 JSON 文件（model.to_json），所以在 Keras 的 model.save()方法中所保存的模型文件里实际上包括了该模型的权重和 layer 的输入和输出定义。这些定义都是可以再次获取的。然后在第 3~4 步，既然我们已经获取了模型定义，所以剩下的就是按照 TensorFlow Serving 的要求定义模型的输入和输出，最后保存。具体实现可以参考以下代码（以下代码以第 8 章的 YOLO v3 模型为基础，关于 YOLO v3 的实现请参考第 8 章）：

```
1   import os
2   import argparse, json
3   from tensorflow.keras.models import load_model
4   import tensorflow as tf
5
6   def save_with_signature(input_path, output_path):
7       model = load_model(input_path)
8
9       model_input = tf.saved_model.utils.build_tensor_info(model.inputs[0])
10      model_output1 = tf.saved_model.utils.build_tensor_info(model.outputs[0])
11      model_output2 = tf.saved_model.utils.build_tensor_info(model.outputs[1])
12      model_output3 = tf.saved_model.utils.build_tensor_info(model.outputs[2])
13
14      prediction_signature = (
15          tf.saved_model.signature_def_utils.build_signature_def(
```

```
16                inputs={'inputs': model_input},
17                outputs={'output1': model_output1, 'output2':model_output2,
18   'output3':model_output3},
19                method_name=tf.saved_model.signature_constants.PREDICT_METHOD_NAME))
20
21     builder = tf.saved_model.builder.SavedModelBuilder(output_path)
22
23     with tf.keras.backend.get_session() as sess:
24        builder.add_meta_graph_and_variables(
25            sess=sess, tags=[tf.saved_model.tag_constants.SERVING],
26            signature_def_map={
27                'predict':
28                    prediction_signature,
29            })
30
31        builder.save()
```

我们看看以上代码都做了什么。

第 1~5 行：引入依赖库。

第 7~12 行：读入模型，然后生成对应的 tensor 定义。注意，我们在这里已经知道 YOLO v3 模型包括 1 个输入和 2 个输出，因此直接硬编码了对应的变量。在实际项目中，如果我们期望实现一个通用的模型转换服务，则需要对 model.inputs 和 outputs 做一定解析和处理。

第 14~18 行：这里定义模型预测的 signature。我们看到这里主要使用了 tf.saved_model.signature_def_utils.build_signature_def 函数，并将上面获取的输入和输出 tensor 信息作为参数。注意，这里一定要定义 method_name，并使用预定义的 PREDICT_METHOD_NAME 赋值，确保该模型支持预测（Predict）操作。

第 22~32 行：首先在第 22 行创建 SavedModelBuilder 对象，然后在当前的 TensorFlow session 中（一定要有）使用上面创建的 prediction signature 和预定义参数来构建 TensorFlow 模型的 Graph 及相关变量，最后保存。

将模型的文件路径和输出路径作为参数调用以上代码，会得到转换后的文件：

|__variables/*

|__saved_model.pb

我们需要把以上文件放入一个专用目录中，如：

```
--models
  |_yolo3
    |_1
|_variables
|_saved_model.pb
```

这样就把模型放到 models/yolo3/1 下面。在 variables 目录中包括 TensorFlow 网络图中各个变量的序列化结果；saved_model.pb 则是 tensorflow.SavedModel 的序列化结果，包括模型的完整定义及相关 signature 等信息。注意，models/yolo3/1 中的 "1" 代表版本号，在不加限制时，TensorFlow Serving 会使用最新的版本号进行服务。

在模型转换完成后，我们现在看看怎么部署 TensorFlow Serving。

9.2.2 TensorFlow Serving 部署

首先，我们要下载 TensorFlow Serving 的 Docker 镜像。如前所述，我们并不想修改并编译 TensorFlow Serving 的代码，直接使用其 Docker 镜像即可：

```
docker pull tensorflow/serving
```

运行以上命令拉取 TensorFlow Serving 镜像。在运行以上命令前需要安装 Docker[6]。

我们在启动该镜像时只需挂载模型文件的路径。注意，TensorFlow Serving 在启动时可以指定需要加载的模型路径，也可以把所有要加载的模型写到一个 config 配置文件中，如：

```
model_config_list {
config {
   name: 'yolo3',
   base_path: '/models/yolo3/',
   model_platform: "tensorflow"
}}
```

在上面的配置文件中给出了要加载的模型名称、路径和模型类型，将其存为 tfs_model.config，然后运行命令启动 Docker：

```
docker run
-p 8500:8500
-p 8501:8501
```

```
    --mount type=bind,source="$(pwd)"/serving/yolo3,target=/models/yolo3
    --mount
type=bind,source="$(pwd)"/tfs_model.config,target=/models/models.config
    -t tensorflow/serving
    --model_config_file=/models/models.config
```

我们首先暴露 8500 和 8501 两个端口以便使用 TensorFlow Serving 的服务接口（8501 是 Web 接口，8500 是 GRPC 接口）；然后使用 mount 参数指定要挂载的模型路径和模型配置文件路径；最后通过设置 Docker 容器的额外参数指定要加载的 model_config_file。

9.2.3 接口验证

我们来看看怎么调用 TensorFlow Serving 的接口，并且验证其运行流程和本地的 Keras 模型一致。

首先看看如何检查模型已经成功部署，运行以下命令：

```
curl -X GET http://localhost:8501/v1/models/yolo3/metadata
```

可以获得模型信息：

```
{
    "model_spec": {
    "name":"yolo3",
    "signature_name": "",
    "version": "1"
    }
}
```

以及接口定义信息：

```
"metadata":{"signature_def":{
"signature_def": {
    "predict":{
    "inputs":{
    //...
    },
    "outputs":{
    "output1":{
    "dtype": "DT_FLOAT",
    "tensor_shape": {
    //...
```

```
        }
        "name":"conv_81_BiasAdd:0"
      },
      "output2": {
        //...
      }
      "output3":{
        //...
      }
    },
    "method_name":"tensorflow/serving/predict"
    }
  }
}
```

为了避免信息重复，在以上代码中没有显示所有接口定义的内容。可以看到，我们通过调用 TensorFlow 的 metadata 接口，能够获取模型的详细定义。注意，我们在 9.2.1 节提到如何定义模型的 signature，也就是输入、输出的数据格式。这里通过返回结果中 signature_def 属性中的 inputs 和 outputs 参数就可以检验其是否和 9.2.1 节中转换代码所定义的一致。

然后看看具体怎么检查 TensorFlow Serving 的模型输出。第 8 章分析过如何编写 predict.py 函数来使用本地的 Keras 模型进行预测，这里将其稍做修改，存为 predict_tfs.py，将本地的 Keras 模型调用改为对在线 TensorFlow Serving 的 HTTP 接口调用：

```
import os, sys
import requests, json
import cv2
from utils.utils import get_yolo_box_tfs, makedirs
from utils.bbox import draw_boxes
import numpy as np

anchors=[]
with open('anchors.json') as anchors_str:
    anchors = json.load(anchors_str)

net_h, net_w = 416, 416
obj_thresh, nms_thresh = 0.4, 0.45
```

```
    TFS_URL="http://localhost:8501/v1/models/yolo3:predict"
    img_path = sys.argv[1]
    img_data = cv2.imread(img_path)

    boxes = get_yolo_box_tfs(TFS_URL, img_data, net_h, net_w, anchors,
obj_thresh, nms_thresh)

    draw_boxes(img_data, boxes, ["raccoon"], 0)
    cv2.imwrite('./output/' + img_path.split('/')[-1], np.uint8(img_data))
```

以上代码和在第 8 章中所讲到的 predict.py 的主要区别在第 15 ~ 19 行。我们创建了新的函数 get_yolo_box_tfs，将图片数据和 TensorFlow Serving 的 URL 地址传入并获得返回。该函数的实现如下：

```
1   def get_yolo_box_tfs(tfs_url, image_data, net_h, net_w, anchors, obj_thresh,
2       nms_thresh):
3       image_h, image_w, _ = image_data.shape
4
5       input_data = np.expand_dims(image_data, axis=0)
6       input_data = mobilenet.preprocess_input(input_data)
7
8       input_data = {
9       'signature_name': 'predict',
10      'instances':input_data.tolist()
11      }
12
13      response = requests.post(tfs_url, json=input_data)
14      response_data = json.loads(response.text)
15      output1 = response_data['predictions'][0]['output1']
16      output2 = response_data['predictions'][0]['output2']
17      output3 = response_data['predictions'][0]['output3']
18
19      outputs = [output1, output2, output3]
20      boxes = []
21
22      for i in range(len(outputs)):
23          yolo_output = np.array(outputs[i])
24          bboxes = decode_netout(yolo_output, anchors, obj_thresh, net_h, net_w)
25          boxes += bboxes
26
27      correct_yolo_boxes(boxes, image_h, image_w, net_h, net_w)
```

```
28        do_nms(boxes, nms_thresh)
29
30     return boxes
```

我们看到，首先在第 3~6 行，我们获取了图片的宽和高，并利用 tensorflow.keras.applications.mobilenet.preprocess_input 函数对图片进行了预处理。当然，我们也可以像第 8 章那样自己实现 preprocess 方法，实际上这只是对图像数据进行了缩放，但这里可以直接采用 mobilenet 的预定义方式。

第 8~11 行定义了输入数据。注意，TensorFlow Serving 的输入有多种形式，其中最通用的就是定义 signature_name 和 instances 这两个属性。

然后，我们就可以如第 13 行那样，利用 Python 的 requests 包中的 post 方法调用 TensorFlow Serving 的服务器接口获得返回。这里要注意 TensorFlow Serving 的 URL 结构，目前我们调用过两个 URL 的地址：http://localhost:8501/v1/models/yolo3/metadata 和 http://localhost:8501/v1/models/yolo3:predict。其中，v1 代表 TensorFlow 的 1.x 版本，models/yolo3 则与我们在 config 配置中对指定的模型定义的名字"yolo3"相对应。代码如下：

```
{
    name: 'yolo3',
    base_path: '/models/yolo3/',
    model_platform: "tensorflow"
}}
```

然后我们可以用/metadata 路径获取模型的接口属性，或调用:predict 进行预测。

第 14~17 行则是对返回值的处理，我们看到跟之前的设定一样，获取了 3 个返回结果 output1/output2/output3，分别对应 YOLO v3 中 3 种不同缩放尺度的识别结果。其他步骤则和第 8 章中的 predict.py 类似，这里不再赘述。

最后，我们需要验证线下线上预测的一致性。我们先用 predict.py 通过本地模型对本地的一张测试图片进行一次预测：

```
python predict.py -c config.json -i ./data/test1.jpg
```

获得输出：

```
Output tensor shape:(13, 13, 18)
0.5938352
0.5915714
```

```
0.59009105
Output tensor shape:(26, 26, 18)
0.5744155
0.5738328
0.5718676
Output tensor shape:(52, 52, 18)
0.5602994
0.5489948
0.54830253
```

然后用 predict_tfs.py 调用 TensorFlow Serving 进行预测:

```
python predict_tfs.py ./data/test1.jpg
```

获得输出:

```
Output tensor shape:(13, 13, 18)
0.5938352358851674
0.591571334046146
0.5900911019659046
Output tensor shape:(26, 26, 18)
0.5744156261772013
0.5738327248846318
0.5718675993838211
Output tensor shape:(52, 52, 18)
0.5602993401426218
0.5489947751588031
0.548302640192087 5
```

对比两组输出,我们可以看到其结果几乎一致,这也验证了模型转换后线上线下的一致性。

9.3　本章小结

本章首先简单介绍了机器模型在线服务中的难点和问题,以及 TensorFlow Serving 的意义;然后以第 8 章中 YOLO v3 模型的在线部署为例,覆盖了模型转换、TensorFlow Serving 配置与启动、接口验证和线上线下一致性验证的各个部署流程。我们必须注意,在现实项目的开发流程中,模型的转换和部署是很多机器学习研究人员进行大规模部署时所遇到的障碍之一,希望本章能为进行实际机器学习工程开发的读者带来一些启发和帮助。

9.4 本章参考文献

[1] https://stackoverflow.com/questions/56137254/python-flask-app-with-keras-tensorflow-backend-unable-to-load-model-at-run

[2] https://wiki.python.org/moin/GlobalInterpreterLock

[3] https://github.com/tensorflow/serving

[4] https://tensorflow.google.cn/api_docs/python/tf/keras/experimental/export_saved_model

[5] https://www.tensorflow.org/api_docs/python/tf/saved_model/Builder

[6] https://www.docker.com/